国家社科基金一般项目《中国特色社会主义生态民主基本问题研究》结项成果（国社科17BKS160）

生态文明保障体系的协商机制研究

聂长久　张　敏◎著

吉林大学出版社

·长春·

图书在版编目（CIP）数据

生态文明保障体系的协商机制研究 / 聂长久,张敏,著.

长春 : 吉林大学出版社，2024. 10. -- ISBN 978-7-5768-4071-1

I. X24

中国国家版本馆CIP数据核字第2024GQ1568号

书　　名　生态文明保障体系的协商机制研究
　　　　　SHENGTAI WENMING BAOZHANG TIXI DE XIESHANG JIZHI YANJIU

作　　者　聂长久　张　敏
策划编辑　朱　进
责任编辑　朱　进
责任校对　蔡玉奎
装帧设计　王　强
出版发行　吉林大学出版社
社　　址　长春市人民大街4059号
邮政编码　130021
发行电话　0431-89580036/58
网　　址　http://www.jlup.com.cn
电子邮箱　jldxcbs@sina.com
印　　刷　三河市龙大印装有限公司
开　　本　787mm×1092mm　　1/16
印　　张　18
字　　数　270千字
版　　次　2025年6月　第1版
印　　次　2025年6月　第1次
书　　号　ISBN 978-7-5768-4071-1
定　　价　98.00元

目 录

第一章　绪　论

　　《生态文明保障体系的协商机制研究》是国家社科基金一般项目《中国特色社会主义生态民主基本问题研究》（国社科17BKS160）的最终成果。在结项成果的基础上，结合习近平总书记2023年全国生态环境保护大会重要讲话精神，进一步深入研究了生态文明保障体系的协商机制。2023年7月，习近平总书记在全国生态环境保护大会讲话中指出，要健全美丽中国建设保障体系。统筹各领域资源，汇聚各方面力量，打好法治、市场、科技、政策"组合拳"。①习近平总书记明确指出了健全生态文明建设保障体系的基本路径：建设美丽中国是全面建设社会主义现代化国家的重要目标，必须坚持和加强党的全面领导。②相关部门要认真落实生态文明建设责任清单，强化分工负责，加强协调联动，形成齐抓共管的强大合力。各级人大及其常委会要加强生态文明保护法治建设和法律实施监督，各级政协要加大生态文明建设专题协商和民主监督力度。③习近平总书记在上述讲话中，明确强调了党的领导和生态文明建设专题协商和民主监督对于生态文明建设保障体系的重要意义。生态治理是风险治理。因而生态文明保障体系建设需要以风险治理领域知识论为依据，建构包括生态环境科学、生态治理相关主体间的动态关系，以及相关主体历史文化背景等因素的生态协商理论，进一步完善包括法治、市场、科技、政策等多方主体的协商机制。生态文明保障体系协商机制建设需要阐明协商机制的理论逻辑、机制模式及发展趋向。只有如此，才能为打好生态文明建设保障体系的"组合拳"提供理论参考及机制建议。

---

① 全面推进美丽中国建设，加快推进人与自然和谐共生的现代化 [N]. 人民日报，2023-07-19: 1.

② 同上。

③ 同上。

一、中国特色生态民主：生态文明保障体系协商机制的理论基础

协商是生态文明保障体系的基本机制。党的二十大以来，学术界对生态协商相关领域的研究形成了一系列新的成果。生态文明保障体系是对传统生态价值系统的创新。有研究者基于复杂适应系统理论和社会交换理论，对创新生态系统价值共创的概念内涵、行为模式及动力机制进行系统性研究。[①]低碳发展是生态文明保障体系的重要目标。有研究者提出："碳责任是一套结构复杂的责任体系，是生产者和治理者的共同责任。碳责任归因、多元主体协商、责任份额调适、多维责任交互是达成合作的内在机制。"[②]有水权、排污权涉及流域治理。有研究者提出："流域生态补偿的地方共同立法不同于地方协同立法，流域具有公共产品属性，其在跨行政区域事务中具有不可分割性，采取共同立法的效果要远大于协同立法。……流域生态补偿地方协同立法应转向地方共同立法，构建区域内统一的流域生态补偿法律制度。流域生态补偿地方共同立法的核心在于立法者对流域的整体利益和社会关系进行统一考量，不是仅对流域内各区域的生态利益补偿进行立法。"[③]对于乡村生态治理，有研究者提出："乡村治理现代化转型推动东部沿海乡村形塑复合型治理结构。田野经验表明，乡村社会呈现治理机制的复合型嵌入：常规型事务的行政化运作，形塑乡村科层组织格局；运动型事务的政治域统筹，奠定乡村党委统合制度；内生型事务的自治性回应，构建乡村协商治理机制。"[④]生态治理是风险治理，生态文明保障体系是一种风险治理的保障机制。有研究者指出："风险规制理论契合生态环境损害赔偿磋商制度的理念、主体、过程和机制。

[①] 孙静林, 穆荣平, 张超. 创新生态系统价值共创: 概念内涵、行为模式与动力机制[J]. 科技进步与对策, 2023（2）: 1.

[②] 李华胤, 王燕. "双碳"目标下乡村生态合作治理的机制与逻辑[J]. 现代经济探讨, 2023（5）: 119.

[③] 邵莉莉. 流域生态补偿的共同立法构建*——以京津冀流域治理为例[J]. 学海, 2023（6）: 170.

[④] 沈迁. 乡村治理现代化背景下复合型治理的生成逻辑——以"三元统合"为分析框架[J]. 南京农业大学学报（社会科学版）, 2023（5）: 90.

基于生态环境损害赔偿磋商制度蕴含的利益公共性、主体多元性、过程协商性、行政主导性等法律特征，它具有能够破解生态环境损害赔偿磋商的不确定性难题、提升生态环境损害赔偿磋商的执行效率、扩大生态环境损害赔偿磋商的公众参与、强化生态环境损害赔偿磋商的司法保障等价值逻辑，……系统建构我国生态环境损害赔偿磋商的权力配置机制、多元参与机制、协商程序机制和救济制衡机制。"①学术界一般认为，协商民主是生态文明的基本机制。

生态民主是法治、市场、科技、政策等多方主体协商机制的重要理论基础。中国特色生态民主是生态文明保障体系协商机制的核心价值。生态民主是全球性生态危机中传统民主理论与制度困境的产物。西方生态民主理论试图通过拓展传统民主理论空间实现民主性与生态性的兼容，以民主手段化解日益严重的生态危机。虽然存在着诸多理论困境，但生态民主作为一个研究领域得以确立，初步明确了领域的核心概念、理论方法等基本问题。西方社会运动推动了生态民主思想及实践的产生，西方生态民主是社会民主运动、人权运动与环境保护运动等多元因素相结合的产物。中国特色社会主义生态协商民主（简称中国特色生态民主）是破解生态治理困局、推进生态文明建设的可行路径。中国特色生态民主体现了生态文明和全过程人民民主的双重特质，体现了中国式现代化的本质要求。党的二十大为中国特色生态民主理论与实践创新发展赋予了新的目标。

中国特色生态民主研究是完善生态文明保障体系的必然要求。党的二十大报告为新时代中国特色生态民主的发展提供了目标及原则、方法。党的二十大报告提出开辟马克思主义中国化时代化新境界，中国特色生态民主理论的创新发展首先要把握好习近平新时代中国特色社会主义思想的世界观和方法论，坚持好、运用好贯穿其中的立场、观点、方法。中国特色生态民主理论需要坚持人民至上的立场超越资本逻辑对生态的统治，尊重人民创造集中人民智慧体现为承认人民群众在生态治理中的经验知识和在生态民主中的合法性地位。需要坚持自信自立体现为中国特色生态民主

---

① 张锋. 风险规制视域下生态环境损害赔偿磋商制度研究[J]. 兰州学刊，2022（7）：80.

的发展道路是党领导下独立自主开辟的，贯穿于始终的基本点就是从中国的基本国情出发，形成有别于西方生态民主的中国特色生态民主理论及实践模式。坚持守正创新体现为马克思主义的生态观、民主观及其他相关论述是中国特色生态民主的基本理论依据。党的全面领导是中国特色生态民主的核心特征，需要在中国特色生态文明建设中不断拓展生态民主理论和实践的深度和广度。需要坚持问题导向，需要以中国生态文明建设中亟待解决的问题作为理论建构的突破口，将解决实际问题作为生态民主理论发展完善的目标。需要坚持系统观念，需要在生态文明理论建设及实践中坚持战略思维、历史思维、辩证思维、系统思维、创新思维、法治思维、底线思维，为前瞻性思考、全局性谋划、整体性推进中国特色生态民主建设提供理论参考与实践方案。生态治理问题是全球性问题，中国特色生态民主理论实践需要坚持胸怀天下，体现人类生态文明进步潮向，回应世界各国人民的生态关切，为解决人类面临的共同生态问题提出中国方案，作出中国贡献。

党的二十大为中国特色生态民主赋予了新的内涵，设定了新的目标。党的二十大提出了新时代新征程中国共产党的使命任务：团结带领全国各族人民全面建成社会主义现代化强国、实现第二个百年奋斗目标，以中国式现代化全面推进中华民族伟大复兴。党的二十大明确了新时代新征程中国特色生态民主的目标，以生态民主推进中国式现代化进程。中国式现代化的内涵和特征体现于生态民主理论体系与实践机制中。中国式现代化是人口规模巨大的现代化决定了中国特色生态民主的艰巨性和复杂性，需要从阶段性国情出发保持历史耐心而不能超越特定的发展阶段，需要坚持稳中求进、循序渐进、持续推进中国特色生态民主的发展。中国式现代化是全体人民共同富裕的现代化决定了中国特色生态民主需要体现社会主义的本质要求，将实现人民对于美丽中国的向往作为生态民主的出发点和目标，维护促进生态正义，化解人民群众的生态利益矛盾和冲突，实现生态公共产品的公平分配。中国式现代化是物质文明和精神文明相协调的现代化意味着中国特色生态民主在推动厚植生态文明物质基础的同时，需要以人与自然生命共同体理念培育发展生态文化，促进人与自然的全面和谐发展。中国式现代化是人与自然和谐共生的现代化的论断设定了中国特色生态民主的原则和新的目标。中国特色生态民主建设需要以人与自然生命共同体为核心价值理念，其生态性原则体现为可持续发展、节约优先、保护优先、自然恢复为主等。中国式现代化是走和平发展道路的现代化意味着中国特色生态民主反对形形色色的生态殖民主义和生态帝国主义，反对西方国家以绿色资本主义转嫁污染，给发展中国家带来生态危机。中国特色生态民主具有全球性民主的内涵，高举和平、发展、合作、共赢旗帜，推进全球性合作，共同应对全球性生态危机。中国特色生态民主应该充分体现中国式现代化的本质要求。中国特色生态民主体现出中国式现代化民主建设和生态建设的内涵。中国特色生态民主以实现高质量发展为目标，以全过程人民民主为依据，在以生态文化丰富人民精神世界的同时，实现全体人民生态公共产品的共享。中国特色生态民主的根本目标在于通过实现人与自然和谐共生构建人与自然生命共同体，实现创造人类生态文明新形态的目标。党的二十大报告中提出到2035年，生态文明建设的目标是全社会广泛形成绿色生产生活方式，碳排放达峰后稳中有降，生态环境根本好转，美丽中国目标基本实现。基本实现美丽中国的目标是中国特色生态民主现阶段的历史任务。

中国特色生态协商机制研究有助于夯实生态文明保障体系的理论基础，推进生态治理的现代化，扩大我国在国际舞台上的生态话语权。该问题的研究意义具体表现在以下三个方面：第一，中国特色生态协商机制研究有助于筑牢生态文明保障体系的理论基础，彰显生态文明的制度优势。中国特色生态民主从根本上体现了生态文明的制度属性，是生态文明理论体系的核心内容，是生态文明制度化的重要支撑。生态民主在生态政治、生态行政、生态协商机制等领域的研究中居于重要的地位，是相关学科发展的理论基础。第二，中国特色生态协商机制研究有助于推动进一步完善中国特色生态协商机制。目前学术界面对生态治理的严峻形势，对生态治理的政治、法学和行政层面进行了比较深入的探讨，但对生态民主运行机制的研究相对滞后。这不仅制约了相关学科的进一步研究，而且影响了生态治理的制度建设。阐明生态民主的运行机制，对于生态文明保障体系建设过程中的科学决策、民主管理具有重要的参照价值和现实意义。有助于推动生态文明的制度建设，将成功经验上升为理论，为生态治理机制建设提供参考。有助于推动绿色、共享发展理念的制度化，切实落实公民的生态权利，增强广大人民群众在生态文明建设中的幸福感和获得感。第三，中国特色生态协商机制研究有助于推动相关领域的国际交流，提升我国在国际舞台上的生态话语权，为我国参与全球生态治理提供理论依据和应对方案。从而扩大我国生态文明的国际影响，更加有效地维护我国生态利益。

二、国外生态民主研究综述

生态民主是西方生态协商机制的核心理论。生态民主是全球性生态危机中传统民主理论与制度困境的产物，西方学者给出了生态民主最初的定义。1995年，美国学者罗伊·莫里森在《生态民主》一书中首次提出生态民主的概念，莫里森将生态民主解释为工业文明向生态文明发展的途径及制度。生态民主不是传统民主理论和制度在生态领域的应用，而是对传统民主理论和制度的创新发展。生态民主是当前破解生态治理困局，实现生态治理现代化，深入推进生态文明建设的可行性途径。但由于各国国情尤其是社会制度不同，国内外学者对于生态民主的研究也呈现出不同的特征和趋势。

（一）国外生态民主相关问题研究状况

美国学者罗伊·莫里森认为："生态民主作为市民社会的一种表现，建立在对工业过度发展的限制和随后的改革之上，它具有放权、灵活、权力转移等特点。……将生态民主视为市民社会的复杂动态的一种表现。从结社、合作和联盟的演变中不断发掘出对于自由和共同体的追求，是生态民主发展的基本途径，也是一种渐进的质的变化。"[①]在国外，以生态民主为主题的研究成果主要集中在以下几个方面。在生态民主基本理论问题研究方面，主要成果包括：生态民主的权利基础、生态民主的文化阐释、环境民主与生态民主之间的关系、生态民主与自由民主关系演进、绿色政治理论与生态民主等。在生态民主问题的国别研究方面，主要成果包括：日

---

① 罗伊·莫里森，张甲秀. 生态民主的发展与市民社会[J]. 国外理论动态，2016（4）：93.

本环境政治与生态民主的前景与现状、从生态民主角度分析德国反核运动的历史、以澳大利亚为例探讨能源与生态民主之间的联系等。在生态民主的具体问题研究方面，主要成果包括：生态民主与学校教育的关系、多样性视角下生态民主理论建构、全球治理与生态民主问题、以符号学理论方法分析生态民主理论、国际法对生态民主发展的影响等。

　　西方生态民主仍然是处于发展中，在这一研究领域的诸多核心理论问题上仍然存在广泛争议。西方生态民主理论试图通过拓展传统民主理论空间实行民主性与生态性的兼容，以民主手段化解日益严重的生态危机。虽然西方生态民主理论在诸多领域受到挑战，但生态民主作为一个研究领域得到了认可。学术界对西方生态民主理论的质疑从不同角度揭示了其发展过程中的理论困境。生态民主需要实现民主与生态的兼容，但传统民主价值和制度的多数原则及程序主义与生态价值的科学性原则存在着内在悖论。生态与民主的兼容的本质是科学和民主的兼容，虽然西方生态民主理论家提出了协商机制、知识民主等主张，但如何在西方代议制民主机制中付诸实践仍然缺乏有说服力的经验支撑。生态民主的生态性与民主性兼容还涉及民主主体包容性的问题，西方生态民主理论家基于生态主义主张将自然界非人类主体拓展为生态民主主体。虽然西方生态理论家从不同角度对其合理性进行了论证，但因为其缺乏必然的实践可能性而沦为空想。虽然存在着诸多理论困境，西方生态民主研究也取得了重要成就。西方生态理论家以不同的理论模式对生态性和民主性兼容的合法性和运行机制进行了阐释。随着生态民主问题论争影响的扩大，以民主手段解决生态危机的观点得到了更加广泛的社会认可。但正如西方生态马克思主义者指出的那样，西方生态民主思想家难以克服资本逻辑对于民主和生态的双重束缚，在资本主义生产方式下难以从根本上实现民主和生态的兼容。资本逻辑下实现民主与生态的兼容也正是西方生态民主理论空想性的根本所在。西方生态民主研究对中国特色生态协商机制建设而言借鉴价值。中国特色社会主义民主与生态文明是中国特色社会主义事业的两大重要主题，社会主义制度下生态性与民主性的兼容是亟待解决的现实问题。

　　（二）当代西方生态民主理论与实践

　　一般认为，20世纪60年代因为生态环境的持续恶化引发了规模浩大的街头抗议运动是西方生态问题政治化的开始。为应对公众的生态环境抗议运动，西方政府开始建立生态环境保护和治理的相关机构，社会各界也开始高度关注生态环境问题。1972年罗马俱乐部发表的题为《增长的极限》的报告中提出人口增长、粮食供应、资本投资等因素都是生态环境陷于困境的原因。20世纪70年代末，西方民间的生态环境运动与各类非政府组织相结合发展为更大规模的新社会运动。生态主义者为了赢得政治家和政府的关注，开始参与选举逐步发展出欧洲绿党政治。以1985年英国生态党更名为绿党为标志，欧洲逐步兴起绿党政治。20世纪90年代以来，各国绿党已经成为西方国家举足轻重的政治力量。1992年《里约宣言》的发布标志着绿党政治运动开始呈现全球化趋势。在西方生态问题政治化过程中，参与主体日益多元化，最终呈现出西方流派纷呈的生态民主理论与实践。

1. 西方生态运动与生态民主主义流派

虽然西方理论家对于生态民主进行了诸多理论设计，但在实践中真正推动西方生态民主发展的是生态社会运动。20世纪60年代兴起的生态社会运动具有生态和政治的双重内涵。"生态社会运动具有了某些全新的政治意蕴：后物质主义价值观、新中产阶级主体、行动方式非暴力、组织架构分散化等。……生态学原则、社会责任感、基层民主观、非暴力行动方式等绿色政治原则在此中得以型塑，代表着一种完整理论的'绿色政治学'由此成型。"[1]西方新中产阶级日益成为生态社会运动的中坚力量，西方新中产阶级主要包括知识分子以及技术人员、医疗法律界专业人士等。西方生态社会运动的基本主张是以和平方式推动生态—社会改良运动。

（1）当代西方生态民主主义流派及其主张

流派纷呈的生态民主主义思想是西方生态民主理论的重要来源之一。"当代西方生态民主主义思想可以分为五大流派，即审议民主学派、风险导向学派、全球民主学派、包容性民主学派和性别民主学派。"[2]审议民主学派的代表人物有安德鲁·多布森、埃米·古特曼、科尔曼等学者，他们主张通过构建开放性与和谐性的审议民主模式解决环境问题。希腊生态政

①叶海涛. 生态社会运动的政治学分析——兼论绿色政治诸原则的型塑[J]. 江苏行政学院学报，2016（5）：83.

②刘子晴. 当代西方生态民主主义思想的流派分析[J]. 湖湘论坛，2015（5）：125.

治学家罗宾·艾克斯利进一步拓展了审议的主体，主张政治体内的人群和政治体外的人群、现实存在和未来代际、生物种群和非人类物种、地球生物与宇宙类生物或无机物，都可以成为审议生态民主的主体。风险导向学派的代表人物是德国社会学家乌尔里希·贝克，他认为西方生态风险的根源是资本追逐利益最大化，继而从生态环境风险出发，提出民主制度与机制变革方案。全球民主学派的代表人物是美国学者大卫·格里芬，他提出以民族国家为单位的民主治理机制已经不适应全球性生态治理，主张以适当的主权虚拟性原则让渡部分主权建立国际生态合作民主机制。包容性民主学派的代表人物是希腊学者塔基斯·福托鲍洛斯，他强调人对自然的包容，具体体现为：尊重自然、民主制度和机制的设计、向自然妥协。性别民主学派的代表人物美国学者乔欧尼·马洛里则认为后现代主义社会的女性权利需要从生态平等的理念出发，需要实现从解放政治到生活政治的生态转换。现实社会中女性需要以生活政治获得解放继而改变人与自然的关系。

西方生态民主理论提出了一系列兼容民主和生态的基本原则："在民主程序与生态结果的问题上，生态民主理论主张为民主添加生态目的导向性，同时放松生态对绿色结果的要求；在民主辩论与生态确定性上，生态民主理论主张承认自然地位，同时认可生态价值的可争论性；在民主包容与主体扩张上，生态民主理论主张通过人类代表替生态言说，同时通过人类的倾听与自然交流。"[1]生态民主理论论证的路径之一是扩展民主参与的主体范围。"风险性决策中的参与或被适当代表机会应该扩大至所有受到影响的群体，包括阶级、地理区域、民族和物种。"[2]生态主义者主张在道德层面其赋予自然界及非人类生物以政治主体地位并给予某种权利保障。"其主张也从动物主体到生物主体，再到自然主体不断深入，……生态主义者还从利益保障路径、相似性路径以及代言人路径等几个方面对这一主

---

[1]郭瑞雁.当代西方生态民主探析[J].国际政治研究，2020（5）：109.

[2]罗宾·艾克斯利，郇庆治.生态民主的挑战性意蕴[J].南京林业大学学报（人文社会科学版），2011（4）：1.

体的扩展进行了全面论证。"①西方学者认为："生态民主作为市民社会的一种表现，……将生态民主视为市民社会的复杂动态的一种表现。从结社、合作和联盟的演变中不断发掘出对于自由和共同体的追求，是生态民主发展的基本途径"。②还有西方学者提出："协商民主政治才是风险社会的适宜模式"。③生态民主的支持者认为，民主协商程序有助于为生态问题的解决提供合法性依据，在实践中能够为生态危机的化解提供有效路径选择。而反对者则认为，协商民主的内在缺陷会导致协商效率低下，扭曲协商的价值和目标。

（2）当代西方生态民主主义的理论逻辑及局限

西方学者一般认为生态民主实践中的困境是由于代议制民主在生态治理领域的内在局限所造成的。有西方学者提出了生态权威主义以化解代议制民主体制中非人类生物利益和代际生态利益等困境。生态权威主义并不反对生态治理中的民主，而是强调只有权威性政府才能有效地应对生态环境问题，强调生态问题治理的结果优先于程序的民主性。应对代议制民主在该领域的缺陷成为西方不同流派生态民主的逻辑起点。民主的形式并不必然会体现生态性原则。例如，在某些情况下可以按照民主程序形成共识："砍伐一片原始森林以牟取暴利，或向旷野排污以降低成本。"论证环境与民主的正向关系成为西方生态政治理论的重要内容。生态民主主义采取了三种策略：比较优势策略、实用主义策略和内在兼容策略。比较优势论证路径的核心在于论证民主制度更有助于化解生态环境危机，其合理性前提是民主制度在解决社会问题方面的合理性和效用。而比较优势论证路径的困境则在于生态权威主义在生态治理方面同样具有显著效用，仅就治理效果而言，并不能充分证明民主对生态治理的相对优势。为应对比较优势论证路径的困境，西方学者又提出了实用主义论证路径。

①佟德志，郭瑞雁. 当代西方生态民主的主体扩展及其逻辑[J]. 社会科学研究，2019（1）：55.

②罗伊·莫里森，张甲秀. 生态民主的发展与市民社会[J]. 国外理论动态，2016（4）：93.

③沃特·阿赫特贝格，周战超. 民主、正义与风险社会：生态民主政治的形态与意义[J]. 马克思主义与现实，2003（3）：46.

实用主义论证路径的逻辑如下：生态治理是公共事务，民主是一种应对公共事务的手段，以民主的手段解决生态问题的过程就是生态民主的实践过程。实用主义路径本质上是通过自由主义民主制度与机制解决生态问题的体现形式。实用主义论证逻辑最终产生环境主义和生态主义两种既有联系又有区别的路径。环境主义主张对于环境问题的管理性方法，坚信环境问题无须现存价值或生产和消费方式的改变就能解决。生态主义主张一个可持续的和完满的存在，以我们与非人类的自然世界的关系以及我们的社会生活和政治生活方式的激进变迁为先决条件。实用主义论证路径下的生态民主体现了人类中心主义价值观，与生态中心主义价值观有着原则性差异。实用主义论证路径下的环境主义民主则更侧重于治理实践中的权威主义。因而这种论证路径在一定程度上已经偏离了生态民主的基本价值。

生态民主内在兼容论证路径试图在论证生态与民主关联性兼容性基础上得出生态与民主内在统一的结论。兼容论主张基本民主权利是民主的核心内容，而公民的健康权作为公民基本权利与生态环境密切相关。通过将生态权利确定为公民基本权利，提出以生态权利为中介实现生态民主的论证路径。这种论证路径因为不能将权利拓展到非人类主体，受到生态中心主义者的普遍质疑。生态民主的理论建构根本出路在生态民主基础理论的原则性创新。

2. 西方生态社会主义运动与生态民主

生态社会主义是西方生态民主的另一重要理论来源。"西方主要发达国家的生态社会主义思潮和运动普遍具有民主社会主义性质"。[①]国内学术界一般认为，西方生态社会主义理论的价值主要体现在对资本主义的社会政治批判，而不在于它所提出的替代性方案。

（1）西方生态社会主义思潮、运动及其生态民主内涵

欧洲生态社会主义思潮与运动在法国、德国、英国、瑞典等国家规模较大并产生了较大影响，其中法国生态社会主义思想最具有代表性。法国生态社会主义思想家的代表性人物有安德烈·高兹、勒内·杜蒙、皮埃

①张剑. 西方主要发达国家生态社会主义思潮和运动概览[J]. 毛泽东邓小平理论研究, 2019（3）：102.

尔·鞠官、让·保罗·德雷阿日以及阿兰·利匹兹等。法国生态社会主义思想家基本坚持了马克思主义政治经济学立场，从生态角度对资本主义生产关系及制度进行了批判。德国生态社会主义运动受到绿色运动的深刻影响，前联邦德国政府在菲尔地区建设核电站的计划所引发的当地农民和政府之间的冲突最终发展成为社会运动。一般认为1977年在法兰克福组织召开的主题为"社会主义环境政治"的会议是生态社会主义开始兴起的标志。20世纪90年代之前，生态社会主义理论家主要围绕资本主义某些具有反生态性的意识形态进行批判。20世纪90年代之后，生态社会主义者继承了前人关于生态危机源自资本主义的观点，高兹认为："资本主义通过商品的'自然退化'和'道德退化'，制造出虚假需求和异化消费，导致生态系统的有限性与资本主义生产能力的无限性之间产生矛盾。"[①]21世纪初期，生态社会主义思潮与运动主要在美国和加拿大逐步发展。美国生态社会主义的影响更多体现在学术领域，其中理论家奥康纳和福斯特的理论观点对西方生态民主思想及实践产生广泛影响。纽约左翼论坛则在一定程度上促进了生态社会主义者的国际联合。都市是现代资本主义生产和消费的中心，因而20世纪90年代以来加拿大生态社会主义者将斗争聚焦于都市。加拿大的生态社会主义者认为通过城乡生态运动的广泛联合，才能采取共同行动反对工业化所造成的生态危机。

（2）当代西方生态民主运动的民粹化

环境民粹主义可以理解为西方生态（环境）民主运动的极端形式。西方学者一般将环境民粹主义直接理解为民粹主义在环境政策中的体现。西方民粹主义之所以和生态环境议题相结合一方面是因为生态环境问题更多属于科学技术范畴，同时具有鲜明的公众性，易于在公众中产生共鸣。另一方面则是因为民粹主义与社会热点问题相结合的特性所决定的。极端气候变化使欧洲民粹主义政党关注生态环境议题，推动了环境民粹主义思潮和运动的形成。

在诸多环境民粹主义思潮和运动之中，最令人瞩目的是欧美地区的气

---

①张天宇. 生态社会主义与经典科学社会主义的比较研究[D]. 石家庄: 河北经贸大学, 2024: 18.

象民粹主义。对欧洲气象民粹主义主要观点可以作如下概括：全球化进程中，相对弱势群体不断被边缘化造成民粹主义兴起，以气象为议题形成了气象民粹主义。

英国学者埃里克·斯温格道（Erik Swyngedouw）总结了气象变化领域民粹主义的基本特征。气象民粹主义逻辑可以总结为：气象变化是人类生存基本性普遍性的问题，因而人们都是气象恶化潜在的牺牲者，倡导人们直接参与政治社会运动。民粹主义并不试图改变既有的社会秩序，而是希望通过社会运动迫使政府采取行动进行一定的改良。气象民粹主义虽然表达了诸如减少二氧化碳等目标，但是气象民粹主义者没有为实现愿景提出系统的社会变革方案。为了应对以气象民粹主义为代表的生态环境领域的民粹主义，西方学者提出了后政治与后民主化理念的概念。后政治理念指的是以具体的技术管理方案取代意识形态性制度与治理方案，主张减少政治因素对社会治理的影响，甚至主张将政府管理职能分散到非政治性社会组织。后政治理念提出政府的基本职能是管理职能，提出不同政党的意识形态主张应该被技术专家和多元主体的协作所取代。后民主化理念强调政策，主张将传统的国家管理转换为专家、非政府组织和个人的参与，主张通过不同利益主体和技术专家的参与式协商形成共识并付诸实践。

总之，西方学者认为生态民主作为市民社会的一种表现，在探讨民主与主权关系的基础上提出了绿色国家的设想。为有效应对传统代议制在生态治理中的功能困顿，西方学者将生态价值观与公共协商相结合，建构了兼容程序民主与实质民主的生态民主机制。西方生态马克思主义理论家尝试将马克思主义生态理论与行动者网络理论结合，借以探讨包括自然界等诸多主体之间的互动机制。西方学者以生态民主概念分析探讨了生态民主中非政府主体、气候变化、全球生态治理与协商民主的关系，认为赋权机制是生态民主自身最大的困顿所在。生态民主与可持续发展有着密切的正向相关性，生态民主是一种满足公众基本需要，管理生产分配消费的一种替代模式。西方学者探讨了审议民主与生态理性的关系，将生态民主视为一种技术机制，探讨了各种类型审议民主模式与生态民主的关系。西方学术界对生态民主的研究虽然系统而深入，但由于其理论方法以及实践机制与中国国情存在巨大差异，其在中国特色社会主义生态民主研究中的借鉴作用是有限的。

（三）西方生态民主与食物主权运动

食物主权问题是当代西方生态协商理论与实践的一个前沿问题，指人们拥有选择食物生产所处的生态环境的权利。就生态民主而言，食物主权是人们对生态公共产品的选择权。食物主权思想与运动体现出鲜明的生态民主色彩。

1.摆脱食物体制的资本异化：食物主权的马克思主义理论依据

马克思所提出的新陈代谢理论是分析生态及食物生产问题的基本理论方法。马克思通过对19世纪中期英国的工业食品生产体系的系统分析，揭示了资本主义食物生产体系与生态系统的内在关联。"对马克思来说，新的食物生产体制是工业化的，因为它严重依赖科学在农业中的应用。"①1846年英国废除《谷物法》所带来的谷物自由贸易以及农业生产的工业化的推行，造成了英国粮食生产与生态之间深刻的矛盾。马克思并没有否认工业化对于农业生产的推动作用。例如马克思在《资本论》中肯定了谷物自由贸易对农业生产的推动，肯定了蒸汽机以及人工栽培、矿物肥料等新技术对于农业及土壤的作用。马克思对于资本主义粮食生产体制的潜在风险作出了深刻的分析。马克思指出资本增殖的需要使英国农业生产由以谷物生产为主转向以畜牧和饲料生产为主，而缩短家畜的生长周期的工业化畜牧生产，造成了动物畸形等问题。马克思对英国农业生产的分析具有丰富的生态内涵，揭示了资本主义的食物生产与生态存在着深刻的内在矛盾。用马克思自己的话说："资本主义生产发展了社会生产过程的技术和结合，只是由于它同时破坏了一切财富的源泉——土地和工人。"②

2.西方食物主权运动的生态民主内涵

食物主权与农业生产的生态环境密切相关，因而具有鲜明的生态民主内涵。食物主权强烈批评新自由主义在农业和食物领域的政策主张，反对全球化和农产品自由贸易，主张保护农民天然的农业权利。食物主权概念

---

① 卡尔·马克思，弗里德里希·恩格斯.马克思恩格斯文集（第七卷）[M].北京：人民出版社，2009：867.

② J. B. 福斯特，肖明文.粮食生产，食品消费与新陈代谢断裂——马克思论资本主义食物体制[J].马克思主义与现实，2019(4)：144.

也面临很多问题，如理论的清晰度与系统性不足，难以进入国际主流话语体系，尚未得到多数主权国家的政策支持。国外食物主权运动大多发生在发展中国家，反对国际垄断资本对落后国家和地区农业的控制。1993年，国际农民运动组织"国际农民运动（农民之路）"在比利时蒙斯召开的第一次大会上明确提出了以反对新自由主义为宗旨。1996年，在墨西哥特拉斯卡拉"国际农民运动"组织正式宣告成立，由此开始提出一系列食物主权的主张。从国际农民运动组织发起的食物主权运动的主题变迁可以看出，食物主权运动具有越来越鲜明的生态民主特色。1996年《特拉斯卡拉宣言》第一次明确地提出食物主权的概念。2000年《班加罗尔宣言》提出实现农民生产自己所食用的食物的权利。2004年《圣保罗宣言》之中强调农业生产中种子问题的主权意义。当食物主权运动与种子问题联系起来的时候，食物主权运动已经开始具有生态民主内涵。2007年《聂乐内宣言》明确提出将食物主权纳入基本人权。2013年《雅加达呼吁》反对转基因技术对于种子的滥用，强调地方性知识对种子多样性的重要性，其生态民主特色更加鲜明。2015年突尼斯世界社会论坛提出以食物主权手段化解全球性食物和气候危机。此次会议认为新自由主义所主导的全球化造成的资本对全球农业资源的控制，是导致与农业相关的诸多生态问题出现的主要原因。一般认为新自由主义主导下的全球食物体系具有以下特征：工业化公司模式的转基因农业、对原有传统型农业农村文化的破坏、新自由主义所主导的全球性食物生产体系。食物主权与生态民主的关系集中体现在转基因种子等方面。

2018年9月28日，联合国人权理事会通过了《农民和其他农村地区劳动者权利宣言》草案，（以下简称《农民权利宣言》），明确了中小规模农民和农村劳动者对土地、种子、生物多样性以及本地市场等方面所拥有的权利。中国代表团对此决议投了赞成票，中国政府代表在发言中说："中国政府致力于保障包括农民在内的所有人民的各项人权。草案包含的各项内容在中国的很多法律和政策中已经得到了体现……虽然我们对宣言草案内容还有一些关切（保留意见），特别是关于农民的定义、土地和其他自然资源部分内容。但是出于对宣言主旨的支持，我们将对决议草案投赞成票。"① 《农民权利宣言》与生态相关的权利体现为："承认诸如土地权，种子权及食物主权等新权利。""保护与粮食和农业植物遗传资源有关的传统知识的权利；以及公平参与分享利用粮食和农业植物遗传资源所产生惠益的权利。"②

三、国内生态民主相关问题研究概况

（一）主要研究内容与方法

国内学术界自20世纪90年代以来逐步对生态民主展开研究，对于生态民主的集中研究开始于21世纪初。从翻译评价西方学者学术观点开始，国内学者逐步尝试以生态民主为视角对中国生态问题展开研究。对于生态民主，国内学术界基本形成以下共识（相关学术论文已列入参考文献）：生态文明具有民主内涵，生态民主有助于生态治理，生态民主应该在协商民主的框架内运行。协商民主有助于为生态环境治理中的公众参与提供制度保障，生态治理与民主政治能够有机结合。国内学者还对西方生态民主的研究成果（包括译著、西方学者在中国学术期刊发表的论文以及国内研究者对西方生态民主所进行的研究类论文等）进行研究。国内学术界对生态民主理论一般从理论体系以及协商等具体角度展开研究。国内学术界对生态文明、协商政治，以及全过程人民民主领域的研究成果中，也有很多内容与中国特色生态民主间接相关。为避免内容重复，国内学术界对生态民主相关问题的研究及代表性观点将在所涉及的具体章节加以介绍评价。

（二）关于食物主权的研究

国内学者对食物主权思潮与实践也进行了初步研究。食物主权之所以具有生态民主的内涵，是农业生产的生态性特征所决定的。食物主权的一项重要内容是反对资本尤其是国外资本对农业生产的控制，尤其反对跨国资本对种子、化肥、除草剂以及农业生产方式的控制。就生态民主而言，食物主权所主张的权利归属于环境资源权范畴。环境资源权是生态民主视

①联合国委员会通过加强农民种子权利的宣言[EB/OL]. 搜狐网, https://www. sohu. com/a/278864855_99941697.

②联合国委员会通过加强农民种子权利的宣言[EB/OL]. 搜狐网, https://www. sohu. com/a/278864855_99941697.

域下食物主权的法律依据。粮食具有三大国家安全功能——粮食安全、食品安全和食物主权。当代世界存在两套食物生产体系：其一是按照产业化、标准化、工厂化的方式生产。另一种是可持续农业模式，有助于实现农业的生态功能。跨国资本所推行的食物生产模式所造成的严重生态环境问题，以及对物种多样化的负面影响是食物主权运动的重要原因。工业化食物生产造成的地力衰减，尤其是资本对于种子生产的垄断对全球生物多样性造成了巨大的潜在风险。工业化食物生产模式污染环境、影响食物安全的同时，也增加碳排放，继而造成全球性气候问题。资本所主导的有机农业虽然对于土壤和环境的负面影响有所减弱，但是并不能从根本上解决种子垄断对生态多样性所造成的负面影响。因而食物主权的实现需要从制度层面对资本加以驾驭和节制。以驾驭资本逻辑为前提的食物生产体系一方面体现了人与自然的关系，另一方面也重塑了资本所有者、食物生产者与消费者之间的关系。

我国目前并不存在西方意义上的食物主权运动，但是存在中国特色的食物主权思想与实践。中国特色的食物主权实践可以分为三类：食物自保运动、基于地方性知识的食物生产实践、乡村生态文明建设中的食物生产实践。其中与国外食物主权运动在形式上类似的是食物自保运动。"'食物自保'运动是通过小农和部分城市食物消费者以及学者和实践者为主体的新型社会关系或者网络的建立，将食物生产和消费环节直接对接，减少中间环节，重构食物信任关系的一场实践。"①食物自保运动的生态内涵一方面体现为种源安全的生态环境，另一方面体现为本土农业与地方性知识的保护。基于地方性知识的食物生产实践，是指农民以世代传承的地方性经验知识为依据，在特定的生态系统内所从事的农业生产实践。虽然其实践模式与国外的食物主权类似，但是中国国内的此类农业生产更多是一种民族性历史性文化传承，而并不是一种有意识的食物主权行为。因而也有研究者将这类实践称之为无意识的食物主权实践。"在中国的农村也存在这种有行动无话语的食物主权实践。……恩施州的猪草猪是一种'空巢食

①张丽，王振，齐顾波. 中国食品安全危机背景下的底层食物自保运动[J]. 经济社会体制比较，2017（2）：116.

物主权'，即以空巢村民为行动主体、以当地的文化关键食物为核心推动力、以当地植物为饲料资源而形成的一个微型自续系统。"①

总体上看，国内学术界对国外生态民主理论与机制的研究比较集中，对生态治理的民主机制也进行了一定的探讨。但是国内学术界对中国特色生态民主的基础性理论研究相对滞后，在一定程度上影响了生态文明理论体系的完善和制度建设的整体性推进。中国特色生态民主是中国特色社会主义民主生态化的结果，中国特色社会主义民主制度与生态文明建设相结合的主要动力在于党和政府自上而下地推动，因而形成了与西方不同的理论体系和实践模式。马克思主义经典著作中没有提出生态民主的概念也没有对此问题的直接论述，但是马克思主义经典著作中对生态环境问题政治内涵的阐释为当代中国生态民主研究提供了基本的理论逻辑。马克思主义认为，资本主义制度下生态问题的根本原因在于资本逻辑对生态空间的控制，具体体现为资本主义生产、消费方式与生态环境之间的矛盾。西方生态马克思主义者对当代资本主义的生态批判则构成中国特色生态民主理论研究的重要学术资源。

四、生态文明保障体系协商机制研究的理论框架

在阐明历史演进规律的基础上，生态文明保障体系的协商机制的理论框架着重从以下三方面展开。第一，生态文明保障体系协商机制的理论依据。第二，生态文明保障体系协商机制的体系结构。第三，生态文明保障体系协商机制的运行规则。

（一）中国生态协商机制的历史演进

中国生态协商实践的发展道路是党领导下开辟的，是从中国环境政治运动发展而来的。不同于西方环境政治产生于生态社会运动，新中国环境政治的历史源头可以理解为爱国卫生运动。从群众运动到综合治理，党领导下的爱国卫生运动中，群众路线始终是贯穿其中的工作方法，党领导下的群众路线赋予了党领导下的爱国卫生运动丰富的民主内涵。以群众运

①吴旭. 中国食物主权的无声实践——基于对恩施州猪草猪的田野研究[J]. 青海民族研究, 2020（3）：83.

动的方式进行爱国卫生运动具有丰富的政治内涵和民主内涵，可以理解为中国特色生态（环境）民主实践的源头。专业技术人员与党委、群众三结合，体现了中国特色环境政治实践的基本组织原则，使中国特色环境政治具有了知识民主的色彩，为群众路线在知识层面的拓展提供了初步的实践依据。

"人与自然生命共同体"理念是中国特色生态民主理论形成的基本价值前提。中国特色生态民主就其形成的历史逻辑而言，体现于新中国成立以来生态环境问题的政治化过程。以体现生态民主价值观的公众环境权利为标准，中国特色生态协商机制的演进可以分为以下几个阶段：1949年至2001年是中国特色生态协商机制的萌芽期；2002年至2016年，是中国特色生态协商机制的形成期；2017年至今，是中国特色生态协商机制的成熟发展期。社会主义市场经济中公有资本为主体的公有资本逻辑对非公资本为主体的资本逻辑的驾驭和超越，从经济基础层面体现了中国特色生态民主的制度属性。社会主义市场经济体系中公有资本逻辑塑造了中国特色生态民主思想，整合了生态民主的民主主体，同时建构了中国特色生态协商机制。中国特色社会主义市场经济的核心要素——公有资本是推动中国特色生态民主建构的根本动力。公有资本逻辑对资本逻辑的驾驭和超越从经济基础层面决定了中国特色生态民主对西方生态民主超越的必然性。

中国特色生态民主在以下方面体现了中国式现代化的本质要求：中国特色生态民主坚持中国共产党领导，体现中国特色社会主义制度优势；中国特色生态民主以人与自然和谐共生为价值目标充分体现生态文明的高质量发展内涵；全过程人民民主机制为中国特色生态民主实践提供了制度保障；中国特色生态民主有助于推动全球性生态治理合作的民主化，推动构建人类生态文明新形态。

（二）中国特色生态协商机制的理论建构

中国特色生态协商机制的理论建构需要坚持守正创新，马克思主义的生态观、民主观及其他相关论述是中国特色生态民主机制的基本理论依据。马克思主义经典著作中并没有对生态民主的直接论述，但是马克思主义经典著作中对生态环境问题的论述为建构生态民主提供了基本的理论逻辑。西方生态马克思主义者对于当代资本主义的生态批判是中国特色生态民主机制理论建构的重要学术资源。生态文明理论与中国特色社会主义民主的有机结合，构成了中国特色生态民主的政治基础。中国特色生态民主体现了生态文明和全过程人民民主的双重特质，体现了中国式现代化的本质要求。生态民主和环境民主是国内学术界相关领域研究中的两个常用概念，二者的范畴既有交集同时也有一定的区别。环境正义所强调的是社会群体间环境利益的公平分配，生态正义则超越了狭隘的人类利益体现了人与自然生命共同体的核心价值。生态正义一方面是对人类中心主义的超越，另一方面体现为对资本逻辑下生态困境的超越。生态民主的概念可以有效地超越环境民主的内在局限，从根本上推进中国特色社会主义民主的发展。

马克思主义的生态观和科技观为中国特色生态协商机制建构提供了直接的理论依据：第一，马克思主义生态正义为中国特色生态民主提供了基本的价值原则。马克思主义的自然概念以及合乎正义的人与自然关系的政治实现方式是建构中国特色生态民主的基本理论依据。第二，人与自然关系中科学技术因素是生态民主的重要内容，直接影响到生态民主过程中公众与专家的地位问题。公众以何种方式参与生态相关技术治理，公众的非专业知识如何参与生态相关专业技术治理是生态民主的核心问题之一。马克思对于科技的相关论述具有生态和民主双重内涵。马克思主义视域下人之为人的自然需要是中国特色生态民主的逻辑原点。马克思关于资本和科学关系的论述为以科学为中介实现人与自然和谐发展提供了基本思路：将科学作为实现自然解放和人的解放的手段，作为实现人的自然化和自然的人化的统一的手段。消除资本对科学的统治影响为科学赋予了政治内涵：资本主义制度下不可能以科技实现真正意义上的生态民主，社会主义制度是实现生态民主的基本制度前提。《共产党宣言》中的相关论述集中体现了政党间的生态关系。资产阶级政党是资本的政治代表，资本的逻辑是无限的增殖。资本家则是人格化的资本，资产阶级政党代表资产阶级的整体利益，资本的反生态性决定了资产阶级政党政治导致生态危机的必然性。资产阶级政党以国家机器对全球自然资源进行掠夺，同时向落后国家和地区转嫁环境污染。共产主义实现的历史必然性和阶段性现实路径，决定了共产党的生态使命的具体形态。在《共产党宣言》中，马克思提出了共产主义的十点措施，其中体现了共产党的生态解放使命与实践原则。

公有资本逻辑为新时代中国特色生态协商机制的路径选择提供了一个有益的理论视角。公有制的主体地位决定了公有资本的特征，继而决定了公有资本逻辑的基本规律。中国式现代化以公有制为主体，公有制决定了中国特色生态民主的基本特征。公有资本逻辑是理解中国式现代化和全过程人民民主关系的核心概念。公有资本逻辑对资本逻辑的驾驭决定了中国式现代化对西方现代化模式的超越，决定了全过程人民民主对西方自由主义民主的超越，也决定了中国特色生态民主对西方生态民主的超越。公有资本逻辑从根本上决定了中国式现代化进程中有效市场和有为政府的辩证统一，也从根本上决定了中国特色生态民主的基本形态和特征。公有资本逻辑决定了中国特色民主的前提——党的核心地位。公有资本逻辑决定了中国特色生态民主的基本形式——协商民主。公有资本逻辑决定了中国特色生态民主的核心特征——全过程性。公有资本逻辑为深入阐释中国特色生态民主超越西方生态民主提供了基本理论依据。

中国特色生态民主也可以看作是生态文明政治化的结果。党的十八大报告提出，生态文明建设必须融入经济、政治、社会、文化建设的各方面和全过程。这一论断意味着生态文明建设涉及政治、经济社会结构，乃至道德文化的生态化重构。以生态文明政治化推动实现全过程人民民主的生态化是中国特色生态民主理论建构的现实路径。建构中国特色生态协商机制需要探讨将生态民主建构于全过程人民民主的可能性。全过程人民民主的全过程性特征是其应用于生态环境领域的根本依据。全过程人民民主的全过程性特征意味着，其不仅可以涵盖生态环境领域，而且可以涵盖生态环境领域中所有层面和环节。全过程人民民主应用于生态环境领域能确保民主性原则，但并不必然带来生态性后果，因而并不能将全过程人民民主直接作为中国特色生态民主的理论基础。生态性和民主性的统一是中国特色生态民主理论建构的基本原则。以生态文明政治建设推动全过程人民民主的生态化是构建中国特色生态民主的可行性路径。生态文明是中国式现代化进程中人与自然关系的历史性进展，生态文明内在地体现生态与政治关系的全过程性。以生态文明政治化推动实现全过程人民民主的生态化是中国特色生态民主建构的现实路径。生态文明的政治化内蕴着民主化内涵，需要以全过程人民民主建构生态文明的政治话语体系。生态文明体现了中国特色生态民主"人与自然生命共同体"的价值观，生态文明的理论框架确保了中国特色生态民主的生态性原则，而全过程人民民主确保了中国特色生态民主的真实性。"人与自然生命共同体"理念奠定了中国特色生态民主的核心价值，从根本上化解了生态中心主义与人类中心主义的内在冲突。

将中国特色生态协商机制建构于生态文明的理论体系之上，使中国特色生态协商机制具有了多重意蕴。其第一重意蕴体现为，中国特色生态协商机制体现为对西方生态民主理论和实践的批判和超越。第二重意蕴体现为，中国特色生态协商机制是社会主义制度框架内对生态文明的民主化建构，是对马克思主义生态观和民主理论的创新发展。第三重意蕴体现为，社会主义初级阶段的基本国情决定了中国特色生态协商机制与资本逻辑的关系。中国特色生态民主的全过程人民民主特征一方面以制度属性超越了资本逻辑，另一方面以协商机制保障了生态建设及治理保护中资本的参与及活力。

（三）生态文明保障体系中民主与科学的统一机制

科学和民主是生态文明保障体系中的两个核心概念，也是生态协商机制的基本要素，实现科学与民主的有机统一是建构生态协商机制的前提。人民至上的立场体现为尊重人民创造集中人民智慧，承认人民群众在生态治理中的经验知识在生态民主中的合法性地位。现代科学技术应用后果的相对不确定性导致了生态民主理论中科学与民主存在着内在的紧张关系。实现科学与民主的内在统一，是构建中国特色生态民主理论的基本任务。党的领导是中国特色生态民主的核心特征，群众路线赋予了基于群众实践经验的地方性知识参与的合法性地位。在知识论层面拓展群众路线的理论空间，为中国特色生态民主理论体系中实现民主和科学的内在统一提供了可行路径。

地方性知识是中国特色生态民主中的重要问题。中国特色生态民主实践中，人类学意义上的地方性知识需要转换为群众地方性知识才能获得参与的合理性地位。群众地方性知识在中国特色生态民主中的合法性地位来自群众路线的赋权。在马克思主义认识论视域下，地方性知识不断发展创新并循环往复体现出从实践到理性的飞跃，再从理论到实践的飞跃的过程。地方性知识在群众路线中的合理性赋予了其在生态民主理论和实践中的合法性。中国化马克思主义理论中地方性知识的合理性赋予了地方性知识在群众路线中的合法性地位。中国化马克思主义理论中的地方性知识合理性因素集中体现在毛泽东的《矛盾论》和《实践论》之中。毛泽东提出了推动感性认识跃升为理性认识的十六字法："去粗取精、去伪存真、由此及彼、由表及里。"[①]毛泽东提出的十六字法为以群众路线推进地方性知识创新发展提供了基本的辩证思维方法。群众路线有助于推动群众个体经验向地方性共识的飞跃。群众地方性知识是基于群众实践经验而形成的地方性知识。群众地方性知识是党的群众路线指导下群众实践所创造的地方性经验，是被特定情境下的实践所证实的群体性信念。中国特色生态民主的核心是党的领导。在生态民主实践中，党的群众路线会推动群众作为主体的地方性知识的创新发展。党领导下的群众地方性知识创新形态可以称为创新型群众地方性知识。应对生态环境风险过程中，地方性知识的有效性来源于特定情境下的实践，这也就解决了群众作为主体参与生态民主的合理性问题。特定的情境下基于群众实践的地方性知识在群众路线中具有合理性。因为其在群众路线中具有合理性，因而在党领导下的政治社会参与中也就具有合法性。拓展群众路线的理论空间，将地方性知识纳入群众路线理论体系之中，需要将地方性知识以群众路线的话语体系加以阐释。群众地方性知识概念的提出，其目的在于生态民主理论实践中以群众路线对地方性知识进行赋权，为公众参与专业性决策提供合法性依据。

（四）生态文明保障体系的法治基础

法治化是完善生态文明保障体系的必然要求。党的二十大报告提出："坚持走中国特色社会主义法治道路，建设中国特色社会主义法治体系、建设社会主义法治国家，围绕保障和促进社会公平正义，坚持依法治国、依法执政、依法行政共同推进，坚持法治国家、法治政府、法治社会一体建设，全面推进科学立法、严格执法、公正司法、全民守法，全面推进国

[①] 冯镜.探析毛泽东关于情报资料分析的方法[J].毛泽东思想研究，2008（1）：29.

家各方面工作法治化。"①生态民主权利是中国特色生态民主的核心概念，体现了中国特色生态民主的基本内涵。环境人权为生态民主奠定了道义层面的合理性，而环境公民权则奠定了实践层面的合法性。环境人权为缺席特定生态空间场域人们的生态利益保护提供了依据。环境公民权的相关法律规定是公民参与生态环境相关治理的法理依据。中国特色生态民主的法治内涵通过《中华人民共和国环境保护法》为代表的环境法规体系的生态内涵得以具体体现。目前中国特色生态民主实践具有鲜明的党领导下高位推动的特点，因而将党的生态政策、规制以及工作方法纳入生态民主理论和实践机制具有重要意义。生态民主与生态法治的共同源头是党的生态政策，党的生态政策上升为法律，继而规定了生态民主的内涵和运行机制。中国特色生态民主就实践层面而言，是党的生态环境政策民主化的产物，化解生态民主理论和实践困境的根本源头在于党的政策。

中国的环境人权以《人权白皮书》的形式得以确认，人与自然生命共同体、人民美好生活、美丽中国等论断为将环境权的法治化提供了理论可能性。动物权利是生态民主主体有别于传统类型民主的鲜明特征，也是生态民主理论的争议性问题。

中国特色生态民主实践取决于现行法规对相关权利的规定。生态民主的思想、理论以及社会实践也会推动环境法规的创新发展，进而为生态民主的发展拓展更加广阔的实践空间。没有被环境法所体现的生态正义内涵不仅体现为生态民主价值的愿景，而且体现为推动生态环境相关法律体系发展创新的思想来源。"谁能代表自然界"在法律层面体现的是环境公益诉讼主体资格问题。环境公益诉讼主体资格在生态民主论域下也可以理解为种际关系问题，也就是谁有资格代表自然界提起环境公益诉讼。环境公益诉讼主体资格具有代际关系的内涵，体现为谁有资格代表后代人提起环境公益诉讼的资格问题。以法治体现中国特色生态民主的原则需要实现党规党法、环境法规与生态民主的内在契合。协商是中国特色生态民主的基本手段，依法协商体现了协商的法治原则，而法治如何为协商提供足够的

---

① 习近平. 高举中国特色社会主义伟大旗帜　为全面建设社会主义现代化国家而团结奋斗——在中国共产党第二十次全国代表大会上的报告[M]. 北京: 人民出版社, 2022: 40.

制度空间则是二者兼容的关键。

（五）生态文明保障体系中的协商参与模式

生态文明保障体系的实践模式从不同方面体现了生态民主的丰富内涵。中国特色生态民主治理的协商参与模式主要有以下四种：安吉模式、嘉兴模式、蚂蚁森林模式和塞罕坝模式。上述四种模式也可以看作是中国特色生态协商参与模式的代表。公众生态环境行为及生态行政等因素直接影响中国特色生态协商模式的建构。提升生态民主的治理效率是替代运动式治理模式的关键因素，体现了中国特色生态协商参与模式发展的趋向。生态民主治理的成效所体现的是生态民主的工具性特征。中国特色生态协商机制的工具性需要服从于生态性和民主性原则。公众参与是中国特色生态民主的基本要素之一。如何在生态性和民主性原则前提下将生态环境治理效果作为公众参与模式建构的重要标准，是中国特色生态民主模式建构的重要目标。运动式治理具有动员整合效率高、治理周期短、成效显著等明显优势，已经成为各级政府主管部门生态环境治理实践中长期存在的典型模式。生态民主在治理中的动员能力不足是制约其推广实践的重要因素。当前阶段的中国特色生态民主模式建构需要兼容运动式治理，当前中国国情下生态环境运动式治理具有存在的现实合理性。中国特色生态协商模式需要兼容于党和政府的生态管理体制。深入挖掘拓展运动式的生态民主内涵对于当前生态环境运动式治理模式中的困局破解具有一定的现实意义。生态行政是生态民主治理替代运动式治理的重要机制，生态行政立法体现了生态和民主的双重内涵的统一。

协商是中国特色生态民主实践中公民参与的基本方式。生态民主就其特征而言，更适合于小范围基层社会性协商。各级党组织高位推动是基层生态民主参与模式建构的现实途径。学术界一般主张通过赋权机制化解普通公众参与权不足的困境。公众赋权一般有法律赋权、行政赋权等方式，在中国政治体制下还存在着党的组织赋权模式。在推进生态民主的制度化法治化的同时，在生态风险治理中实现群众路线、调查研究、试点等党的基本工作方法的创新发展成为完善公众参与模式的重要前提。生态民主实践中的公众无序参与可能会导致民粹主义风险，中国特色生态民主参与中需要全过程防范生态（环境）民粹主义的影响。

（六）生态文明保障体系的机制创新

党的二十大为生态文明保障体系的机制创新指明了方向。党的二十大提出全面发展协商民主，积极发展基层民主。中国特色社会主义生态民主机制创新首先体现在理论逻辑的创新。党作为中国特色社会主义事业的领导核心和各族人民根本利益的代表，有助于解决生态民主生态性优先问题，有助于解决自然界利益和代际生态利益代表机制的问题。首先，人民至上的根本立场排除了生态中心主义原则；其次，中国特色社会主义生态民主的理论前提是生态文明，自然界不仅具有自身价值，而且体现了各族人民的根本利益所在。中国共产党作为中国各族人民根本利益的代表具有了代表自然界利益的主体资格，具有了代表后代人生态利益的主体资格。基于生态民主机制运行的逻辑、场域及协商主体，中国特色生态民主协商机制可以分为生态政治协商、生态政策协商、生态社会协商等三个层面，三者从不同层面共同构建了中国特色生态民主体系。

生态文明保障体系机制创新在制度层面体现为党规国法共生机制的完善。我国生态环境治理相关领域呈现出党内规制和国家法律体系共生并重的局面。生态民主机制中党的规制一方面体现为原则性党规党法在生态环境治理领域的应用，另一方面体现为生态环境治理领域专项规定的党内文件。虽然当前生态环境治理中党规国法共生，但党规国法共生机制未必一定能推动生态民主的发展。中国特色生态民主视域下党规国法共生的良性发展需要满足三个条件：实现党规国法生态空间内依法共生，党规国法在全过程人民民主机制内的共生互补、党规国法共生机制生态性前提下的效率优势。生态民主机制中党内规制功能的发挥需要坚持以下基本原则：党的规制效力位阶原则、党内责任与法律责任不可替代、纪在法先党纪严于国法。

生态文明保障体系机制创新的关键在于提升生态民主治理的效率。生态化前提下的效率优势是党规国法共生机制的现实依据。中国特色生态民主协商机制具有充分的理论和政策法律依据，之所以在生态治理实践中无法替代行政权力主导模式，根本的原因在于现有生态民主协商机制的效率不能充分满足生态治理的要求。党规国法共生机制的根本目标是进一步强化行政权力的效率。将党规国法共生机制融入中国特色生态民主机制中时需在确保决策符合生态性价值的前提下保持其原有的效率优势。生态环节治理的风险性适用于以党内规范性文件加以规范，具有一定的试点性质，有助于及时总结经验、纠正偏差。

生态文明保障体系机制创新，一方面有助于克服协商机制本身的潜在风险，另一方面需要克服治理中的知识性风险。协商民主机制有助于实现生态性和民主性的价值目标，但协商民主机制本身也存在着潜在性风险。生态民主既具有协商民主机制自身的风险，同时也体现了生态环境风险治理领域科技应用后果的不确定性风险。生态治理具有风险治理的鲜明特征，协商民主与风险治理的关系也就成为生态民主机制建构与运行中需要应对的问题。生态风险具有不确定性、突发性、不可逆性等特点，因而不适用于事后责任机制。生态民主协商机制的相关规制需要涵盖风险预警及防范。生态民主风险规制是指相关主体通过协商就生态风险所达成共识，并基于共识所制定的风险预警及防范协议。

生态文明保障体系的风险防范规制具有鲜明的开放性特征。中国特色生态风险规制的开放性体现为打破专家对于话语权的垄断，群众路线机制下的群众地方性知识参与有助于化解生态风险治理的知识困顿。生态治理具有专业性的技术领域，因而需要生态领域相关专家的参与。中国特色生态民主机制中，党的群众路线是群众地方性知识获得合理性的理想途径。生态风险防范规制的开放性有助于相关领域专家从不同角度充分阐释相关的专业知识继而在科学共同体内部形成专业性共识；同时有助于通过公众代表以非专业性地方性知识的参与，最终推动地方性知识与专业知识共识的形成。

五、主要研究方法

生态文明保障体系协商机制研究以理论研究为主。理论研究主要是对马克思主义经典著作以及中国特色社会主义理论进行生态民主视域下的文本分析和理论建构。合理借鉴西方马克思主义生态理论的创新方法，在中国特色社会主义民主理论体系内建构中国特色生态协商机制。同时整合各类型生态调研报告，在对其运行模式进行微观分析的基础上，提出生态文明保障体系协商机制的理想化模型。社会学调查的主要内容为社会各阶层对中国特色社会主义生态民主的价值认同与角色认同。通过对生态协商过程中各个相关社会阶层的角色认同程度的调查，进一步修正生态协商机制模型。

第一，文献资料法。中国特色生态民主直接源于党领导下的爱国卫生运动。文献资料法主要应用于对相关历史资料的梳理，厘清从党领导下的爱国卫生运动到生态民主发展的历史演进过程。相关史料主要包括党的历史文献、政策文件、领导人讲话等。通过对大量相关史料的搜集、整理、筛选、比照，从中总结出中国特色生态民主的生成演进的历史逻辑。

第二，问卷调查法。在已有的众多实证调查中，专门以生态民主为主题的调查报告并不多。通过对现有调查报告中与生态协商相关的要素进行分析，有助于更加有效地借助现有研究成果，同时也有利于对相关要素的历史发展逻辑进行分析，继而揭示中国特色生态协商机制的现状与发展规律。

第三，跨学科综合研究法。生态民主作为一门边缘交叉学科，学术界对其学科的归属存在不同观点。中国特色生态协商机制的研究不仅直接涉及生态学和政治学，而且与马克思主义理论、法学、公共管理学、社会学、历史学等多学科存在不同的关系。研究过程中通过多学科方法交叉融合运用，力求得出科学全面的客观结论。

第二章 生态协商机制的历史演进

生态文明协商机制由新中国的环境政治运动演化而来，新中国的环境政治的历史源头是爱国卫生运动。因而，爱国卫生运动可以视为中国生态协商机制的源头。"人与自然生命共同体"理念是中国特色生态民主的核心价值。以体现生态民主核心价值的公众环境权利为标准，中国生态协商机制的演进可以分为以下几个阶段：1949年至2001年是中国生态协商机制的萌芽期；2002年至2016年是中国生态协商机制的形成期；2017年至今，是中国生态协商机制的成熟发展期。社会主义市场经济中的公有资本逻辑从根本上决定了中国特色生态民主的发展方向、发展进程及根本特征，是中国特色生态民主演进的决定性因素。中国特色生态协商机制的发展是一个历史过程，系统梳理党领导下生态环境治理中的民主内涵与形式的演进逻辑，对于中国特色生态协商机制的理论构建具有重要意义。中国生态民主状况就实证层面而言，一方面来源于对直接相关主题的社会调查数据分析，另一方面来源于对社会综合调查数据之中相关数据的分析。公众生态行为、公民环境安全认识、生态环境参与等构成影响生态民主状况分析的基本变量。生态民主状况就其形成的历史逻辑而言，体现于新中国成立以来生态环境问题的政治化过程。党的十九大所提出的"人与自然生命共同体"理念标志着党的相关政策已经超越了环境民主范畴，明确了中国特色生态民主的价值观。

一、爱国卫生运动：中国特色环境政治的历史源头

爱国卫生运动具有着鲜明的环境政治内涵，是中国特色生态民主的历史源头。中国环境政治是党领导下的政治体系的组成部分。新中国成立之初的爱国卫生运动虽然以疾病预防为目的，但是其主要手段是党领导下的人居环境整治。爱国卫生运动的重要内容是人居环境整治，通过群众性环

境整治实现人民身体健康。党的领导以民主集中制体现了权威和民主的双重内涵：权威主义体现为党中央集中统一领导得以体现，而民主性特征是通过群众路线的民主内涵得以体现。

（一）爱国卫生运动发展的历史过程

从爱国卫生运动的发展历程，可以清晰理出党领导下生态环境整治运动政治化的历史演进规律。在土地革命战争时期，党在各个根据地领导广大人民群众开展了不同规模的卫生防疫运动。抗日战争和解放战争时期，各级党组织将卫生运动列入根据地和解放区的施政纲领，建立相关机构广泛开展了以防治鼠疫、霍乱等恶性传染病为内容的群众性卫生运动。新中国成立后，1952年春天开始的群众性卫生防疫运动被正式命名为"爱国卫生运动"。社会主义改造和建设时期，中央政府提出爱国卫生运动要将突击性活动与经常性工作紧密结合。1956年发动的"除四害"运动虽然将麻雀定为"害鸟"违背了科学规律，但总体看来"除四害"运动对人居环境的整治以及流行病的防治起到了积极作用。党的八届三中全会明确提出爱国卫生运动的主要任务是：除四害、讲卫生、消灭疾病、振奋精神、移风易俗、改造国家。党的十一届三中全会后，爱国卫生运动体现了更加鲜明的生态内涵和民主内涵。1981年2月，中央爱卫会等部门联合发出"五讲四美"的倡议。"五讲四美"中所提出的"讲卫生""环境美"赋予了生态环境整治以伦理内涵。2009年《中共中央国务院关于深化医药卫生体制改革的意见》中明确提出将农村环境卫生与环境污染治理纳入社会主义新农村建设规划。党的十九大报告中和党的二十大报告中提出深入开展爱国卫生运动，倡导健康文明生活方式。

（二）党的十八大之前爱国卫生运动的生态民主内涵

将群众路线应用于人居环境整治是爱国卫生运动中的伟大创举和成功实践经验，群众路线为党领导下人居环境治理中的群众参与提供了合法性依据。爱国卫生运动具有人居环境治理的丰富内涵，从除四害、改水改厕、环境卫生再到城市综合治理，每一个阶段的任务都与特定时期的环境治理密切相关。爱国卫生运动，将爱国主义与环境卫生整治联系起来，赋予环境问题深刻的政治内涵，使其具有环境政治的基本特征。从群众运动到综合治理，在党的领导下，爱国卫生运动中的群众路线始终是贯穿其中的工作方法，党领导下的群众路线赋予了爱国卫生运动丰富的民主内涵。1951年4月全国防疫会议强调技术与群众运动相结合。技术与群众运动相结合的要求事实上提出了科学和群众路线相结合的工作思路，为拓展群众路线的知识内涵进行了初步的探索。1952年爱国卫生运动提出了八净、五灭、一捕的工作要求。"八净"指的是：孩子、身体、室内、院子、街道、厨房、厕所、牲畜圈要干净。"五灭"指的是：消灭苍蝇、蚊子、虱子、跳蚤、臭虫。"一捕"指的是捕老鼠。这项要求将人民健康与人居环境联系起来，因而可以将爱国卫生运动理解为人居环境整治运动，爱国卫生运动具有了环境政治运动的内涵。有研究者总结了20世纪50年代中国爱国卫生运动的基本特点：一是党和政府重视爱国卫生运动，自上而下层层贯彻。二是广大人民群众的积极参加。1957年党的八届三中全会提出爱国卫生运动的任务是：除四害，讲卫生，消灭疾病，振奋精神，移风易俗，改造国家。"到1959年，以除四害、讲卫生、消灭主要疾病为中心的爱国卫生运动取得了巨大的成就。"[1]以群众运动的方式进行爱国卫生运动具有丰富的政治内涵和民主内涵，可以理解为中国特色生态（环境）民主实践的源头。

爱国卫生运动中有着明确的生态内涵，例如除四害之中将麻雀替换为臭虫就体现了对于生态影响的考量。毛泽东明确指出爱国卫生不是孤立的疫病防治，而是具有生态环境、政治、社会等多方面丰富内涵。"卫生工作之所以重要，是因为有利于生产，有利于工作，有利于学习，有益于改造我国人民低弱的体质，使身体健康，环境清洁，与生产大跃进，文化和技术大革命，相互结合起来。"[2]上述内容一方面明确指出了爱国卫生运动的生态环境内涵，另一方面指出了其所具有的政治和社会内涵。专业技术人员与党委、群众三结合，体现了中国特色环境政治实践的基本组织原则，使中国特色环境政治具有了知识民主的色彩，为群众路线在知识层面的拓展提供了初步的实践依据。20世纪60年代的爱国卫生运动还体现了生态环境整治中党领导下专业知识与群众地方性知识相结合在群众路线中

---

[1]肖爱树. 20世纪60—90年代爱国卫生运动初探[J]. 当代中国史研究, 2005（3）: 55.
[2]毛泽东文集（第8卷）[M]. 北京: 人民出版社, 1999: 150.

的实践。例如，"在各级党委和政府的重视下，各地卫生防疫机构和医学科学研究部门，也加强了对农村粪便管理工作的科学研究和技术指导工作，……他们一方面学习和总结群众的粪便管理经验，另一方面根据科学原理，向群众进行宣传教育、理论指导和技术示范"。[①]这个过程一方面体现了群众的生产生活实践是知识的来源，体现了"从群众中来"的内涵；另一方面体现了20世纪70年代爱国卫生运动中将群众经验上升为理论指导群众实践，体现了"从群众中来，到群众中去"的内涵。

钉螺是血吸虫的主要宿主，消灭血吸虫病需要以大规模的生态环境整治为前提。整治生态环境消灭血吸虫病具有更加鲜明的生态内涵。20世纪80年代开始，随着改革开放的推进，爱国卫生运动更加强调城乡人居环境卫生的整治。《国务院关于加强爱国卫生工作的决定（国发〔1989〕22号）》中指出：爱国卫生工作的基本方针和方法是政府组织，地方负责，部门协调，群众动手，科学治理，社会监督。群众动手、科学治理、社会监督等规定概括了这一时期公众参与生态环境治理的基本特点。而将绿化等内容明确列入爱国卫生运动，标志着爱国卫生运动中生态内涵的进一步丰富。20世纪90年代爱国卫生运动的重点是国家卫生城市创建活动。吴仪在全国农村爱国卫生工作暨纪念爱国卫生运动55周年现场会议上的讲话中指出："爱国卫生运动是我们党把群众路线运用于卫生工作的伟大创举。爱国卫生运动经历了不同的历史时期，工作内容和重点发生了很大变化，但发动群众、依靠群众、服务群众、造福群众的根本宗旨始终没有改变。……党委政府统一领导，社会各界广泛参与，人民群众全面动员、人人动手、全家上阵，有效地预防和控制了地方病、传染病和寄生虫病等疾病。"[②]群众路线是党的十八大之前中国生态（环境政治）民主内涵的重要实践形式，群众路线的民主内涵与实践方式决定了中国生态（环境政治）民主形成时期的基本形态。

---

①肖爱树. 20世纪60—90年代爱国卫生运动初探[J]. 当代中国史研究, 2005（3）: 57.
②把爱国卫生运动的重点进一步放到农村为社会主义新农村建设贡献力量——吴仪副总理在全国农村爱国卫生工作暨纪念爱国卫生运动55周年现场会议上的讲话（2007年9月20日）[EB/OL]. 中国政府网, www. gov. cn/ldhd/2007-10/12/content_774932. htm.

（三）新时代爱国卫生运动的生态民主内涵

党的十八大以后，爱国卫生运动的生态内涵与民主内涵进一步拓展。《国务院关于进一步加强新时期爱国卫生工作的意见》（国发〔2014〕66号）明确指出爱国卫生运动是党和政府把群众路线运用于卫生防病工作的伟大创举和成功实践，是中国特色社会主义事业的重要组成部分。……做好新时期的爱国卫生工作，是坚持以人为本，解决当前影响人民群众健康突出问题的有效途径，是改善环境、加强生态文明建设的重要内容，是建设健康中国、全面建成小康社会的必然要求。2016年的全国卫生与健康大会强调："发挥群众工作的政治优势和组织优势，持续开展城乡环境卫生整洁行动，加大农村人居环境治理力度，建设健康、宜居、美丽家园。"①《国务院关于深入开展爱国卫生运动的意见》（国发〔2020〕15号）中再次强调：爱国卫生运动是我们党把群众路线运用于卫生防病工作的成功实践，是贯彻预防为主方针的伟大创举。

党的十八大以后爱国卫生运动发生了一系列原则性的改变，赋予了爱国卫生运动更加鲜明的民主内涵："政府组织"变更为"政府领导"，将"部门协调"变更为"部门协作"，将"科学治理"变更为"科学指导"。上述改变强调了爱国卫生的目的是维护人民群众的健康权益，将健康权明确为价值目标。新时代的爱国卫生运动体现了更加鲜明的民主内涵：政府领导、部门协作相对于政府组织和部门协调为社会参与创造了空间；科学指导一方面强调了科学性原则，另一方面为非专业的公众参与提供了协商空间。

（四）绿色生活方式的生态民主内涵

党的十八大以后，爱国卫生运动的重点逐步转向倡导绿色生活方式。生活政治概念的提出为论证绿色生活方式的民主内涵提供了理论方法。"生活政治的出现是西方国家进入后工业社会阶段后生活价值观念变迁、个人选择的兴起共同驱使的结果。"②"生活政治指的是政治权力和政治意志在日常生活中泛化，日常生活被提升到政治层面予以解读的一种政治范

---

① 全国卫生与健康大会19日至20日在京召开[N].人民日报，2016-08-20.1.

② 张敏.西方社会的一种新政治行动方式与政治领域：对生活政治的扩展性分析[J].国外理论动态，2020（4）：117.

式。"①中国式的生活政治观有如下多重特征：中国式现代化进程中以民生政治将经济发展与人民福祉紧密结合，以治理民主将国家建构、政治发展与社会治理有机结合，以法治原则重塑个人与社会之间的复杂关系。

生活政治理念为阐明绿色生活方式的政治内涵和民主内涵创造了理论空间。有研究者指出："西方社会从古代直接民主发展到近现代的间接民主，但并不止于间接民主，而是当前混合形式的民主制。目前可行的民主实践是政治民主和作为生活方式的民主。"②生活方式与民主治理具有密切的内在关联："生活方式变迁与公共治理存在复杂连结关系。市民生活方式的变迁为城市公共治理达至善治提供了客观条件也提出了现实要求。"③就爱国卫生运动所提出的绿色生活方式而言，绿色生活方式不仅仅具有道德内涵，而且与生态环境公共治理具有密切的关系。绿色生活方式对生态治理提出了新的要求，也决定了公众参与生态治理的理念和方式，因而具有鲜明的生态民主内涵。

（五）爱国卫生运动中的群众路线

群众路线在爱国卫生运动中具有重要的地位，爱国卫生运动是我们党把群众路线运用于卫生防病工作的成功实践。习近平总书记关于爱国卫生运动的系列文件体现了生态环境治理中民主的若干原则：风险防范原则、群众工作的政治优势和组织优势、文明健康、绿色环保的生活方式等。

1. 爱国卫生运动中的群众路线

中国共产党所领导的爱国卫生运动自始至终将整治环境、保障人民健康作为政治任务来抓，这也就使爱国卫生运动具有了鲜明的环境政治内涵。是将卫生、防疫和一般医疗工作看作一项重大的政治任务。卫生防疫具有政治内涵，需要将党组织、科学家、人民群众三者密切结合。党组织是领导保证，科学家是关键，人民群众是主力军，把三者有机结合起来，就能打赢疫病防治战。新中国成立以来爱国卫生运动中生态环境治理的经验体现为：党的统一领导，科学防治，全民动手。群众路线是贯穿于爱国

---

① 朱承. 论中国式"生活政治"[J]. 探索与争鸣，2014（10）：90.

② 顾肃. 关于民主的若干基本理论问题辨析[J]. 中国人民大学学报，2004（4）：97.

③ 唐晓燕. 生活方式变迁视域下城市公共治理走向研究——以杭州为例[J]. 浙江学刊，2012（3）：125.

卫生运动不同时期的基本工作方法。以消灭血吸虫病的环境治理为例，群众路线体现了科学性和民主性的双重内涵：党组织是领导保证，科学家是关键，人民群众是主力军，三者有机结合打赢疫病防治战。改革开放前，群众运动是党实现社会治理目标的基本手段。群众路线与思想政治教育、阶级斗争等多种方式紧密相结合，这也体现在环境卫生治理领域。"毛泽东在领导中国解决这个问题的过程中，创造性地发挥了我们党群众路线的做法，把群众运动和维护健康结合起来，通过发挥群众集体协作的力量，弥补了技术和专业人才的缺乏，而且使医疗卫生成为人民普遍参与的事业，促进了社会建设、移风易俗。"[①]

2. 群众运动的局限性

爱国卫生运动是中国特色生态民主的主要历史源头，其民主内涵通过群众路线得以体现。中国特色生态民主的形成过程中，群众路线和群众运动的关系嬗变，从一个侧面体现了生态民主完善过程。"就中国共产党民主发展的历史而言，在民主革命时期，党的群众路线与群众运动在革命过程中实现了紧密结合，群众运动成为群众路线实践的有效载体。而在社会主义建设过程中，群众运动由于其历史与自身的局限性与群众路线的初衷背离。"[②]不能将群众路线等同于群众运动。群众路线是党的根本工作方法。在革命战争时期，由于紧迫的革命形势以及缺乏民主法治条件，在实践中群众运动曾作为贯彻群众路线的主要手段。群众运动在革命战争时期的重要作用不可否认。群众运动是动员群众贯彻群众路线的必要手段，但不是唯一的手段，社会主义建设中群众运动容易导致形式主义，进而背离群众路线的初衷。十一届三中全会后，党反思群众运动的弊端，重新确立群众路线的科学内涵。"从群众中来，到群众中去"体现了独具中国特色的民主功能。党领导下的生态民主实践不能以群众运动的方式进行动员。党领导下的生态民主实践要完整准确地践行群众路线、与时俱进地构建群众路线的长效机制。同时需要拓展群众路线在知识民主领域的内涵，推动群众路线机制中科学和民主的统一。

①李玲,江宇.毛泽东医疗卫生思想和实践及其现实意义[J].现代哲学,2015（5）:42.
②郭广平.群众路线与群众运动关系的历史考察（1921—1976）[J].黄河科技大学学报,2014（1）:50.

二、中国生态民主的萌芽、形成与成熟发展

（一）公众参与生态环境治理的历史分期

爱国卫生运动是中国特色生态（环境）民主的源头，爱国卫生运动中体现了"公众"以"群众"政治身份的参与。目前国内学术界对生态（环境）民主的研究一般将公众参与作为核心要素。公众作为主体参与生态环境治理过程中，存在一系列标志性事件：1973年第一次全国环境保护会议召开、1992年全国首届环境教育会议召开、2002年《中华人民共和国环境影响评价法》正式赋予公众环境参与权、2012年党的十八大将生态文明建设纳入"五位一体"的总布局、2014年《中华人民共和国环境保护法》明确规定了公众的环境参与权。对公众环境参与和环境保护政策的演变的研究，有助于梳理中国特色生态民主形成发展的历史脉络，并从中总结中国特色生态民主演进的历史逻辑。公众参与虽然是衡量生态民主的核心参照，但并不是衡量生态民主的唯一因素。生态环境治理中的公众参与能够在一定程度上体现民主内涵，但是并不必然体现生态民主的内涵。生态民主核心价值缺失的公众环境参与，可能会造成急功近利的环境治理风险，乃至造成为了小集团利益危害生态环境的后果。生态民主视域下的公众参与需要以生态民主价值观作为基本前提。

（二）生态环境法规的生态民主内涵

就实践层面而言，中国特色生态民主的合法性体现为相关法律规定的发展完善过程。从20世纪70年代到20世纪80年代末，国家的政策法规明确规定公众参与生态环境治理保护的权利和义务。1973年制定的《关于保护和改善环境的若干规定（试行草案）》第一次提出保障公民环境事务参与权。1979年《中华人民共和国环境保护法（试行）》规定公民对污染和破坏环境的单位和个人，有权监督、检举和控告。1982年《中华人民共和国宪法》第二条规定人民依照法律规定，通过各种途径和形式管理国家事务，管理经济和文化事业，管理社会事务。这为公民参与生态环境治理提供了根本的法律依据。1989年《中华人民共和国环境保护法》赋予了公民对环境污染的检举控告权。从20世纪90代到20世纪末，相关法规对公众参与作出了更加明确的规定。1994年国务院颁布的《中国21世纪议程》中强

调公众参与在可持续发展进程中具有重要地位和作用。1996年颁布《国务院关于环境保护若干问题的决定》中强调建立公众参与机制的同时，强调发挥社会团体参与环境保护的作用。但在这一时期所制定的相关法律中也存在着一定问题。例如，法律和政策文件没有明确界定有权合法参与的公众的范围，更多地将公众参与生态环境治理和保护视为一种义务。

进入21世纪之后，相关法规之中具有了更加鲜明的生态民主内涵。2000年《全国生态环境保护纲要》强调对公众生态环境保护意识的培育。2004年发布的《环境保护行政许可听证暂行办法》中对听证参与者的范围以及程序作出了具体规定。同年《全面推进依法行政实施纲要》中提出行政决策机制要体现公众参与、专家论证和政府相结合。2006发布的《环境影响评价公众参与暂行办法》对公众参与环境评价的方式程序等作出了具体规定。《中国生物多样性保护战略与行动计划》（2011—2030年）提出将公众参与作为生物多样性保护的基本原则，其对于生态民主的意义在于将以往的环境参与拓展到生态保护和治理参与。《环境保护公众参与办法》以及《环境影响评价公众参与办法》为中国特色生态民主实践的公众参与提供了法律和政策依据。

（三）中国生态协商机制演进的历史分期

1. 1949—2001年中国生态协商机制的萌芽期

以公民生态环境权利为标准，中国生态协商机制可以分为萌芽、形成和发展等阶段。中国生态协商机制的萌芽期可以分为1949—1978年和1979—2001年两个阶段。1949—1978年期间，在生态环境保护以及治理进程中，公众主要以"群众"的身份通过群众路线进行参与，群众运动为主要的参与形式，其民主内涵主要通过群众路线得以体现。1978年改革开放后，随着商品经济发展，生态环境问题也日益凸显，伴随着改革开放和商品经济的发展中国特色生态民主加速萌芽。1979年《中华人民共和国环境保护法（试行）》第八条明确规定：公民对污染和破坏环境的单位和个人，有权监督、检举和控告。法律明确规定了公民对公众参与环境保护的监督权、检举权和控告权，标志着生态环境民主权利的正式提出，相关权利保障下的公民参与逐步兴起。第六个五年计划（1981—1985年）期间，环境保护相关内容正式纳入国民经济和社会发展计划。1992年邓小平南方谈话推动社会主义市场经济迅速发展，经济发展所造成的日益严重的生态环境问题开始成为社会关注的热点。与此同时民间环保组织逐步兴起，社会参与的主体和形式进一步丰富。

2. 2002—2016年中国生态协商机制的形成期

2002年颁布的《中华人民共和国环境影响评价法》以法律形式明确了公民在环境影响评价中的参与权。从生态民主角度审视，《中华人民共和国环境影响评价法》规定了参与的主体是有关单位、专家和公众。参与公众的标准是可能造成不良环境影响并直接涉及环境权益，也就是受到直接影响的公众才具有参与资格。2005年召开的中央人口资源环境工作座谈会首次提出生态文明的概念。这次会议还提出生态建设的法律和政策体系建设、全国生态保护规划、生态文明教育等相关内容。2007年党的十七大把建设生态文明确定为全面建设小康社会目标之一，同时倡导全社会牢固树立生态文明观念。生态文明理念的提出为中国特色生态民主的形成奠定了价值观基础。2012年党的十八大报告中明确了生态文明理念的基本内涵：尊重自然、顺应自然、保护自然。强调将生态文明建设融入经济建设、政治建设、文化建设、社会建设各方面和全过程。这一论断指明了中国特色生态民主的理论构建的基本路径。将生态文明建设融入政治建设为中国特色生态民主理论与实践提供了政策依据。

2013年，党的十八届三中全会通过了《中共中央关于全面深化改革若干重大问题的决定》，提出改进社会治理方式，坚持系统治理、坚持依法治理、坚持综合治理、坚持源头治理。治理方式的重大变革对中国特色生态民主的发展完善起到了决定性作用。对生态环境领域而言，系统治理意味着治理主体向政府主导、社会共同治理转变；依法治理意味着治理方式从人治向法治方向的转变；综合治理意味着生态环境治理中从行政权力主导向多种手段综合运用转变；源头治理意味着治理环节上从末端治理向源头前移。《中共中央关于全面深化改革若干重大问题的决定》规定了生态环境治理的基本原则，在实践层面明确了生态民主的基本原则和依据。

2014年修订的《中华人民共和国环境保护法》进一步明确规定了公民参与生态环境治理的相关权利义务。尤为重要的是，2014年修订的环境保护法将所涉及的范畴从"环境"拓展到"生态"。例如，第五十七条和第五十八条明确提及了污染环境和破坏生态行为的处理规定，为将环境民主拓展到生态民主提供了法理依据。2014年修订的《中华人民共和国环境保护法》第五条明确规定了公众参与生态环境治理的原则。第六条规定了单位和个人保护环境的义务。第三十六条规定明确了作为义务主体的单位和个人的具体范畴，包括公民、法人和其他组织。第三十八条规定了公民生态环境义务的内容：遵守相关的环境保护法律法规，积极配合政府和相关部门实施的各项环境保护措施等。第五十三条规定了权利主体享有权利的具体内容：公民、法人和其他组织依法享有获取环境信息、参与和监督环境保护的权利。第五十六条规定了建设单位应当在编制时向可能受影响的公众说明情况，充分征求意见。第五十七条规定了公民、法人和其他组织的举报权。第五十八条规定了社会组织作为诉讼主体的条件：依法在设区的市级以上民政部门登记；专门从事环境保护公益活动连续五年以上且无违法记录。上述规定为中国特色生态民主的主体及权利等基本内容作出了法律规定，为中国特色生态协商机制提供了基本的法律依据。

2016年党中央国务院有关部门相继出台了一系列生态保护治理的政策法规：《关于健全生态保护补偿机制的意见》《土壤污染防治行动计划》《关于设立统一规范的国家生态文明试验区的意见》《国家生态文明试验区（福建）实施方案》《关于省以下环保机构监测监察执法垂直管理制度改革试点工作的指导意见》《控制污染物排放许可制实施方案》《"十三五"控制温室气体排放工作方案》《耕地草原河湖休养生息规划（2016—2030年）》《湿地保护修复制度方案》《"十三五"生态环境保护规划》《关于全面推行河长制的意见》《生态文明建设目标评价考核办法》《中华人民共和国环境保护税法》。上述政策法规表明，生态文明价值观和公民生态环境相关权利已经付诸实践，中国特色生态协商机制已经形成。

3. 2017年至今中国生态协商机制的成熟发展期

党的十九大报告提出了人与自然是生命共同体的理念，明确其内涵为尊重自然、顺应自然、保护自然。"人与自然生命共同体"理念的提出及内涵的明确标志着中国特色生态民主理论的成熟。"人与自然生命共同体"理念已经超越了人类中心的传统环境主义，标志着从环境民主向生态民主转换的实现。中国特色生态民主从以环境领域为重点，发展为体现中国特色生态价值观的生态民主。党的十九大报告提出："要建设人与自然和谐共生的现代化，……提供更多优质生态公共产品以满足人民日益增长的美好生活需要"。①社会主义制度下生态公共产品具有鲜明的公共产品属性，具有鲜明的民主内涵：党的领导、节制资本、生态经济民主原则。"我国的生态公共产品及其价值实现还存在着由至少三个要素构成的社会主义动力机制所支撑起来的另一个面相，即党和政府的绿色政治转向和统一组织管理、对市场机制和资本介入的体制化经济社会制度规约、以生态经济民主原则为根本导向的大众性民主参与。"②中国共产党生态治理模式"从建党初期的以农村生态治理为主的土改型生态治理模式到建国初期的中央控制型生态治理模式，从改革开放初期的政府—市场二元生态治理模式到新时代的多元主体协作生态治理模式，百年生态治理模式的探索为我们党积累了丰富的历史经验。"③

中国特色生态协商机制的成熟还体现在中国特色民主制度与民主形式对生态民主的兼容。党的十八届三中全会提出注重健全民主制度的同时丰富民主形式。党的十九大报告提出扩大人民有序政治参与，强调协商民主是实践全过程人民民主的重要形式。从生态民主角度审视，党的十九大报告中实际上提出了中国特色生态民主实践机制，那就是政府为主导，企业为主体，社会组织和公众共同参与的多元民主模式。党的十九大提出的生态环境多元共治为生态民主中的公民参与提供了基本的制度保障。党的二十大报告中强调全面依法治国和全过程人民民主为生态民主的发展创新创造了足够的理论空间。

三、生态协商机制演进的内在逻辑与动因

（一）中国特色生态协商机制的核心价值理念

中国特色生态协商机制形成的标志是生态文明的提出，生态文明体现

---

① 方世海. 建设人与自然和谐共生的现代化[J]. 理论视野, 2018（2）：5.
② 海明月, 郇庆治. 马克思主义生态学视域下的生态公共产品及其价值实现[J]. 马克思主义与现实, 2022（3）：119.
③ 穆艳杰, 韩哲. 中国共产党生态治理模式的演进与启示[J]. 江西社会科学, 2021（7）：116.

了中国特色生态民主的核心价值。生态文明政治化的过程同步于中国特色
生态民主的形成发展过程。通过梳理十六大以来党的代表大会对生态文明
的发展过程，可以清晰地厘清中国特色生态民主的发展脉络以及中国特色
生态民主现状形成的历史逻辑。2002年党的十六大提出全面建设小康社会
的奋斗目标之一是"可持续发展能力不断增强，生态环境得到改善，资源
利用效率显著提高，促进人与自然的和谐，推动整个社会走上生产发展、
生活富裕、生态良好的文明发展道路"。①2005年10月，中共十六届五中全
会通过的《中共中央关于制定国民经济和社会发展第十一个五年规划的建
议》指出："必须加快转变经济增长方式。……要把节约资源作为基本国
策，发展循环经济，保护生态环境，加快建设资源节约型、环境友好型社
会，促进经济发展与人口、资源、环境相协调。推进国民经济和社会信息
化，切实走新型工业化道路，坚持节约发展、清洁发展、安全发展，实现
可持续发展。"②2006年10月，中共十六届六中全会通过的《中共中央关
于构建社会主义和谐社会若干重大问题的决定》强调：必须坚持科学发
展。……统筹城乡发展，统筹区域发展，统筹经济社会发展，统筹人与自
然和谐发展，统筹国内发展和对外开放，转变增长方式，提高发展质量，
推进节约发展、清洁发展、安全发展，实现经济社会全面协调可持续发
展。党的十七大以前，我国生态文明思想强调以人为本统筹人与自然和谐
发展，体现了非自然主义的价值观，从根本上与西方生态民主思想划清了
界限。

党的十七大明确提出生态文明建设思想，标志着中国特色生态民主
的初步形成。党的十七大报告提出实现全面建设小康社会奋斗目标的新要
求："要增强发展协调性、扩大社会主义民主、加强文化建设、加快发展
社会事业、建设生态文明。"③党的十七大首次明确提出了生态文明的战略

①中央文献研究室. 十六大以来重要文献选编（上）[M]. 北京：中央文献出版社，
2005: 15.

②中央文献研究室. 十六大以来重要文献选编（中）[M]. 北京：中央文献出版社，
2005: 1064.

③中央文献研究室. 十七大以来重要文献选编（上）[M]. 北京：中央文献出版社，
2009: 16.

任务，同时赋予了生态文明于政治、经济、文化、社会等方面在全面建设小康社会中同样重要的地位，将扩大社会主义民主和建设生态文明并列。虽然党的十七大报告中并没有阐明社会主义民主和生态文明的关系，但赋予生态文明建设与民主建设同等地位，为中国特色生态民主的形成创造了有利条件。党的十八大报告提出要"把生态文明建设放在突出地位，融入经济建设、政治建设、文化建设、社会建设各方面和全过程，努力建设美丽中国，实现中华民族永续发展。"①将生态文明建设融入政治建设进一步为生态民主实践创造了前提。党的十八届四中全会决定中提出用严格的法律制度保护生态环境，加快建立有效约束开发行为和促进绿色发展、循环发展、低碳发展的生态文明法律制度，强化生产者环境保护的法律责任，大幅度提高违法成本。上述论断赋予了生态文明建设以鲜明的法治内涵。

2015年4月，中共中央、国务院《关于加快推进生态文明建设的意见》提出以健全生态文明制度体系为重点，优化国土空间开发格局，全面促进资源节约利用，加大自然生态系统和环境保护力度，大力推进绿色发展、循环发展、低碳发展，弘扬生态文化，倡导绿色生活，加快建设美丽中国，使蓝天常在、青山常在、绿水常在，实现中华民族永续发展。该《意见》强调了生态文明是包括生产方式、生活方式、社会文化乃至核心价值的伟大变革。

党的十九大报告中提出的"人与自然生命共同体"理念是对马克思主义生态观的继承发展，奠定了生态文明的本体论基础。"人与自然生命共同体理念，实现了对于生命的有机性和创造性的理解，超越了近代自然观，发展了马克思自然观"。②"人与自然生命共同体"理念摆脱了自然界对人类的价值依附，超越了狭隘的人类中心论，在政治层面超越了人与环境的狭隘视野，将中国特色环境民主拓展为中国特色生态民主。

"人与自然生命共同体"理念的提出及内涵的完整阐释标志着中国特色生态协商机制的成熟。"人与自然生命共同体"的理念体现了中国特色生态协商机制的核心价值。人与自然生命共同体主张尊重自然顺应自然，

①胡锦涛. 在中国共产党第十八次全国代表大会上的报告[N]. 人民日报, 2012-11-19: 1.
②韩志伟, 陈治科. 论人与自然生命共同体的内在逻辑: 从外在共存到和谐共生[J]. 理论探讨, 2022（1）: 94.

这体现了人类对于自然界以及其他物种的道德义务。"人与自然生命共同体"理念作为中国特色生态民主的价值观超越狭隘的人类中心主义价值观。生命共同体核心理念为构建生命共同体视域下的动物伦理提供了新的视角。"新时代，以生命共同体理念为基石的动物伦理要求，……以尊重生命、和谐发展、共生共荣为价值导向，确立个体和整体相结合的伦理基础，分类构建多元化的动物伦理体系，把握不干扰、最小伤害、共同保护等基本伦理原则。"①

"人与自然生命共同体"理念之所以标志着中国特色生态协商机制的成熟，还因为其划清了中国特色生态民主与环境民主的界限。首先，环境民主与生态民主就价值观而言，其最本质区别在于是否具有生态主义内涵。人类中心主义与环境民主有着密切的关联，因为环境民主的核心是对环境利益以民主手段进行分配，自然环境本身的价值并不是环境民主的必然性内涵。因而环境民主并不必然需要体现尊重自然顺应自然的价值观。

"人与自然生命共同体"理念划清了中国特色生态民主与环境民主的界限，还体现了生态民主治理的内蕴。"生态系统各要素构成了一个生命共同体，这种整体性表现在生态系统的结构，生态污染与破坏的影响，生态服务功能及人的生态权益等多个方面，……生态整体性要求生态监管机制实现多元化、一体化、协同化、统筹化。"②

（二）生态协商机制体现了中国式现代化的本质要求

党的二十大报告中提出全过程人民民主、人与自然和谐共生是中国式现代化本质要求的论断。"中国式现代化的本质要求是：坚持中国共产党领导，坚持中国特色社会主义，实现高质量发展，发展全过程人民民主，丰富人民精神世界，实现全体人民共同富裕，促进人与自然和谐共生，推动构建人类命运共同体，创造人类文明新形态。"③"人民民主是社会主义

①黄雯怡.生命共同体视域下动物伦理理论的构建[J].江苏社会科学，2022（4）：51.

②宁清同.生命共同体思想指导下的生态整体监管体制[J].社会科学家，2018（12）：114.

③习近平.高举中国特色社会主义伟大旗帜　为全面建设社会主义现代化国家而团结奋斗——在中国共产党第二十次全国代表大会上的报告[M].北京：人民出版社，2022：23-24.

的生命，是全面建设社会主义现代化国家的应有之义。全过程人民民主是社会主义民主政治的本质属性，是最广泛、最真实、最管用的民主。"①全面深入理解这一论断的深刻内涵，对新时代完善生态文明保障体系的协商机制具有重要的意义。

中国特色生态协商机制本质上是中国式现代化的生产方式所决定的。新中国成立以来，现代化发展模式经历了以重工业为中心的工业文明到生态文明的演进，经历了从高速增长模式到高质量增长模式的演进。20世纪70年代随着西方主要国家现代化逐步完成，生态问题引发了越来越多的社会关注，生态环境运动逐步兴起。基于马克思主义理论分析，西方国家的生态危机本质上是由于资本的无序扩张所造成的。新中国生态问题的根源与西方有着本质不同，主要是由以苏联模式为代表的发展理念和模式造成的。新中国成立以后，由于片面发展重工业过度消耗能源和资源，环境问题日益严重。1973年，第一次全国环境保护会议审议通过的"全面规划、合理布局、综合利用、化害为利、依靠群众、大家动手、保护环境、造福人民"红字方针具有丰富的民主内涵：造福人民表明了生态环境保护的价值目标，人民是环境保护的受益者，其内涵与"一切为了群众"的理念相一致；依靠群众、大家动手表明了主要手段是群众路线，以群众路线进行广泛的社会动员。

中国特色生态协商机制演变的逻辑所体现的是社会主义市场经济对生态领域的影响，以及社会主义制度对资本逻辑的驾驭和超越。社会主义市场经济机制下资本与生态的关系集中体现了发展模式对生态民主的影响。从新中国成立直至20世纪80年代，粗放型增长模式造成了严重的污染和资源浪费，改革开放后非公资本的无序扩张进一步加剧了生态环境问题的紧迫性。在此期间主要是政府相关部门在环境保护方面发挥主要作用，将环境保护确立为基本国策，在相关法律政策中对公众参与的规定日益增多。20世纪90年代市场经济的迅速发展所引发的生态环境问题日益突出，公众群体性生态环境维权抗争时有发生。虽然政府对于环境保护日益重视，但

---

① 习近平. 高举中国特色社会主义伟大旗帜 为全面建设社会主义现代化国家而团结奋斗——在中国共产党第二十次全国代表大会上的报告[M]. 北京: 人民出版社, 2022: 37.

在增长式发展模式的影响下，片面追求增长速度客观上造成了公众参与存在的诸多困境。例如，此期间虽然出台了相关的政策法规，但主要体现为原则性的规定，缺乏付诸实践的相关机制保证。20世纪90年代末，大规模城市化开发建设中资本的高速扩张引发了更加严重的生态环境问题。社会主义市场经济的发展推动了社会阶层的分化。不同社会阶层之间以及不同社会群体之间生态环境利益和风险分配的不均衡所引发的邻避效应与环境抗争成为这一时期的代表性问题。各级地方政府为了维护稳定及降低成本的需要，通常将争议性项目改建在相对偏远的城郊和农村地区。这种做法虽然缓和了城市群体性生态环境维权抗争，但是造成了城乡之间生态利益和风险分配新的不平等乃至潜在的社会风险。20世纪90年代末互联网技术日益成熟，互联网日益普及。互联网逐步成为民意聚合的平台，以生态环境为议题的网络民粹主义逐步形成并迅速发展。

法治化从根本上为生态民主的形成和发展提供了制度保障。生态环境治理法治化不断完善的过程中，中国特色生态民主的制度保障也日益完善。《中华人民共和国环境影响评价法》规定了公民环境权益。《环境保护行政许可听证暂行办法》明确规定了环境行政中公民的知情权和参与权。《环境影响评价公众参与暂行办法》以及《环境信访办法》等进一步规范了生态民主实践中的公众参与行为。党的十八大以后，相关政策法规更加具体，保障机制也日臻完善。《关于推进环境保护公众参与的指导意见》和《环境保护公众参与办法》等政策法规进一步推进了生态民主参与的法治化进程。党的二十大报告中提出坚持全面依法治国，提出在法治轨道上全面建设社会主义现代化国家，为中国特色生态民主的法治化提供了更加坚实的制度保障。

社会主义市场经济需要充分发挥资本的活力，其运行的规律也就形成了以公有制为基础的"公有资本逻辑"。公有资本逻辑所体现的是社会主义市场经济条件下公有资本的运行规律。社会主义市场经济的公有资本逻辑对资本逻辑的超越决定了中国式现代化对西方现代化模式的超越，决定了全过程人民民主对西方民主的超越，继而决定了中国特色生态民主对西方生态民主的超越。中国特色生态民主内生于中国式现代化进程。公有资本逻辑有助于从经济基础层面揭示生态民主内生于中国式现代化的理论依据。公有制所决定的公有资本逻辑与非公资本决定的资本逻辑并存于社会主义市场经济体制之中。公有制经济的主体地位决定了公有资本逻辑的基本特征，决定了公有资本逻辑驾驭资本逻辑的必然性及方式。中国式现代化以公有制为主体，公有制决定了中国特色生态民主的性质，而公有资本逻辑决定了中国特色生态民主的基本特征。

中国特色生态协商机制在以下方面体现了中国式现代化的本质要求：中国特色生态民主坚持中国共产党领导，体现中国特色社会主义制度优势；体现以人与自然和谐共生作为高质量发展的重要目标；全过程人民民主是中国特色生态民主机制建构的基本依据；中国特色生态民主具有丰富的道德和文化内涵有助于丰富人民精神世界；中国特色生态民主有助于生态公共产品的公正分配，在生态层面实现全体人民共同富裕；中国特色生态民主有助于推动构建人类命运共同体，有助于推动创造人类生态文明新形态。

（三）中国特色生态协商机制演变的内在动因

十一届三中全会后，随着社会主义市场经济的发展，资本逻辑成为生态民主形成过程中的活跃因素。改革开放后商品经济催生了资本逻辑，资本权力在生态环境领域的无序扩张，其负面影响与片面追求增长速度的发展模式相叠加，进一步加剧了生态环境的恶化。与此同时，社会主义商品经济向市场经济的发展也唤醒了人们的主体意识，群体性环境抗争冲突逐步加剧，环境抗争时有发生。社会主义市场经济是中国特色生态协商机制形成的重要因素。一方面，社会主义市场经济条件下资本逻辑造成了生态环境的损害和相关主体间的利益冲突，资本逻辑对环境的负面影响是资本增殖的一般属性所决定的。就这一点而言，中国的环境问题与西方在表现形式方面有一定的相似之处。另一方面，社会主义市场经济对中国特色生态协商机制的形成也有正向影响。市场经济推动了公众的参与意识和权利意识。市场经济需要法治保障，法治的逐步完善则为公众参与提供了制度保障。社会主义市场经济还催生了社会阶层的分化。新的社会阶层日益壮大，新的社会阶层为生态民主发展提供了新生动力。与此同时，资本逻辑下新的社会阶层的消费主义倾向同样也对生态环境产生了负面影响。中国特色市场经济一方面造成了资本所主导的生态环境问题，另一方面也促进了公众生态民主主体意识的形成发展与成熟。而社会主义市场经济的公有资本逻辑对资本逻辑的驾驭体现了生态民主对资本逻辑的驾驭，从经济基础层面体现了中国特色生态协商机制的制度属性。公众参与生态环境治理的相关民主权利是中国特色生态民主作为一种制度形成的重要标志。中国特色生态协商机制的中国特色体现公有资本逻辑对资本逻辑的超越。公有资本逻辑从根本上决定了中国特色生态民主发展方向与进程及根本特征。资本逻辑对西方生态民主的统治是西方生态民主理论与实践的内在局限。而生态民主的中国特色体现在社会主义民主对资本逻辑的驾驭和超越，继而为生态民主的发展创造了制度前提。

党的十九届四中全会明确社会主义基本经济制度是所有制、分配方式、经济体制三位一体的基本经济制度体系。西方生态民主模式中资本逻辑所造成生态异化的根本原因在于生产资料私有制和资本增殖性相结合。公有资本逻辑在实践中体现为公有制属性和资本增殖性二者的价值和利益平衡。公有资本的双重属性从根本上决定了中国式现代化进程中市场经济与生态文明的辩证统一。公有资本逻辑是建构中国式现代性的基本依据，公有资本决定了中国特色生态协商机制的基本特征与运行规律。

资本逻辑决定了内在于自由主义民主体系的西方生态民主，公有资本逻辑决定了内在于全过程人民民主的中国特色生态民主。中国特色生态协商机制的形式不是公有制所决定的，而是公有资本逻辑所决定的。公有制本身不等于公有资本逻辑，公有资本逻辑所体现的是中国社会主义市场经济下公有资本的基本特征与运行规律。公有资本逻辑是建构中国特色生态协商机制的基本要素。中国特色生态民主是社会主义市场经济发展的必然结果。社会主义市场经济体系中公有资本逻辑塑造中国特色生态民主思想，整合生态民主主体，同时建构中国特色生态协商机制。中国特色社会主义市场经济的核心要素——公有资本是推动中国特色生态协商机制建构的根本动力。公有资本逻辑属性及特征决定了中国特色生态协商机制对西方生态民主的超越。公有资本逻辑决定了中国式现代化进程中人与自然和谐共生的关系，并由此生成生态民主。在中国式现代化进程中，中国特色生态协商机制保障市场主体地位和权利，体现了人民运用资本手段实现美好生活的合法权利。基于公有资本逻辑，中国特色生态协商机制驾驭资本的功能体现在：以民主手段保障合法的资本权利在生态空间的发挥，这是中国特色生态协商机制的活力之源；以民主手段在生态空间内节制引导资本权力，防控资本权力在生态空间的无序扩张，这是中国特色生态民主制度属性的体现。公有资本逻辑为深入阐释中国特色生态协商机制超越西方生态民主提供了基本理论依据。

四、生态文明保障体系中生态协商状况

（一）公众生态环境行为状况

在已有生态环境相关调查报告之中，专门以生态民主为主题的调查报告并不多。目前与生态民主相关的绝大多数调查报告以生态环境治理中的公众参与为主题。通过对现有调查报告中生态民主的相关要素及相关要素的历史发展逻辑进行分析，有助于更加有效地借助现有研究成果，继而揭示中国特色生态民主的现状与发展规律。公众生态行为、公民环境安全认识、生态环境参与等因素是影响生态民主状况的基本变量。公众的生态环境行为与生态民主的关系密切，现有调查研究数据揭示了公众生态行为的基本现状。基于公民生态环境行为调查数据研究结果表明："环境态度和环境知识水平与环境行为呈正相关关系，……公众对政府环保工作力度的评价与公私领域环境行为呈正相关，……和体制化渠道进行环保监督的行为呈负相关。"[1]在生态行为的诸多变量之中，调查显示："在参与监督举报和参加环保志愿活动方面，公众表现较为积极。在践行程度相对较差的践行绿色消费、减少污染产生、关注生态环境和分类投放垃圾等行为领域，仍然存在'高认知度、低践行度'的现象。"[2]互联网是公众参与生态环境相关主题讨论的重要平台，互联网平台有助于公众低碳生活方式的培育。"研究发现，互联网平台能够在一定条件下促进绿色低碳意识向行为

---

[1]贾如，郭红燕，李晓. 我国公众环境行为影响因素实证研究——基于2019年公民生态环境行为调查数据[J]. 环境与可持续发展，2020（01）：56.

[2]《公民生态环境行为调查报告（2020年）》发布[J]. 环境监测管理与技术，2020（4）：28.

的转化。"①

新中国成立以来，运动式治理是生态环境治理的主要形式，以河长制为代表的运动式治理在当前也发挥着重要作用。长期的运动式治理的组织方式对公众社会行为造成了深远影响，尤其是运动式动员方式在一定程度上塑造了公众的社会心理和行为方式。其中典型表现之一是激励动员对公民环境行为的直接影响要高于其他相关因素。"数据结果表明：框架动员、激励动员以及成员动员对居民垃圾分类行为产生正向影响"。②相对于传统的民主方式，生态民主与科学知识的相关度更加密切，相关科技知识与公众生态环境行为存在正向关联。"基于2013年中国社会综合调查（CGSS）数据和中国统计年鉴数据，……环境知识与环境友好行为为正向相关关系"。③公众对科学技术的理解对其生态环境行为有直接影响，也直接决定了公民生态环境风险感知的差异。通过调查，公众认为技术广泛应用的社会基础包括："划定技术权力越界的纠错制度、利益与风险的完整评估、完备的法律法规、包容审慎的监管主体、公众知情同意。"④加强科技伦理和科技安全最主要的作用因素分别为："科研专家（84.97%），法律保障（84.42%），政府管理（83.73%）。"⑤

（二）公众参与生态环境治理状况

改革开放以来，社会主义市场经济的发展完善推动了中国社会的阶层分层。不同社会阶层的知识背景不同，消费能力不同，政治社会参与机会不同，继而决定了公众生态环境参与过程中的阶层差异。通过CGSS 2013数据研究发现："中间阶层环境行为水平显著高于其他社会阶层"。⑥中

①生态环境部环境与经济政策研究中心发布《互联网平台背景下公众低碳生活方式研究报告》[J].环境与可持续发展，2019，44（6）：34.

②吕维霞，王超杰.动员方式、环境意识与居民垃圾分类行为研究——基于因果中介分析的实证研究[J].中国地质大学学报（社会科学版），2020（2）：103.

③高孟菲，于浩，郑晶.环境知识、政府工作评价对公众环境友好行为的影响[J].中南林业科技大学学报（社会科学版），2020，14（2）：53.

④李思琪.科技伦理与安全公众认识调查报告（2021）[J].国家治理，2022（7）：46.

⑤同上。

⑥卢春天，李一飞.中国中间阶层环境行为探究——基于2013年中国综合社会调查数据[J].中国研究，2021（1）：249.

间阶层政治意识行为则对公域环境行为具有显著影响。不同社会群体对相同生态环境因素的感知存在明显差异，基于中国社会状况综合调查数据（CSS2019）分析显示："对于社会中上层群体，个体参与效能感对其参与行为有较大的直接影响效应；对于社会中下层群体，政府评价对其参与行为则具有较大的直接效应；对于社会中下群体，政府评价参与行为则具有最大的影响效应。"①就现有调研报告而言，政治参与的主题报告远多于生态环境民主参与的主题报告。通过对政治参与主题报告的分析也可以揭示中国国情下公众参与的共同特点。基于CSS2019调查数据的分析发现："我国民众的总体社会公平感与不同的政治参与行为之间呈现类U型关系，在统计上它与非制度化的沟通型政治参与存在显著的负相关，但与制度化的社区参与和选举参与却呈显著的正相关。情感性因素与理性因素共存于民众政治参与的行为选择与意愿之中"。②调查数据显示，社会心理因素也会对公众参与产生影响。基于2019年中国民众政治心态调查的全国性抽样调查数据分析可以得出结论："政治信任与制度化政治参与具有显著的正相关关系。"③

就当前中国国情而言，生态环境邻避冲突是引发公众群体性参与的主要因素之一。"以邻避抗争的强度和抗争目标两个维度来划分，'中国式'邻避抗争可以分为四种集体行动类型。单一目标温和行动、单一目标激进行动、多元目标温和行动、多元目标激进行动。"④公民的集体行动而不是非政府组织的行动成为公民参与区域治理的主要方式。环境邻避冲突不仅与环境民主关系密切，而且直接涉及生态公共利益，因而也具有生态民主的内涵。环境民主视域下环境邻避所要实现的不仅仅是环境利益，

---

①崔岩. 当前我国不同阶层公众的政治社会参与研究[J]. 华中科技大学学报（社会科学版），2020（6）：9.

②林健，肖唐镖. 社会公平感是如何影响政治参与的？——基于CSS2019全国抽样调查数据的分析[J]. 华中师范大学学报（人文社会科学版），2021（6）：10.

③刘伟，肖舒婷，彭琪. 政治信任，主观绩效与政治参与——基于2019年"中国民众政治心态调查"的分析[J]. 华中师范大学学报（人文社会科学版），2021（6）：1.

④崔晶. 中国城市化进程中的邻避抗争: 公民在区域治理中的集体行动与社会学习[J]. 经济社会体制比较，2013（3）：172.

而是："立足重塑公共价值的使命管理、吸纳多元主体偏好的政治管理、完善利益补偿的运营管理三个维度构建环境邻避民主治理的整合机制。"①影响环境治理进程中民主参与的主观因素更加多元。基于环境类邻避设施周围公众的实地调研表明："公众对环境类邻避设施的健康和环境风险感知、政府行为信任是影响其冲突参与意向的最主要因素，政府信任对公众风险感知与邻避设施冲突参与意向关系存在显著的调节效应。"②环境民主参与者的知识背景对其参与行为有重要影响，参与者的具体主张需要以必要的科学技术知识作为合理性支撑，因而产生了专家与公众的知识认知冲突。"'技术专家视角'与'生活者视角'存在四点分歧，导致技术专家与生活者思想观念的差异。而个人与社会关系间无法弥合的裂痕导致了两者之间的冲突，政府应当尝试将此类运动纳入制度轨道，尝试利用社会冲突的正功能促进个人与社会关系的调整。"③

城乡邻避冲突体现了城乡在生态权利及风险分配方面的差异，农村环境邻避中农民的非理性行为更为普遍。"农村邻避型环境群体性事件特征表现为：冲突焦点具有不确定性和主观性、环境风险更多地由农民承担、农民多使用暴力进行非理性抗争。"④学术界一般认为，相关多元主体的广泛参与在一定程度上有助于化解环境邻避冲突。中国社会治理转型的困境在于："无论民众抗争还是精英互动，都难以成为邻避冲突治理制度化的动力。"⑤"在我国现有的政治体制下，由地方政府主导，并由多主体共

---

① 于鹏，陈语. 公共价值视域下环境邻避治理的张力场域与整合机制[J]. 改革，2019（8）：152.

② 张郁. 公众风险感知、政府信任与环境类邻避设施冲突参与意向[J]. 行政论坛，2019（4）：122.

③ 张曦兮，王书明. 邻避运动与环境问题的社会建构——基于D市LS小区的个案分析[J]. 兰州学刊，2014（7）：139.

④ 张婧飞. 农村邻避型环境群体性事件发生机理及防治路径研究[J]. 中国农业大学学报（社会科学版），2015（2）：135.

⑤ 张晨. 环境邻避冲突中的民众抗争与精英互动：基于地方治理结构视角的比较研究[J]. 河南社会科学，2018（1）：113.

同组成的治理结构将有助于我国邻避抗争的协商和解决。"①有研究者提出了邻避冲突的治理路径："重视公众的风险感知、加强风险沟通；扩大政体的开放性，建立健全邻避设施的补偿机制和重大工程的社会风险评估机制。"②

（三）《公众参与生态协商状况》问卷调查及分析

为了完成国家社科基金项目《中国特色社会主义生态民主基本问题研究》，课题组于2020年4月份开启了以"公众参与生态协商状况"为主题的问卷调查（调查问卷见研究报告附件）。调查充分利用长春高校的学生资源，联系组织吉林大学、长春工业大学等高校学生经过培训利用假期以入户方式进行问卷调查。

1.问卷调查数据统计结果

课题组通过高校学生系统选取了不同地区、不同职业和教育背景家庭的同学利用假期对家庭成员、亲友和所在社区人群进行问卷调查。从2020年4月起，共投放问卷1000份，因为疫情原因收回有效问卷658份。2022年7月，补充投放问卷1000份，收回有效问卷902份。受到疫情因素影响，问卷首次回收率没有达到预定目标。再次投放问卷后，经统计分析，调查结果比较全面真实地反映了所调研问题。为了便于统计，问卷调查结果数据四舍五入取整数结果。调查问卷样本构成状况如下：两次问卷调查共收回有效问卷1560份。其中，男性受访者占42%，女性受访者占58%。样本年龄结构分布为："60后"占15%，"70后"占13%，"80后"占14%，"90后"占17%，"00后"占41%。样本学历结构分布为：初中及以下占3%，高中/职高/技校/中专占24%，大专占22%，本科占42%，硕博研究生占9%。

树立理性的科学观，公众的科学观是公众参与新时代生态民主建设的前提条件。问卷调查数据统计结果显示，14%的受访者选择完全相信专业科学知识和专家，只有0.32%的受访者表示自己不相信专业科学知识和专家。其他受访者表示既相信专业科学知识、专家，同时也相信自己的实践经验

---

① 崔晶. 从"后院"抗争到公众参与——对城市化进程中邻避抗争研究的反思[J]. 武汉大学学报（哲学社会科学版），2015（5）：28.

② 高新宇. "政治过程"视域下邻避运动的发生逻辑及治理策略——基于双案例的比较研究[J]. 学海，2019（3）：100.

感受。绝大多数受访者倾向于同时相信专业知识和基于经验的地方性知识，这体现了受访者科学素养的提升。

问卷调查数据统计结果显示，受访者对生态环境相关科学技术的负面影响能够理性看待，但在相关社会活动中参与不足。经常参加政府或社区组织的生态环境问题协商或座谈的受访者比例低于5%，而选择偶尔参加或从不参加的受访者超过95%。22%的受访者相信通过参与政府组织的协商能够解决生态环境利益冲突，选择不相信的受访者占78%。43%的受访者认为生活环境受到污染的情况下群体请愿更能起到作用，34%的受访者认为政府组织的协商能够起到作用，23%的受访者认为上述二者均不起作用。对于是否愿意为了后代人的生态环境而降低自己的生活质量或提供生活消费，80%的受访者表示不清楚自己行为和后代人生态环境的确切因果关系，15%的受访者表示不愿意，5%的受访者表示非常愿意。如果身边发生了严重的环境污染事件，73%的受访者主张上级领导直接干涉为大家做主，21%的受访者主张通过法律途径解决问题，6%的受访者主张通过协商解决问题。生态环境治理中，67%的受访者认为各级政府部门及其领导更能起到作用，28%的受访者认为各级党组织及其领导更能起到作用，低于2%的受访者认为社会组织和受访者群体能起到作用。28%的受访者认为河长制对生态环境污染短期有效，23%的受访者认为其效果立竿见影，49%的受访者认为不能从根本上解决问题。80%的受访者认为生态环境污染事件中社会精英有各种办法避免受害，18%的受访者认为总是普通群众受害，只有4%的受访者认为二者同等受害。对于争议性生态环境问题，68%的受访者认为党政部门直接处理更受欢迎，28%的受访者选择党政部门处理与协商二者并重，2%的受访者选择仅通过协商方式解决。对生态环境问题处理结果不满的原因，56%的受访者认为是有关部门的官僚主义，34%的受访者认为是专家意见不符合实际，9%的受访者认为对普通群众经验和感受不重视，1%的受访者认为法律制度有不适宜之处。对于身边生态环境改善的原因，80%的受访者认为是监管处罚严格造成的，15%的受访者认为监管处罚与公众参与兼而有之，5%的受访者认为是公众积极参与的结果。在参与意愿方面，35%的受访者表示愿意作为代表参与环境评估和听证之类的活动，62%的受访者表示有时间参加也行，3%的受访者表示不愿意参加。问卷调查数据统计结果显示的其他代表性观点如下：75%的受访者认为人情、生活行为习惯会对生态环境治理方案产生影响。85%的受访者表示没有参与过网上关于生态环境治理的讨论，88%的受访者认为网上言论多少有点合理之处，97%的受访者认为网上言论基本不能转化为现实中的行动。92%的受访者认为科学家也是人，都有私利和七情六欲。93%的受访者认为身边几乎不存在生态环境风险，87%的受访者认为应该存在资本为了获利而造成生态环境风险的情况，但是不知详情。超过90%的受访者认为生态环境治理中可能存在突发风险、治安风险、道德等方面的风险。

2. 生态文明保障体系中公众参与协商状况分析

问卷调查数据统计结果显示，对生态环境科学前沿发展兴趣最大的是90后群体，其次为80后70后00后群体，兴趣相对最小的是60后群体。00后群体在此次调查中的统计结果与其他群体有所差异。00后群体对生态环境科学前沿发展的认识更为清晰，更倾向于认可专业知识和专家在生态环境治理及协商过程中的作用。对普通公众和专家所掌握知识在生态环境治理中的作用，00后群体与其他年龄群体的意见并不存在显著差异。但00后群体更倾向于支持专家在相关问题上发挥中立性和关键性作用。相对而言，70后60后群体更倾向于认可基于自身经验的感性知识，但是调查数据表明，上述两个群体参与生态环境协商的意愿低于接受调查的其他群体。70后60后群体更倾向于党政相关部门直接干预解决生态环境问题，更认同河长制等行政权力主导的治理方式。80后90后00后群体更倾向于以协商解决生态环境问题，参与相关协商的意愿也更为强烈，更认同资本造成生态环境利益分配不公的观点。80后90后00后群体参与网上生态环境焦点议题评论的比率相对较高。70后60后群体主动关注网上相关焦点议题并发表意见的比率明显较低，无论是在网络上还是在现实生活中都表达了较低的主观参与意愿。

综合上述调查数据统计结果可以看出，80后90后00后群体就主观意愿而言，是生态民主的主力。统计结果显示，80后90后00后群体虽然具有较强的参与意愿，但是并不认为专业知识与基于实践感知的地方性知识之间存在明显冲突，上述年龄群体总体认同专业知识和专家意见。这既与这三个年龄群体教育水平较高有关，同时也与其实践知识和生活经验相对较少有关。随着其年龄阅历的增长，上述年龄群体对于地方性知识的态度是否会有所改变，有待通过进一步社会调查结果研究分析。70后60后群体更倾向于认可地方性知识，但是其参与的主观意愿并不鲜明。上述调研结果从一个方面揭示了不同年龄群体参与的主观意愿。针对这种状况，中国特色生态民主机制之中群众路线与行政部门所主导的协商并行是符合中国国情的现实路径选择。80后90后00后群体参与意愿相对强烈，更倾向于主动参与行政部门所主导的生态环境协商。而70后60后群体参与意愿相对不足，更适合于以党的群众路线引导其参与生态环境民主协商过程。调查结果表明，教育程度与主观参与意愿和专业知识认可有密切的正向关联，性别对各项调查结果没有明显影响。

附件：公众参与生态协商状况调查问卷

您好，您看到的是以公众参与生态环境治理为主题的问卷调查。请您根据实际情况如实填写即可，问卷数据仅用于学术研究目的且绝对保密。感谢您的支持和配合！

1. 您的年龄段：

A. 18岁以下

B. 18～25岁

C. 26～30岁

D. 31～40岁

E. 41～50岁

F. 51～60岁

G. 60岁以上

2. 您的性别是？

A. 男

B. 女

3. 您目前居住的城市属于？

A. 一线城市（北、上、广、深及天津、重庆、成都、青岛等新一线城市）

B. 二线城市（主要为省会城市）

C. 四线城市（主要为地级市）

D. 县城、地方村镇及其他

4. 您的文化程度是？

A. 初中及以下

B. 高中

C. 大专

D. 本科

E. 研究生及以上

5. 您的职业是？

A. 学生

B. 公务员/事业单位工作人员

C. 科研工作者

D. 公司职工

E. 农民

F. 其他

6. 您通过什么渠道关注的生态环境科学传播（科普类）微信受访者号？

A. 主动搜索

B. 关注朋友圈

C. 看到文章后关注他人推荐

D. 科普活动、讲座抖音、快手等第三方短视频平台

E. 其他

F. 不记得了

G. 我从来没有看过生态环境科学传播（科普类）微信受访者号

7. 您对生态环境科学传播（科普类）微信受访者号发布的哪类内容更感兴趣？

A. 与日常生活相关的生态环境科学常识

B. 生态环境突发事件的应急处理方法

C. 前沿科技进展、动植物知识等

D. 民间传统生态环境相关知识与文化

8. 对于生态环境科学传播（科普类）微信受访者号的视频内容，您更

希望以下面哪种形式观看？

　　A. 只放视频

　　B. 文字稿介绍和视频

　　C. 都可以

　　9. 您是否愿意相信生态环境科学传播（科普类）微信受访者号中的专家观点？

　　A. 很不愿意

　　B. 基本相信

　　C. 非常愿意相信

　　10. 您是否愿意相信生态环境科学传播（科普类）微信受访者号中的普通受访者的经验和观点？

　　A. 很不愿意

　　B. 基本相信

　　C. 非常愿意相信

　　11. 您在日常生活中是否有与专家观点不一致的经验和感受？

　　A. 有

　　B. 没有

　　12. 您认为普通受访者的经验和感受能否作为生态环境决策的依据？

　　A. 能

　　B. 不能

　　C. 在其生活范围内能

　　13. 如果您的感受与专家观点不一致，您是否选择相信专家？

　　A. 相信专家

　　B. 不相信专家

　　C. 不熟悉领域相信专家

　　14. 您认为传统文化中的生态环境观点是否有科学内涵？

　　A. 有

　　B. 没有

　　C. 有一些

　　15. 如果您的生活环境受到污染，您的经验感受与专家不一致，您是否愿意参与他人组织的群体性活动以维护自己利益？

　　A. 愿意

　　B. 不愿意

16. 您是否愿意相信生态环境决策中民意代表的观点和态度？

　　A. 相信

　　B. 不相信

17. 如果您的经验有科学作为依据，同时有生产生活经验的亲身感受，您觉得自己的经验是否比专家的知识更加符合实际？

　　A. 相信自己的经验

　　B. 相信专家

18. 您是否参与过有关生态环境问题的协商或者座谈？

　　A. 经常参加

　　B. 偶尔参加

　　C. 从不参加

19. 您是否相信通过参与政府组织的协商能够解决生态环境利益冲突？

　　A. 相信

　　B. 不相信

20. 在生活环境受到污染的情况下，您认为参与政府组织协商和群体请愿哪个更能起到作用？

　　A. 集体请愿

　　D. 政府协商

　　C. 都不起作用

21. 您是否愿意为了子孙后代良好的生态环境而降低自己的生活质量或提高生活消费？

　　A. 非常愿意

　　B. 不愿意

　　C. 不清楚自己行为和后代人生态环境的确切因果关系

22. 如果您身边发生了严重的环境污染事件，您认为下列哪个选项更有助于从根本上解决问题？

　　A. 上级领导直接干涉为大家做主

B. 相关单位个人协商解决问题

C. 通过法律途径解决问题

23. 在您接触到的生态环境问题中，下列主体哪个出面更多，更能起到作用？

A. 各级党组织及其领导

B. 各级政府部门及其领导

C. 社会组织

D. 受访者自发组建的临时性群体

E. 其他

24. 您认为河长制能否有效缓解生态环境污染问题？

A. 立竿见影

B. 短期有效

C. 不能根本解决问题

25. 您身边是否有类似于生态环境治理座谈会等受访者参与形式？

A. 不知道

B. 听说过

C. 有类似形式

26. 您认为在生态环境污染事件中社会精英和普通群众是否是同等的受害者？

A. 有些污染中同等受害

B. 总是普通群众受害

C. 社会精英有各种办法避免受害

27. 您认为上级党政组织的直接处理与组织受访者协商哪个更受百姓欢迎？

A. 党政部门直接处理

B. 组织受访者协商

C. 二者兼而有之

28. 您认为社会不满的生态环境问题处理结果的原因是什么？

A. 法律制度有不适宜之处

B. 相关部门官僚主义处理不当

C. 对社会受访者的经验认识不重视

D. 专家的意见不符合实际

29. 您认为身边生态环境改善的原因是监管处罚严格还是受访者积极参与?

A. 监管处罚严格

B. 受访者积极参与

C. 二者兼而有之

30. 如果有机会您是否愿意作为代表参与环境评估和听证之类的活动?

A. 愿意参加

B. 不愿意参加

C. 有时间去参加也行

31. 您认为人情、生活行为习惯是否会导致您对生态环境治理方案的态度产生影响?

A. 基本不会影响

B. 产生较大影响

C. 可能有些影响

32. 您是否关注网上关于生态环境治理的言论,尤其是偏激的言论,您认为是否有合理之处?

A. 完全不合理

B. 基本合理

C. 多少有点合理之处

33. 您是否参与过网上关于生态环境治理问题的讨论?

A. 从不参加

B. 偶尔参加

C. 经常参加

34. 您认为网上关于生态环境治理的多数意见能否转化为现实中的行动?

A. 基本能

B. 基本不能

C. 极少部分能

D. 说说而已

35. 您觉得自己的生态环境科学知识水平处于什么程度？

A. 非常低

B. 非常高

C. 多少有些了解

36. 您是否期望科学家是富有责任感，且道德素质处于高水平？

A. 不期望

B. 期望

C. 都是人，都有私利和七情六欲

37. 您是否期望科学家在生态环境科学技术上取得更大的突破和进展？

A. 不期望

B. 非常期望

C. 无所谓

38. 您一次获取科学知识所需要的时间平均是多久？

A. 小于2分钟

B. 2~5分钟

C. 5~10分钟

D. 10~30分钟

E. 30分钟以上

39. 您的生态环境科学知识获取主要依赖电视报纸等传统媒体，还是互联网等新媒体？

A. 完全依赖传统媒体

B. 完全依赖新媒体

C. 兼而有之

40. 您接触的生态科学知识的详略程度如何？

A. 非常表面化和概括

B. 非常详细

C. 以讲故事为形式

41. 您接触的生态环境科学知识存在多少专业术语？

A. 几乎不存在

B. 大量存在

C. 偶尔出现

42. 您所生活区域在生态环境方面是否存在风险？

A. 几乎不存在

B. 大量存在

C. 偶尔出现

43. 您认为在生态环境方面是否存在资本为了获利而人为破坏等风险？

A. 几乎不存在

B. 大量存在

C. 应该存在但是不知详情

44. 您认为在生态环境治理方面是否存在突发事件等风险？

A. 几乎不存在

B. 大量存在

C. 可能存在

45. 您认为在生态环境治理方面是否存在社会治安等风险？

A. 几乎不存在

B. 大量存在

C. 可能存在

46. 您认为在生态环境治理方面是否存在道德问题等风险？

A. 几乎不存在

B. 大量存在

C. 可能存在

47. 您认为当前生态环境治理在文化方面是否存在社会信仰缺失或偏差等风险？

A. 几乎不存在

B. 大量存在

C. 可能存在

48. 科学技术让我们的生态环境更健康、更便捷、更舒适

A. 完全不认同

B. 非常认同

C. 基本认同

49. 科学技术基本可以解决生态环境治理中的任何难题

A. 完全不认同

B. 非常认同

C. 基本认同

50. 生态环境科学技术在经济和工业发展中发挥了重要作用

A. 完全不认同

B. 非常认同

C. 基本认同

51. 我愿意支持政府在生态环境科学技术方面进行更多投资

A. 完全不认同

B. 非常认同

C. 基本认同

52. 生态环境科技政策的决定最好由专家做出而非所有受访者

A. 完全不认同

B. 非常认同

C. 基本认同

53. 人工智能、大数据给生态环境治理带来的负面影响被夸大了

A. 完全不认同

B. 非常认同

C. 基本认同

第三章　生态文明保障体系中协商机制的理论建构

马克思主义经典著作中并没有对生态民主的直接论述，但是马克思主义经典著作中对生态环境问题的论述为建构生态协商机制提供了基本的理论逻辑。马克思主义认为，资本主义制度下生态问题的根本原因在于资本主义生产、消费方式与生态环境之间的矛盾。马克思主义的生态思想和民主理论是生态文明保障体系协商机制建构的基本理论依据。西方生态马克思主义者对于当代资本主义的生态批判是中国特色生态民主理论建构的重要学术资源。生态文明理论与中国特色社会主义民主的有机结合，构成了生态协商机制的政治基础。中国特色生态民主体现了生态文明保障体系协商机制的核心特质，体现了中国式现代化的本质要求。

一、中国特色生态民主的概念

（一）生态与环境的基本内涵

生态民主和环境民主是相关领域研究的两个常用概念，二者的范畴既有交集同时也有一定的区别。理解生态民主和环境民主的联系和区别，首先要分析生态和环境的概念。在不同的学科概念中，"生态"与"环境"的内涵及外延也有所不同。自然科学与环境法学中的"环境"概念所强调的是人类中心；而在生态学与生物学中，"环境"概念所强调的是自然界中心。因而有研究者将环境定义为"围绕人的生产及生活的各种自然要素和人工改造的自然要素；将生态定义为包括人类在内的全部生物之间，与所处环境之间相互作用形成的平衡的整体系统。"[1]学术界往往使用"生态环境"一词描述生态系统中的环境，以区别于环境法学意义上的环境概

---

[1]郭晓虹."生态"与"环境"的概念与性质[J].社会科学家，2019（2）：113.

念。"在生态学中,生态被定义为,物种与影响它的各种环境和生物变量的关系"。①简而言之,生物学中的"环境"指的是以生物体为中心,与之相关的所有生物或非生物因素。生态学中的"环境"所强调的是自然界中某一生物或种群的栖息空间,以及与之存在直接或间接关系的因素的总和。法律意义上"环境"概念的范围能够涵盖"生态"概念的内涵。例如,《中华人民共和国环境保护法》第二条明确规定:"本法所称环境,是指影响人类生存和发展的各种天然和经过人工改造的自然因素的总体,包括大气、水、海洋、土地、矿藏、森林、草原、野生生物、自然遗迹、人文遗迹、自然保护区、风景名胜区、城市和乡村等。"《中华人民共和国宪法》第二十六条中规定:"国家保护和改善生活环境和生态环境,防治污染和其他公害。"环境保护法中的环境概念包括了一般学术意义上的环境和生态概念。而宪法将生态环境和生活环境进行了区别,宪法中的"生活环境"概念大致相当于一般学术意义上的"环境",而"生态环境"概念则与一般学术意义上的生态概念大致相当。

(二)生态正义与环境正义

生态正义和环境正义既有联系也有区别。就最初生成的语境而言,生态正义和环境正义具有不同内涵。西方生态正义所关注的是荒野、湿地、国家公园和濒危物种,生态正义体现了非人类中心主义价值观。以辛格为代表的动物解放流派,以史怀泽、泰勒为代表的生物中心主义,以奈斯、利奥波德和罗尔斯顿为代表的生态中心主义等,赋予动物、植物等以道德主体资格,承认其内在价值,并让人类对其讲义务和道德,以此构建人与自然之间的公平正义。美国学者最早提出了"环境正义"概念,其核心内涵在于探讨生态资源在社会中的分配。环境正义逐渐形成了下列主要观点:美国伦理学家彼得·S.温茨在其代表作《环境正义论》中强调人类之间、人类与非人类存在物之间生态资源公平分配。美国学者奥康纳在《自然的理由:生态学马克思主义研究》中强调"生产性正义",并将其作为生态社会主义的首要原则。英国学者戴维·佩珀在《生态社会主义:从深生态学到社会正义》中提出生态中心主义价值观,认为资本主义制度和生

---

① 郭晓虹. "生态"与"环境"的概念与性质[J]. 社会科学家,2019(2):108.

产方式造成了社会不公正和生态危机。美国学者罗伯特·D.布拉德将环境正义进行了分类，区分出程序正义、地理正义和社会正义等不同类型。环境正义所关注的是有色人种、少数族裔和蓝领工人阶级等弱势群体的环境利益。"环境正义主张'在发展、环境法律、制度和政策的实施等方面，所有人，不论其种族、文化、收入以及教育水平如何，都应得到平等对待。'……它还强调人们在环境事务中应拥有参与权和知情同意权（参与正义）；主张社会应对人们的独特性，尤其是处于社会弱势地位的群体做到心理和文化上的承认认同（承认正义）；以及认为社会应关注与环境有关的行为或决策是否促进了人们生活能力的改善和提高（能力正义）。也就是说，环境正义是集'分配正义、参与正义、承认正义和能力正义为一体的综合性框架。'"①

国内有研究者指出："环境正义问题主要表现在多尺度区域和多类型群体两个层面，环境强势群体（区域）与弱势群体（区域）的环境权责不对等是焦点……在具体的社会文化和地方情境中探讨环境正义及其解决之道是重点……未来环境正义研究的重点和难点在于：建构一个问题导向的，跨学科交叉的环境正义理论框架"。②环境正义与生态正义的内涵有所不同：环境正义关注人类差异性主体对环境权利与义务的分配正义，是局限于传统社会正义的理论范畴。生态正义则强调人类补偿对自然伤害的矫正正义，是表征人类与自然和谐秩序的范式创新。"环境正义是人类应对生态问题及其危机的重要理念，生态正义则是引领现代文明转型的核心价值。从人与自然关系的维度上说，生态正义消除的是人类中心主义的认识谬误……生态正义澄清的是当代人急功近利的思维误区"。③环境正义更多局限于分配关系与人际关系，"生态正义的主体不仅包括当代人，未来的后代还包括非人类自然；生态正义的类型不仅包括分配正义还包括承认的正义、参与的正义；生态正义的原则包括人际正义原则、代际正义原

①王云霞."生态正义"还是"环境正义"？——试论印度环境运动的正义向度[J].南京林业大学学报（人文社会科学版），2020（1）：26.

②戴其文，亓毅，代嫣红，熊淑雯，仵菊，倪伟.环境正义研究前沿及其启示[J].自然资源学报，2021（11）：2938.

③颜景高.生态文明转型视域下的生态正义探析[J].山东社会科学，2018（11）：129.

则、全球环境正义原则、人类与非人类之间的正义原则。"①生态正义的现实可能性也受到了质疑："'生态正义'所追寻的是一种'回到荒野'的方式，……其提出的'内在价值'理论也无法通过科学严密的论证，……'环境正义'所追寻的'生产性正义'把变革社会生产方式作为其核心目标，……生态文明价值旨归只能是环境正义。"②

还有研究者以马克思主义理论方法分析了生态正义和环境正义，提出马克思主义视域下的生态正义"不是人与自然物之间的关系，亦不是以一切环境因素为中介的人与人之间的环境正义，而是以生态环境因素特别是以生态资源为中介的人与人之间的生产关系正义。"③生态文明视域下，生态正义不仅体现了生态空间人与人的和谐，而且体现为人与自然的和谐。相对而言，环境正义则侧重人与人之间环境利益分配的公正。离开了生态正义，环境正义就会有演变为人类中心主义的潜在风险。即使在人类社会环境利益实现了分配公平的情况下，如果忽视生态正义的价值，仍然会造成生态灾难的后果。在现实社会中，各类环境运动和抗争具体体现为环境利益的博弈。环境正义包括环境友好、市场经济的效率、法治精神，体现了生态文明理论的功利和人道维度的统一。"我们可以把'环境正义'划分为'代内环境正义'和'代际环境正义'两种类型。所谓'代内环境正义'又可以分为'国内环境正义'和'国际环境正义'两种形式。"④

（三）生态民主与环境民主

生态与环境概念最大的不同在于环境更强调服务于人类的各种生态因素，生态概念的外延大于生态环境概念，而生态环境概念的外延又大于环境概念。宪法对环境做了生活环境和生态环境的区分，其原因主要在于生态环境概念涵盖了与人类生产生活没有直接关系的生物及其自然因素，

①汤剑波.多元的生态正义[J].贵州社会科学，2022（2）：39.

②穆艳杰，韩哲.环境正义与生态正义之辨[J].中国地质大学学报（社会科学版），2021（4）：6.

③郎廷建.何为生态正义——基于马克思主义哲学的思考[J].上海财经大学学报，2014（5）：30.

④王雨辰.论生态文明理论研究和建设实践中的环境正义维度[J].马克思主义哲学研究，2020（1）：8.

这些因素对人类生产生活所产生的影响是间接的。因而生态民主与环境民主是有区别的，生态民主在西方语境下更加强调生态中心主义的内涵，将非人类生物作为生态民主的主体。中国特色生态民主中，"生态"的范畴大于生活环境以及一般意义上的环境保护。因而中国特色生态民主严格意义上可以表述为中国特色社会主义生态环境民主，以区别于西方自然中心主义的生态民主。生态环境民主中，"环境"所体现的是马克思主义生态理论中的人类中心特征，而生态民主的"生态"概念与生态文明是相对应的。生态文明概念内涵中的"生态"包括了间接影响人类的自然界因素，因而使用了"生态"概念而不是"环境"概念。

通过对于生态和环境概念范畴的分析，可以初步厘清生态正义与环境正义的内涵差异。就生态正义的最初形态而言体现了西方生态中心主义者的观点。生态文明超越了西方生态中心主义，形成了体现中国特色的生态正义内涵。环境正义并不能完全涵盖生态正义，正如生态文明不能称为环境文明一样。生态正义与环境正义之争是有价值的，它内在地体现了生态民主与环境民主之间的关系，二者不能相互替代。生态正义体现了生态文明的核心内涵，而环境正义体现了环境利益的公平分配。生态正义一方面是对狭隘的人类中心主义的超越，另一方面体现为对资本逻辑下生态困境的超越。使用生态民主的概念可以有效地超越环境民主的内在局限。

（四）中国特色生态民主的定义

中国特色生态民主是生态文明融入中国特色社会主义民主建设全过程，以全过程人民民主生态化转型实现人与自然生命共同体理念的理论体系和运行机制。党的十八大报告提出，生态文明建设必须融入经济、政治、社会、文化建设的各方面和全过程。这一论断为将生态文明融入中国特色社会主义民主建设全过程提供了政策依据。生态民主中"生态"概念的内涵与生态文明中"生态"概念的内涵一致。全过程人民民主的全过程性特征意味着其可以涵盖生态环境领域中所有层面和环节。虽然全过程人民民主理论中人与自然的关系的拓展具有一定的理论空间，但人与自然的关系并不是其基本内涵。全过程人民民主能够满足中国特色生态民主建构的民主性要求，而不能直接满足其生态性要求，因而并不能将全过程人民民主直接作为中国特色生态民主的理论基础。生态性和民主性是生态民主的核心价值原则。以生态文明理论实现全过程人民民主的生态化是构建中国特色生态民主的可行性路径。"人与自然生命共同体"理念是中国特色生态民主的价值观。生命共同体理念从根本上终结了西方生态民主理论中生态中心主义与人类中心主义论争，为中国特色生态民主奠定了价值观。中国特色生态民主体现了对西方生态民主理论和实践的批判和超越。中国生态民主以全过程人民民主机制驾驭超越资本逻辑，以制度属性防范资本所造成的生态异化。中国特色生态民主是社会主义制度框架内对生态文明的民主化建构，是对马克思主义生态观和民主理论的创新发展。社会主义初级阶段的基本国情决定了中国特色生态民主与资本逻辑的关系。中国特色生态民主一方面以制度属性超越了资本逻辑，另一方面以协商机制保障了生态建设及治理保护中资本主体的参与及活力。

二、中国特色生态民主的马克思主义理论基础

马克思主义是中国特色生态民主的根本理论依据。有学者指出："从意识形态批判的角度看，全部生态问题的起源都应该追溯到'人类通过科学技术征服自然来满足自己的需要'这一现代规化。……具体涉及三个方面：一种合乎正义原则的自然概念及人与自然的关系如何可能？科学技术作为人的本质力量的实现方式及其限度何在？真正人之为人的需要及其满足应该是什么样的？"[①]就中国特色生态民主理论建构而言，马克思主义理论的基础性作用体现在以下方面：第一，马克思主义的自然概念以及合乎正义的人与自然关系的政治实现方式是建构中国特色生态民主的基本理论依据。第二，人与自然关系中科学技术因素是生态民主的重要内容。公众以何种方式参与生态相关技术治理，公众的非专业知识如何参与生态相关专业技术治理成为生态民主的核心问题。马克思主义科技观的民主内涵为生态民主中的知识民主提供了理论依据。

（一）人的自然需要

马克思主义视域下人的自然需要是中国特色生态民主的逻辑原点。马克思、恩格斯在《德意志意识形态》中指出："全部人类历史的第一个前

---

①张盾.马克思与生态文明的政治哲学基础[J].中国社会科学，2018（12）：4.

提无疑是有生命的个人的存在。因此，第一个需要确认的事实就是这些个人的肉体组织以及由此产生的个人对其他自然的关系。……任何历史记载都应当从这些自然基础以及它们在历史进程中由于人们的活动而发生的变更出发。"①"资产阶级社会本身把旧大陆的生产力和新大陆的巨大的自然疆域结合起来，以空前的规模和空前的活动自由发展着，在征服自然力方面远远超过了以往的一切成就"。②资本主义生产方式下，自然的概念体现了资产逻辑所主导的资产阶级价值观："只有在资本主义制度下自然界才真正是人的对象，真正是有用物；它不再被认为是自为的力量；而对自然界的独立规律的理论认识……其目的是使自然界（不管是作为消费品，还是作为生产资料）服从于人的需要。"③资本逻辑决定了资本主义制度下人与自然的关系："生产过程从简单的劳动过程向科学过程的转化，也就是向驱使自然力为自己服务并使它为人类的需要服务的过程的转化，表现为同活劳动相对立的固定资本的属性"。④

　　马克思在《1844年经济学哲学手稿》中提出了体现政治内涵的"自然"理念："人是自然界的一部分。""历史是人的真正的自然史。""人通过全面的生产性的人类活动，使自然界成为"他的作品和他的现实"，人"在他所创造的世界中直观自身"。自然界则变成了"人化的自然界"，"动物只是按照它所属的那个种的尺度和需要来构造，而人懂得按照任何一个种的尺度来进行生产，并且懂得处处都把内在的尺度运用于对象；因此，人也按照美的规律来构造。"⑤自然理念的政治内涵是生态问题政治化的逻辑前提。马克思认为资本主义制度下，自然理念成为资

①中共中央马克思恩格斯列宁斯大林著作编译局.马克思恩格斯选集（第1卷）[M].北京：人民出版社，2012：147-148.

②中共中央马克思恩格斯列宁斯大林著作编译局.马克思恩格斯全集（第30卷）[M].北京：人民出版社，1995：4.

③中共中央马克思恩格斯列宁斯大林著作编译局.马克思恩格斯全集（第30卷）[M].北京：人民出版社，1995：390.

④中共中央马克思恩格斯列宁斯大林著作编译局.马克思恩格斯全集（第31卷）[M].北京：人民出版社，1998：95.

⑤马克思.1844年经济学哲学手稿[M].北京：人民出版社，2004：57，107，58，87，83，58.

产阶级价值观的一部分，以资本手段征服利用自然也具有了资本主义制度属性。因为马克思认为资本主义制度下自然才成为人的有用物，因而马克思在《1844年经济学哲学手稿》中提出自然的解放也可以理解为自然界失去了自己的纯粹的有用性，可以理解为解放自然的前提是消灭资本主义制度。人的解放是自然的解放的前提为中国特色生态民主理论建构提供了不同于西方的逻辑路径。

马克思认为人的需要是社会关系的产物，在何种程度上由自然界满足人的合理需求是生态民主需要探讨的基本问题。马克思指出："我们的需要和享受是由社会产生的；因此，我们在衡量需要和享受时是以社会为尺度，而不是以满足它们的物品为尺度的。"①资本主义社会中的个人需要表现为"社会需要"，这种社会需要"本质上是由不同阶级的相互关系和它们各自的经济地位决定的"。②马克思指出了资本主义制度下人的需要的阶级属性和制度属性。马克思在《资本论》手稿中对"必要的需要"与"奢侈的需要"进行了分析。其中必要的需要所满足的是人的合理需要，而奢侈的需要所体现的是资本对人的需要的异化。马克思指出："资本主义不断创造出新的需要"。③奢侈需要的根源在于资本的增殖特性，资本逻辑出于增殖目的不断制造新的奢侈需要是造成西方社会生态危机的根源。资本逻辑下，人的必要需要具有鲜明的阶级性和制度属性。社会主义制度下人民美好生活的需要，其本质必然是人民的必要需要。必要的需要是一个具体的历史的范畴，随着社会主义发展阶段而具有不同的内涵。马克思主义认为人的需要与人的全面的自我实现有密切的关系："当物按人的方式同人发生关系时，我才能在实践上按人的方式同物发生关系。"④因此，需要和享受失去了自己的利己主义性质，而自然界失去了自己的纯粹的有用性，因为效用成了人的效用。

①中共中央马克思恩格斯列宁斯大林著作编译局. 马克思恩格斯选集（第1卷）[M]. 北京: 人民出版社, 2012: 345.

②马克思. 资本论（第3卷）[M]. 北京: 人民出版社, 2004: 202.

③中共中央马克思恩格斯列宁斯大林著作编译局. 马克思恩格斯全集（第30卷）[M]. 北京: 人民出版社, 1995: 525.

④马克思. 1844年经济学哲学手稿[M]. 北京: 人民出版社, 2004: 90.

（二）人与自然关系的资本批判

马克思指出资本主义真正建立起了人与自然的紧密关系。资本主义征服自然是通过近代化科技实现的，科学技术是使自然真正成为人类有用物的基本手段。马克思主义科学观对于理解人与自然之间的关系提供了基本的方法论。马克思认为资本主义制度下科学技术首先体现为资本所创造的生产力，资本的增殖取决于科学技术的进步。马克思提出："只有资本主义生产方式才第一次使自然科学为直接的生产过程服务，同时，生产的发展反过来又为从理论上征服自然提供了手段。科学获得的使命是：成为生产财富的手段，成为致富的手段。"[①]资本逻辑造成了科学技术的异化，"知识表现为外在的异己的东西"。[②]马克思认为，科学最终会摆脱资本逻辑的控制："自然科学将失去它的抽象物质的方向……并且将成为人的科学的基础"。[③]马克思认为需要消除资本对科学的统治："用暴力消灭资本……这是忠告资本退位并让位于更高级的社会生产状态的最令人信服的形式。这里包含的，不仅是科学力量的增长，而且是……科学力量得以实现和控制整个生产总体的范围、广度。"[④]马克思关于资本和科学关系的论述为以科学为中介实现人与自然和谐发展提供了基本思路：将科学作为实现自然解放和人的解放的手段，作为实现人的自然化和自然的人化的统一的手段。消除资本对科学的统治为科学赋予了政治内涵：资本主义制度下不可能以科技实现真正意义上的生态民主，社会主义制度是实现生态民主的基本制度前提。马克思、恩格斯将生态问题分为资本主义宗主国的生态问题，以及资本增殖造成的殖民地国家和地区的生态问题。资本主义开拓世界市场，造成了全球性的生态灾难和环境问题。资本对自然的控制一方面体现为资本对发展中国家自然资源的直接掠夺和污染的转嫁，另一方面体

①中共中央马克思恩格斯列宁斯大林著作编译局.马克思恩格斯全集（第47卷）[M].北京: 人民出版社, 1979: 570.

②中共中央马克思恩格斯列宁斯大林著作编译局.马克思恩格斯全集（第31卷）[M].北京: 人民出版社, 1998: 93.

③马克思.1844年经济学哲学手稿[M].北京: 人民出版社, 2004: 89-90.

④中共中央马克思恩格斯列宁斯大林著作编译局.马克思恩格斯全集（第31卷）[M].北京: 人民出版社, 1998: 149-150.

现为通过不合理的国际分工对发展中国家生态资源的掠夺。

三、中国特色生态民主对资本逻辑的超越

超越资本逻辑是生态文明超越西方的根本依据，也规定了生态协商机制的基本特征。资本逻辑对于西方自由主义民主的影响，决定了西方生态民主难以走出困境。西方生态民主存在着内在的局限性，西方学者为了化解困境进行了多层面的理论尝试。西方生态民主在民主程序与生态结果、民主辩论与生态确定性、民主包容与生态扩张等方面存在着全过程内在悖论。为了解决上述问题，西方学者对生态民主理论进行了拓展："在民主程序与生态结果的问题上，生态民主理论主张为民主添加生态目的导向性，同时放松生态对绿色结果的要求；在民主辩论与生态确定性上，生态民主理论主张承认自然地位，同时认可生态价值的可争论性；在民主包容与主体扩张上，生态民主理论主张通过人类代表替生态言说"。[①]但由于资本对于生态和民主的控制，西方学者所提出的设想无法从根本上化解西方生态民主困境。中国特色生态民主对西方生态民主的超越从根本上体现为全过程人民民主对资本逻辑的全过程驾驭和超越。

（一）马克思主义政党解放自然的使命

《共产党宣言》中的相关论述体现了政党和自然的生态关系。资本主义制度下资本家是人格化的资本，而资产阶级政党是资产阶级整体的利益代表，因而资本的反生态性决定了资产阶级政党政治必然导致生态危机。资本家追求资本增殖、扩大生产规模，资产阶级政党为资本增殖创造政治条件，通过过度开发利用自然资源以求资本增殖的最大化，导致对自然资源的掠夺和滥用超过了自然的修复能力而造成生态危机。资本全球化进程中，资产阶级政党通过国家机器实现了对全球自然资源的掠夺，同时向落后国家和地区转嫁环境污染。而在资产阶级政党主导下，资本主义国家中伴随着人口和生产资料的集中，过度城市化打破了自然界物质的正常循环过程，也就是马克思所说的自然界新陈代谢的中断。

无产阶级政党的终极奋斗目标是实现共产主义。共产主义实现的历史

---

①郭瑞雁. 当代西方生态民主探析[J]. 国际政治研究. 2020（5）: 109.

必然性和阶段性特征决定了共产党的生态使命的具体形态。消灭私有制实现共产主义是从根本上消除资本对自然异化的根本出路。共产党作为无产阶级的政党领导工人阶级施行社会主义制度是解决生态危机的基本前提。新自由主义盛行曾造成严重的生态危机以及生态霸权主义。资本主义生态问题是以私有制为基础的资本逻辑的必然产物，而资产阶级政党和政权为了维护资产阶级的根本利益，其政策必然造成了资本逻辑下人与自然的双重异化。

在《共产党宣言》中，马克思提出了共产主义的十点措施，其中体现了共产党的生态解放使命与实践原则。马克思的十点措施中体现了消灭私有制，对自然界进行有计划的开发利用的原则。马克思主义主张在公有制的前提下，实现对自然界有计划的开发利用。……以劳动者联合体替代了资产者联合体，从根本上消除了资本对自然的异化。无产阶级政党的生态使命是消除资本对自然的异化，在公有制下实现劳动者联合体对自然进行有计划的合理利用。《共产党宣言》虽然具有深刻的生态内涵，从消灭私有制角度提出了无产阶级政党的生态使命。但是马克思并没有提出无产阶级政党具体的生态使命以及实现方式。马克思、恩格斯反对为未来社会设计脱离现实的蓝图，没有对未来的生态社会进行描绘。马克思主义主张无产阶级政党的生态使命需要靠反对资本主义的无产阶级革命运动实现。纵观国际共产主义运动的历史，无产阶级生态使命体现在革命和建设实践过程中。

中国共产党的生态使命体现在对于生态环境保护建设过程中理论和实践的创新发展。

改革开放前，党的生态思想与实践的核心目标是节约资源和保护环境。1973年第一次全国环境保护会议制定的环境保护工作方针中有依靠群众、大家动手、造福人民的有关规定。十一届三中全会后至20世纪90年代中期，党的生态环境政策与实践侧重于植树造林、资源综合利用、新能源和可再生能源等方面。1983—1984年第二次全国环境保护会议明确提出将环境保护工作上升为基本国策。1989年第三次全国环境保护会议明确了建立环保制度的任务目标。1996年第四次全国环境保护会议明确提出了可持续发展战略目标。……2007年党的十七大报告中提出生态文明的目标。这一时期党的生态环境政策与实践侧重于实施可持续发展战略，强调以科学发展观为指导做好节约资源和保护环境工作，建设资源节约型、环境友好型社会。党的十八大报告中更加明确地提出了生态文明美丽中国的建设目标。党的十九大报告中将人与自然和谐共生纳入中国特色社会主义基本方略，提出了多元共治的生态民主治理原则。党的二十大报告中强调尊重自然、顺应自然、保护自然，是全面建设社会主义现代化国家的内在要求，强调树立践行绿水青山就是金山银山的理念。新时代中国共产党生态使命集中体现于习近平生态文明思想之中。有学者将习近平生态文明思想的时代内涵概括为"六项原则"和"五个体系"。六项原则是坚持人与自然和谐共生；坚持绿水青山就是金山银山；坚持良好生态环境是最普惠的民生福祉；坚持山水林田湖草是生命共同体；坚持用最严格制度最严密法治保护生态环境；坚持共谋全球生态文明建设。五个体系是建立健全生态文化体系、生态经济体系、目标责任体系、生态文明制度体系、生态安全体系。

（二）资本逻辑下西方生态民主的困境

资本逻辑体现了资本运动规律，是解读西方生态民主理论的核心概念。"资本逻辑乃是物化的生产关系的资本自身矛盾运动的规律。物化劳动是资本逻辑产生的根源，而资本权力通过生产资料对劳动力的支配是资本逻辑的基础，它在社会经济生活中转化为两种力量，从而构成资本逻辑的两个方面：一是推动生产力系统不断扩张与发展的社会关系动力，二是由资本扩张悖论所产生的阻力，由此构成了资本逻辑的内在矛盾"。① "规模逻辑、空间逻辑和权力逻辑是资本扩张的三重基本逻辑。"②资本增殖扩张过程"推进的生活世界货币化，……是现代性生成过程的深层主线。在这一过程中，形成了作为资本增殖机器的社会经济结构，……产生了理性、自由、平等、博爱等现代性特质，……创造出充满悖论的现代性。"③资本逻辑造成了包括生态在内的多层次异化。"资本的无限增值性必然要求其寻求在政治生活中的利益代言人与保障者，这就是资本权力化。资本

①鲁品越，王珊. 论资本逻辑的基本内涵[J]. 上海财经大学学报，2013（5）：3.

②胡乐明. 规模、空间与权力：资本扩张的三重逻辑[J]. 经济学动态，2022（3）：3.

③鲁品越，骆祖望. 资本与现代性的生成[J]. 中国社会科学[J]. 2005（3）：59.

权力化是传统的资本主义政治生活在政治制度等方面异化的根源。"①西方
自由主义民主是资本逻辑的产物。"西方民主制是从资本权力到政治权力
的转化器，给资本支配的国家政权披上代表人民利益的合法性外衣。"②
资本主义制度下社会资源被资本垄断，西方多党制民主的本质是不同资本
增殖的竞争，具体体现为不同资本集团之间的政治利益争夺与相互制衡。
"多党选举制是资产阶级将资本的经济权力转化为政治权力的最佳途径：
它既确保了由此产生的权力牢牢掌握在资本的手中，又能使其披上民意合
法性的外衣，同时也能充当平息资产阶级内部争夺政权斗争的工具。"③

　　西方生态民主理论的改良方案并没有超越西方自由主义民主的基本范
畴。西方生态民主仍然处于资本逻辑的控制之下。西方资本逻辑在西方现
代化的不同阶段具有不同的表现形式，继而决定了西方民主形式的变迁。
自由竞争资本主义时期的资本逻辑决定了政治上的竞争式民主：普选制、
多党制以及三权分立的制度设计。"新自由主义资本逻辑体现金融资产阶
级的利益，它继承了传统自由主义的历史基因，强调个人主义和自由至
上，以市场原则和资本逻辑为主旨，热衷于向全世界输出民主，以满足金
融资本全球扩张的需要。"④新自由主义经济导致的社会结构变化使竞争式
民主无法在其原有框架内解决所面临的问题，因而协商民主成为竞争式民
主的补充。20世纪80年代之后，"协商民主理论在西方成为一个热门的学
术话题，它所针对的正是当前西方社会中存在的竞争式民主理论无法有效
回应的诸多问题。"⑤基于历史唯物主义分析，既然资本逻辑决定了西方生
态民主并使其内在于西方现代化模式，那么中国式现代化进程中的公有资
本逻辑就成为阐明中国特色生态民主理论的核心要素。

　　学术界对于生态危机的解释可以分为两派，大多数学者把生态危机的
根源归于资本逻辑，另有学者将生态危机归因于生产本身。"两种不同批

①潘坤，王丹.西方资本权力化背景下的政治异化.科学社会主义，2016（3）：149.

②鲁品越.全过程民主：人类民主政治的新形态[J].马克思主义研究，2021（1）：80.

③鲁品越.全过程民主：人类民主政治的新形态[J].马克思主义研究，2021（1）：84.

④邬雷.新自由主义民主的实质与危害[J].马克思主义研究，2017（9）：110.

⑤王新生.社会主义协商民主：中国民主政治的重要形式[N].光明日报，2013-10-29：
11.

判路向的分歧的原因在于对生态马克思主义的资本批判路向的不同理解。生态马克思主义认为，生产是造成生态危机的直接原因，资本是带来生态危机的根本原因，并且把资本逻辑作为导致生态危机的最终根源。"[1]有学者提出："资本逻辑、资本主义制度是生态危机根源不是马克思的观点，是西方'生态马克思主义'思潮的观点。不能把这一观点主观地认为是马克思的观点。……从'生产强制逻辑'和'消费强制逻辑'推出反生态性纯是主观推测"。[2]这种观点受到了其他研究者的质疑："资本的'两大法则'、'两种强制逻辑'和'社会权力'均镶嵌着非生态内核，注定使资本逻辑成为生态危机的根源。"[3]从总体看来，国内学术界一般支持资本逻辑、资本主义制度是生态危机根源的观点。"从唯物史观的立场看，资本主义的生产逻辑与资本逻辑具有同一性，……社会主义生态文明是社会主义本质的内在的、逻辑的反映，代表着人类文明发展的新形态。"[4]"资本由于其增殖原则，决定了它对自然界的利用和破坏是无止境的。资本按其本性是反生态的。"[5]

多数学者认为，资本逻辑从本质上讲是反生态的。"后工业文明为主导的新全球化时代，资本创新以生态化产业为主导，表现为一种生态资本主义。生态产业成为资本创新逻辑的必然产物。深绿思潮是生态资本主义的意识形态。生态发展的最终目的与资本的生态逻辑之间存在着本质上的对立。"[6]"恩格斯把生态矛盾与阶级矛盾紧密结合起来探究生态问题的本质和根源，将生态问题看作是重大政治问题，将生态危机看作是资本主义

①程广丽. 生态危机的根源究竟是生产还是资本——从生态马克思主义的资本批判路向说起[J]. 理论探讨, 2018（5）: 87.

②顾钰民. 以绿色理念引领建设社会主义生态文明——对刘顺老师《资本逻辑与生态危机根源》观点的回应[J]. 上海交通大学学报（哲学社会科学版）, 2017（3）: 84.

③刘顺. 资本逻辑与生态危机根源——与顾钰民先生商榷[J]. 社会科学文摘, 2016（2）: 39.

④程广丽. 生态危机的根源究竟是生产还是资本——从生态马克思主义的资本批判路向说起[J]. 理论探讨, 2018（5）: 87.

⑤陈学明. 资本逻辑与生态危机[J]. 中国社会科学, 2012（11）: 4.

⑥任平. 生态的资本逻辑与资本的生态逻辑——"红绿对话"中的资本创新逻辑批判[J]. 马克思主义与现实, 2015（5）: 161.

政治危机在生态领域的折射，主张通过无产阶级革命消灭私有制和彻底中断资本逻辑找到解决生态危机的根本出路。"①超越资本逻辑是化解生态危机的根本手段。"解决全球生态危机关键是要消除资本逻辑与生态环境之间的对抗性矛盾"。②社会主义市场经济条件下市场在资源配置中起决定性作用，决定了资本逻辑仍然存在并起重要作用，资本权力也在一定程度上向生产领域之外扩张，这些因素造成了中国特色生态民主与西方生态民主要面对相类似的困境。"中国特色社会主义建设离不开资本，因此在适度范围内需要给予资本和资本逻辑存在的空间，要深刻把握资本逻辑的悖论特性，并从辩证的维度，在中国特色社会主义的立场上驾驭资本逻辑。"③厘清建设"美丽中国"与中国特色社会主义市场经济中资本逻辑之间的关系，有助于回答中国特色生态民主何以可能的问题。资本逻辑与"美丽中国"建设二者存在密切的内在关联："资本全球化及其生态后果是'美丽中国'命题得以凸显的基本历史语境与历史前提；资本自我扬弃所带来的生态逻辑为'美丽中国'建设提供了现实依据与动力支持，驾驭资本的生态逻辑是实现'美丽中国'的现实路径。"④

（三）生态文明保障体系的协商机制何以可能

1. 中国式现代化进程中公有资本逻辑对资本逻辑的超越

公有资本逻辑是生态文明保障体现的协商机制建构的逻辑依据。"现代性是关于现代社会的哲学表征，资本是现代社会的核心概念。"⑤资本逻辑是理解西方现代化模式和西方民主关系的核心概念，资本逻辑决定了二者之间的本质联系。公有资本逻辑是理解中国式现代化和全过程人民民主关系的核心概念。与西方现代化模式中的资本逻辑相对应，国内学者提

---

①方世南.论恩格斯生态思想的鲜明政治导向[J].苏州大学学报（哲学社会科学版），2020（4）：73.

②张红霞，谭春波.论全球化背景下的资本逻辑与生态危机[J].山东社会科学，2018（8）：129.

③王治东，谭勇.资本逻辑批判及其当代意蕴[J].马克思主义与现实，2018（4）：37.

④秦慧源."美丽中国"何以可能？——基于资本逻辑语境的阐释[J].东南学术，2021（2）：19.

⑤周丹.社会主义市场经济条件下的资本价值[J].中国社会科学，2021（4）：128.

出了公有资本逻辑的概念。有学者提出："社会主义公有制及其资本形态从生产关系这一中介入手，驾驭传统的资本逻辑，既激活'资本的文明面'，又克服资本的生产性矛盾。以社会主义市场经济和公有资本为基本标识的中国现代化，为人类社会走出现代性困境提供了可行性方案。"①中国特色社会主义市场经济以批判性反思私有资本逻辑，创造性地建构公有资本逻辑和全方面地塑造公共性资本为主要内涵。公有资本逻辑的建构以政治工作为生命线，以共同富裕为价值追求，这种逻辑架构下的资本性质发生了根本性变化，成为一种公共性资本。

在中国特色社会主义市场经济的发展进程中，公有资本逻辑逐步形成并完善。党的十五大提出："国家和集体控股，具有明显的公有性，有利于扩大公有资本的支配范围，增强公有制的主体作用。"②党的十八届三中全会提出"各种所有制资本"概念，"国有资本""集体资本""非公有资本"等一系列概念，为"公有资本"概念提供了理论依据。党的十九届四中全会提出："坚持公有制为主体、多种所有制经济共同发展和按劳分配为主体、多种分配方式并存，把社会主义制度和市场经济有机结合起来，不断解放和发展社会生产力的显著优势。"③市场经济条件下，生产资料具有资本属性。社会主义市场经济语境中，生产资料公有制为主体决定了公有资本的主体地位。社会主义市场经济是"一种既按照市场经济规律运动，又克服传统的资本逻辑的新经济形式和新资本形态的诞生。由生产资料社会主义公有制决定的公有制经济和公有资本具有鲜明的中国特色。"④

公有资本逻辑集中体现了社会主义市场经济条件下公有资本的运行规律。既然是社会主义市场经济，就必然会产生各种形态的资本。资本主义社会的资本和社会主义社会的资本固然有很多不同，但资本都是要追逐利润的。资本特性和行为规律的论断为公有资本逻辑概念的提出提供了理论依据。党的二十大报告中再次强调："坚持和完善社会主义基本经济制

①周丹. 社会主义市场经济条件下的资本价值[J]. 中国社会科学, 2021（4）: 145.
②中国共产党第十五次全国代表大会文件汇编[M]. 北京: 人民出版社, 1997: 22.
③中国共产党十九届中央委员会第四次全体会议公报[M]. 北京: 人民出版社, 2019: 6.
④周丹. 社会主义市场经济条件下的资本价值[J]. 中国社会科学, 2021（4）: 137.

度，毫不动摇巩固和发展公有制经济，毫不动摇鼓励、支持、引导非公有制经济发展，充分发挥市场在资源配置中的决定性作用，更好发挥政府作用。"①社会主义市场经济条件下公有资本从根本上塑造了中国式现代化模式。要探索如何在社会主义市场经济条件下发挥资本的积极作用，同时有效控制资本的消极作用。要支持和引导资本规范健康发展。要坚持和完善社会主义基本经济制度，毫不动摇巩固和发展公有制经济，毫不动摇鼓励、支持、引导非公有制经济发展，促进非公有制经济健康发展和非公有制经济人士健康成长。

如何在社会主义市场经济中充分发挥资本的活力，也就形成了以公有制为基础的"公有资本逻辑"。马克思认为资本具有体现增殖特性的自然属性和体现制度特性的社会属性。资本的自然属性"这是每一种资本作为资本所共有的规定。"②资本的自然属性具体体现为增殖性特性，资本增殖的过程客观上推动了生产力的发展和社会进步。"这种社会的进步属于资本，并为资本所利用。……只有资本才掌握历史的进步来为财富服务。"③资本主义制度下，资本的自然属性、社会属性与资本主义生产方式内在一致，其内在矛盾最终成为生产力发展的桎梏。"生产资料的集中和劳动的社会化，达到了同它们的资本主义外壳不能相容的地步。"④这为扬弃超越资本主义生产关系，以社会主义制度驾驭节制资本创造了理论前提。"社会主义市场经济通过改变、调整生产关系，用公有制及其资本形态驾驭传统的资本逻辑，逐步实现对资本主义生产方式的内在性超越。"⑤

社会主义市场经济条件下公有资本逻辑体现了公有资本自然属性和社

①习近平.高举中国特色社会主义伟大旗帜　为全面建设社会主义现代化国家而团结奋斗——在中国共产党第二十次全国代表大会上的报告[M].北京：人民出版社，2022：29.

②中共中央马克思恩格斯列宁斯大林著作编译局.马克思恩格斯文集（第30卷）[M].北京：人民出版社，1995：440.

③中共中央马克思恩格斯列宁斯大林著作编译局.马克思恩格斯文集（第30卷）[M].北京：人民出版社，1995：592-593.

④马克思.资本论（第1卷）[M].北京：人民出版社，2004：874.

⑤周丹.社会主义市场经济条件下的资本价值[J].中国社会科学，2021（4）：128.

会属性的辩证统一：一方面，公有资本的自然属性实现资本增殖，推动生产力的发展；另一方面，公有资本的制度属性有助于遏制资本的权力化并对资本的逐利性合理节制，进而化解资本逻辑的内在困境。现代化客观上是一个资本积累、技术进步的历史过程。"中国式现代化同样体现为资本积累的历史过程。现代化的逻辑在显在性层面反映为秩序逻辑与资本逻辑或国家与市场的博弈，在内在实质性层面反映为生存逻辑与资本逻辑的博弈。"①西方现代化模式中资本逻辑所造成社会不公正的根本原因在于生产资料私有制和资本增殖性相结合。中国式现代化中公有资本逻辑从所有制这一根本环节入手，合理节制资本的逐利性。公有资本逻辑在实践中体现为公有制属性和资本增殖性二者的价值和利益平衡。公有资本的双重属性从根本上决定了中国式现代化进程中有效市场和有为政府的辩证统一，也从根本上决定了中国特色生态民主的基本形态。

2. 公有资本逻辑下的生态协商机制

"全过程人民民主是中国式现代化本质要求"这一论断表明：一方面，全过程人民民主体现了中国式现代化的本质属性和发展要求；另一方面，内在于全过程人民民主的生态民主也需要体现中国式现代化的本质要求。公有资本逻辑有助于从经济基础层面揭示生态民主内生于中国式现代化的理论依据。社会主义市场经济体制决定了公有资本逻辑。党的二十大报告中提出："坚持和完善社会主义基本经济制度，毫不动摇巩固和发展公有制经济，毫不动摇鼓励、支持、引导非公有制经济发展，充分发挥市场在资源配置中的决定性作用，更好发挥政府作用。"②就公有资本逻辑而言，这一论断表明：公有制所决定的公有资本逻辑与非公资本决定的资本逻辑并存于社会主义市场经济体制之中。公有制经济的主体地位决定了公有资本逻辑的基本特性，体现了公有资本逻辑超越资本逻辑的基本依据。中国式现代化以公有制为主体，公有制决定了中国特色生态协商机制的基本性质。

---

① 王南湜. 全球化时代生存逻辑与资本逻辑的博弈[J]. 哲学研究, 2009（5）: 21.

② 习近平. 高举中国特色社会主义伟大旗帜　为全面建设社会主义现代化国家而团结奋斗——在中国共产党第二十次全国代表大会上的报告[M]. 北京: 人民出版社, 2022: 29.

　　党的十八大以来，中国式现代化道路超越了资本主义现代性的建构模式。党的十九届四中全会明确了所有制、分配方式、经济体制三位一体的社会主义基本经济制度体系。中国式现代化的核心是构建中国特色社会主义的现代化，公有资本的自然属性和社会属性决定了其与西方资本逻辑的本质不同。公有资本的自然属性体现为市场在资源配置中起决定作用，提高资源配置的效率，充分满足人民以资本增殖规律实现美好生活需要的权利。党的二十大报告中提出："坚持按劳分配为主体、多种分配方式并存，""坚持多劳多得，鼓励勤劳致富，促进机会公平，增加低收入者收入，扩大中等收入群体。""规范收入分配秩序，规范财富积累机制，保护合法收入，调节过高收入，取缔非法收入"[①]这中间所体现的正是公有资本逻辑的人民立场和劳动价值。

　　资本逻辑决定了西方生态民主的基本形式，公有资本逻辑决定了中国特色生态协商机制的基本形式。中国特色生态民主的形式不是公有制所决定的，而是公有资本逻辑所决定的。不能将公有制等同于公有资本逻辑，公有资本逻辑体现了社会主义市场经济体制下公有资本的基本特征与运行规律。公有资本逻辑决定了中国特色生态民主形式及运行机制。"民主政治内生于市场经济：以分工和交换为生产方式的市场经济，在其运行过程中客观地形成了经济制约关系，这一关系机制通过塑造民主思想，整合民主力量，构建民主制度而创造出一个健全的政治形态——民主政治。"[②]中国特色生态协商机制是社会主义市场经济的产物。社会主义市场经济体系中公有资本逻辑塑造中国特色生态民主思想，整合生态民主的民主主体，建构中国特色生态民主制度。对于中国特色生态协商机制的生成，学术界一般从党的领导、社会主义制度的角度阐释其形成逻辑与必然性。党的领导和社会主义制度与中国特色生态民主具有紧密的内在逻辑，在理论上具有内在的自洽性。如果没有巨大的内在激发力量赋予上述理论逻辑的社会建构功能，中国特色生态民主也就不会生成事实，这种内生性力量是

---

① 习近平. 高举中国特色社会主义伟大旗帜　为全面建设社会主义现代化国家而团结奋斗——在中国共产党第二十次全国代表大会上的报告[M]. 北京：人民出版社，2022：47.

② 梁木生. 论民主的市场建构——民主的经济学探源[J]. 开放时代，2001（5）：43.

激发中国特色生态民主的真正根源。中国特色社会主义市场经济的核心要素——公有资本是推动中国特色生态协商机制建构的根本动力。公有资本逻辑超越资本逻辑，也体现为中国特色生态民主对西方生态民主的超越。

"中国需要驾驭和超越资本权力，在利用其提升社会的生产与活动效率的同时，以人民权力和国家权力有效地防控与制约资本权力，规避与限制这种权力对社会各领域的侵蚀与冲击，还需要自觉地以超越的视野对待资本权力最终促成资本权力的自我扬弃。"①

公有资本逻辑决定了生态民主内生于中国式现代化，体现了中国式现代化的本质。公有资本逻辑决定了中国特色生态民主的核心特征。公有资本的社会属性体现了人民当家作主的社会主义本质特征，决定了人民是生产资料的所有者，是生产物质财富和精神财富的主体。公有制的主体地位决定了代表人民根本利益的党和国家是治理的核心主体。公有资本逻辑决定了中国式现代化中人与自然和谐共生的关系，并由此生成生态民主。西方现代化模式中私人占有资本，资本的自然属性和社会属性是内在一致的。而在中国式现代化模式中公有资本的社会属性与自然属性的关系与西方不同：公有资本的自然属性从属于其社会属性，其社会属性是自然属性所实现的目标，公有资本的社会属性是节制驾驭其自然属性的基本依据。

"党的十九届四中全会将单一的所有制基本经济制度发展完善为所有制、分配方式、经济体制三位一体的基本经济制度体系，实现了对资本逻辑的扬弃和超越。"②随着生态文明建设的进一步发展，生态资本、绿色技术和公众参与逐步成为中国特色生态民主的核心概念。有国内学者提出了生态资本的概念。"生态资本指的是自然生态系统及其要素的资源化和资本化。"③如果将生态资本和绿色技术纳入中国特色生态民主的理论范畴，那么公众参与的相关主体也随之包括资本所有者以及相关技术人员。生态

①刘志洪. 驾驭与超越：当代中国应对资本权力的核心理念——基于马克思的资本权力思想[J]. 理论与改革, 2018（1）：104.

②代金平. 超越资本逻辑：社会主义基本经济制度的创新与发展[J]. 马克思主义研究, 2021（5）：106.

③郇庆治, 鞠昌华, 华启和. 社会主义生态文明建设调研笔谈：生态文明建设视野下的生态资本、绿色技术和公众参与[J]. 理论与评论, 2018（4）：44.

资本、绿色技术概念的提出为中国特色生态民主建构提供了新的视角。首先，生态资本具有资本的一般属性，生态资本逻辑下绿色技术的应用以资本增殖为目的进行扩张继而对公众参与产生影响。其次，生态资本和绿色技术的社会制度属性体现了生态民主的核心内涵。生态资本和绿色技术会促进生态民主进程中的公众参与。

3.公有资本逻辑下生态协商机制的特征及形式

公有资本逻辑决定了生态协商机制的特征与形式。党的十九届四中全会将市场经济体制上升为基本经济制度，意味着公有资本逻辑成为中国式现代化的基本运行规律。公有资本逻辑决定了中国特色协商民主的前提——党的核心地位。有学者从政治经济学角度论证了公有制与党的领导之间的关系。"中国共产党内嵌于社会主义公有制经济，是社会主义经济基础的构成部分。党的领导作为根本制度能够营造集体主义的社会意识和决策文化，以保障集体决策符合劳动者的整体与长远利益。能够以公有产权代理人制度，在保证代理人忠诚尽责的同时，提高公有制经济的管理效率。"①公有资本逻辑揭示了社会主义公有资本与中国共产党领导之间的逻辑关系，从经济基础角度阐释了共产党领导是中国式现代化最本质特征。公有制资本逻辑决定了党作为各族人民根本生态利益的代表在中国特色生态民主中的核心地位，而中国特色生态民主体现了党所代表的人民意志高于资本意志。

其次，公有资本逻辑决定了中国特色生态协商机制的基本形式——协商民主。社会主义协商民主体现了公有资本逻辑的内在要求。社会主义市场经济一方面作为以个人权利为基础的经济形式，体现了公有资本逻辑的一般性；另一方面作为一种以真正平等为目标的社会制度，体现了公有资本逻辑的特殊性。公有资本逻辑所决定的民主制度一方面需要在保障个人权利的基础上促进生产力的发展，另一方面要实现共同富裕的社会主义本质。公有资本逻辑的双重属性推动了协商民主形式的建构。"社会主义协商民主体现了一元领导和多元参与的有机统一，人们通过平等协商达成共识，一方面保证了协商过程中意见的充分表达和权利的充分尊重，另一方

---

① 荣兆梓,华德亚.社会主义公有制与中国共产党领导[J].人文杂志,2021（7）:9.

面体现了意见的合理集中和利益的适当让步。协商的民主形式在充分反映普遍愿望的同时也吸纳少数人群体的合理主张。"[1]中国特色生态民主进程中，节制资本自然属性的根本依据是公有资本的社会属性，具体体现为以党的领导和国家权力节制驾驭资本的自然属性。而节制资本的自然属性，一方面要充分发挥资本的活力，另一方面要将其负面影响限制在一定范围内。中国特色生态民主视域下，公有资本逻辑对资本逻辑的驾驭和超越体现为对生态空间内资本权力无序扩张的限制。在市场于资源配置中起决定性作用的前提下，对资本权力所引发的生态利益矛盾不能仅仅通过行政权力解决，协商成为节制资本权力化解生态利益矛盾的重要手段。

再次，公有资本逻辑决定了中国特色生态协商机制的核心特征——全过程性。资本逻辑塑造了资本主义社会的现代性，决定了其民主制度的基本要素。公有资本逻辑塑造了当代中国社会主义市场经济体制下的现代性，塑造了中国式现代化的政治制度和社会生活。公有资本的全过程性一方面体现了党对生态民主领导的全过程性，另一方面体现为生态空间驾驭和超越资本逻辑的全过程性。党的权威高于资本意志是公有资本逻辑的核心特征。公有资本逻辑中党的核心地位体现为党的全面领导，党的领导的全过程性体现公有资本逻辑的全过程性。资本逻辑的增殖性决定了其扩张的全过程性，既体现为以增殖为目的向生态空间各领域的全面扩张，又体现在生态空间各领域发展每一环节的扩张。因而公有资本逻辑对资本逻辑的驾驭也必然体现出全过程的特点，这在制度层面体现为生态民主的全过程性。中国特色生态民主进程中的公有资本逻辑决定了党的核心地位、协商的民主形式以及全过程性特征。社会主义市场经济体制下市场在资源配置中起决定性作用，赋予了社会主义制度下经济领域中资本权力的合理性地位。资本权力在中国式现代化进程中主要体现为资本的自然属性。基于公有资本逻辑，实现中国式现代化的关键在于对资本权力的节制和驾驭。以马克思主义历史唯物主义为基本理论方法，公有资本逻辑为深入阐释中国特色生态民主超越西方生态民主提供了基本理论依据。公有资本逻辑为

---

[1]王新生.社会主义协商民主：中国民主政治的重要形式[N].光明日报，2013-10-29：11.

新时代中国特色生态民主发展的路径选择提供了一个有益的理论视角。

四、生态协商机制中的生态公共产品

　　生态公共产品是生态文明保障体系的重要组成部分，也是生态协商的重要议题。生态相关利益分配在现实生活中体现为生态公共产品的分配，生态公共产品的价值实现体现了生态民主的内涵。党的二十大报告中将人与自然和谐共生和共同富裕并列为中国式现代化的本质要求，生态公共产品人民共享是中国式现代化的应有之义。以马克思主义理论阐明生态公共产品价值实现的维度和路径，是以优质生态公共产品满足人民需求的理论前提。马克思主义劳动价值论和社会关系论是分析生态公共产品价值实现的重要理论视角。以马克思主义审视生态公共产品的价值，可以将其区分为权利维度、社会服务维度、目的性维度以及关系性维度等四重维度。生态公共产品价值的报偿和公众在相关决策中的民主参与是实现生态公共产品价值的关键路径。马克思主义劳动价值论为生态劳动的报偿提供了理论依据；而马克思主义社会关系论则是公众对生态公共产品相关问题决策民主参与的理论依据。

（一）生态公共产品价值的理论依据

　　党的二十大报告提出：中国式现代化是人与自然和谐共生的现代化。"发展绿色低碳产业，健全资源环境要素市场化配置体系，加快节能降碳先进技术研发和推广应用，倡导绿色消费，推动形成绿色低碳的生产方式和生活方式。"[①]党的二十大报告同时提出："健全公共服务体系，提高公共服务水平，增强均衡性和可及性，扎实推进共同富裕。"[②]绿色产品并不等同于生态公共产品，它包括作为商品的绿色产品和作为生态公共产品的绿色产品。党的二十大报告中将人与自然和谐共生和共同富裕并列为中国

①习近平. 高举中国特色社会主义伟大旗帜　为全面建设社会主义现代化国家而团结奋斗——在中国共产党第二十次全国代表大会上的报告[M]. 北京: 人民出版社, 2022: 50.

②习近平. 高举中国特色社会主义伟大旗帜　为全面建设社会主义现代化国家而团结奋斗——在中国共产党第二十次全国代表大会上的报告[M]. 北京: 人民出版社, 2022: 46.

式现代化的本质要求，意味着既要提高生态公共产品的产出数量，更要在生产和分配过程中充分地公平地实现生态公共产品的价值。

1. 生态公共产品价值的劳动价值论依据

马克思主义视域下的生态公共产品能够体现人与自然的统一，恢复人类社会与自然之间的新陈代谢和物质变换，通过联合生产共享生态公共产品，最大限度消除人与自然的异化，实现人与自然的双重解放。劳动价值论和社会关系论是生态公共产品价值实现的最基本马克思主义理论依据。马克思主义视域下生态公共产品价值的基本理论依据是劳动价值论。资本逻辑下劳动的异化导致了自然的异化，这是造成西方生态危机的社会根源。只有联合起来的生产者，消除了资本逻辑对自然的控制才能实现人与自然的共同解放，最终在共产主义社会实现自然的人化和人的自然化的统一。在劳动价值论的基础上，国内学术界提出了生态报偿的概念，并以马克思主义的基本观点，分析了农地肥力与劳动的关系。人工肥力维护土壤肥力，这种意义上的劳动成果也可以看作是一种生态公共产品的生产过程。对维护自然界正常新陈代谢所投入劳动的回报和补偿可以被称为生态报偿。所谓生态报偿，就是对生产生态公共产品的劳动进行的回报和补偿。报偿是实现生态公共产品价值的可能性途径。生态报偿理论为生态民主实践中实现生态公共产品价值提供了理论依据。报偿的核心依据是投入生态公共产品生产过程中维持自然界正常新陈代谢的劳动。

2. 生态公共产品价值的马克思主义社会关系论依据

马克思主义社会关系论是生态公共产品价值的另一理论依据。生态公共产品的本质是公共产品，马克思主义社会关系论强调从生产关系、社会关系角度去理解生态和公共产品，将二者统一于为促进人与自然统一，实现人与自然双重解放的社会过程。社会性是生态公共产品的本质特性。马克思主义社会关系论对实现生态公共产品价值的意义在于：第一，生态公共产品的社会性意味着生态公共产品的生产和分配受到社会关系制约。第二，生态公共产品的价值包含在社会关系的机制之中，在于实现人的自由全面发展的社会目标。生态公共产品具有自然生产和社会生产的双重内涵。自然生产体现在维持自然界新陈代谢，而社会生产则体现为生态公共产品在社会关系中运行并获得保障。依据马克思主义社会关系论，讨论生态公共产品的价值并不能仅仅从生态环境本身出发，而应该从一定历史阶段的物质经济条件，也就是从生产方式来考虑。

（二）生态协商机制中生态公共产品价值的四重维度

生态公共产品的多维度特征是由其社会性所决定的，生态文明的多重维度是生态公共产品维度的基本参照。"社会主义的生态文明包括经济、政治、社会和文化四个维度，这四个维度是相互联系、彼此制约的。"[①]这为生态公共产品的价值维度提供了有益的参考。马克思主义劳动价值论和社会关系论揭示了生态公共产品价值的多重维度。不同的维度从不同的视角展示了生态公共产品价值的特征与实现形式。不同的生态价值维度具有不同的内涵，但每种维度都有其内在局限性，在实践中实现生态公共产品的价值时适用多维度的综合审视。

1. 生态公共产品价值的权利性维度

劳动者为生态公共产品生产直接或间接付出的劳动可以称为生态劳动，生态劳动是生态公共产品价值的根本源泉。基于生态劳动形成了劳动者对于生态公共产品使用和分配的优先权。对生态公共产品的享用是一种公共产品的福利权利，而生态劳动者除此福利权之外，还享有获得相关报偿的权利。生态报偿概念坚持了马克思主义基本原则，弥补了西方生态补偿将自然视为商品的弊端，而且兼顾了社会主义市场经济的国情特征。报偿权是生态权利的核心内容之一，是付出生态劳动的个人主张生态公共产品优先权的基本依据。生态报偿体现为对正向生态劳动价值的回报和补偿。生态公共产品具有公共性，原则上享受生态公共产品是一种社会福利，社会成员具有同等的权利。但是在特定地区，付出生态劳动的质和量有所不同，其在生态公共产品决策和分配过程中的优先权也有所不同。享有生态公共产品的权利从根本上讲来源于生态劳动，生态劳动使相关劳动者在生态公共产品的选择和分配方面具有优先权，并具有获得生态报偿的权利。在实践中，生态报偿往往不能通过市场来实现。有研究者指出，"资本按其本性是反生态的。目前所出现的生态问题，说到底还是一个社

① 王雨辰. 生态文明的四个维度与社会主义生态文明建设[J]. 社会科学辑刊, 2017（1）: 11.

会制度的问题。当然，在充分认识资本与生态之间的关系是对立的同时，还必须分析两者之间关系的复杂性。在限制和发挥资本逻辑之间保持合理的张力，将资本在实现利润最大化的过程中对自然环境的伤害降到最低程度。"①现实社会中生态公共产品的生产往往和商品生产结合在一起。以具有部分生态公共产品属性的绿色产品为例：绿色产品作为一种商品，其商品价值以市场方式实现；而绿色产品生产过程中所付出的影响生态环境的正向劳动则要通过报偿的形式来实现。绿色产品的市场价格在一定程度上能够实现生态公共产品的劳动的价值，但不是全部。绿水青山和金山银山相互转化的前提之一是劳动者生态报偿的拥有。

2. 生态公共产品价值的服务维度

生态公共产品服务是生态公共产品为社会所提供各项服务的总和，体现为生态公共产品作为公共产品和社会福利的社会性特征。生态公共产品服务不能等同于生态系统服务。生态系统服务价值主要体现为森林、草原、水域等自然资源的生态价值，其意义在于评估某特定生态系统的生态服务的价值。阐明生态系统服务和生态公共产品服务之间的关系，首先需要区分生态公共产品和自然物。生态公共产品是人类劳动的成果；而自然物则是生态系统自发运行的结果。生态公共产品的前提是投入人类劳动，否则只能称之为原生态自然资源或自然物。原始的空气和水只能称为原生态自然物，而投入人类劳动使受污染的空气和水被净化后的成果则可以称为生态公共产品。生态公共产品的价值内涵相比生态系统服务价值要更加广泛，与人民生产生活关系更加直接，更加直接地与一系列生态社会管理政策相关。生态公共产品服务价值评价尺度的核心是人，是生态公共产品作为一种公共产品满足人民需要的程度。

3. 生态公共产品价值的目的性维度

生态公共产品价值的目的性价值维度，可以理解为在生态公共产品的多重目标中，选定优先目标的原则与方式。在不同的生态空间情境下，目的性维度的内涵也会有所不同。以目的性维度审视生态公共产品价值，其中包含两个尺度：第一，选择社会性或生态性目标，选择性地绑定生态公

①陈学明. 资本逻辑与生态危机[J]. 中国社会科学, 2012（11）：4.

共产品的功能的某些方面，而排除其他的部分。第二，以特定标准阐述其目标，以便对生态公共产品进行指定性生产。目的性维度对于生态公共产品而言，主要是为了实现生态性目标的社会规划和管理。例如河流整治利用过程中，对游泳、捕鱼、灌溉等不同目标的选定。判定生态公共产品目的性价值时应选取相对有意义的目标并明确其具体功能标准与测量方法，所选择的特定目标和衡量标准对生态相关决策中的利益分配具有决定性意义。即使已就生态公共产品目的达成一致，衡量方法的选择也会对相关者的利益得失产生不同的结果。目前在生态公共产品的生产和分配中，通常是由政府指定的专家决定相关目标以及衡量生态公共产品价值的标准。但在实践过程中，其所确定的目标可能与相关社区居民的利益并不完全一致。即使选择被认为是科学参数的指标，也会在不同领域专家之间产生某些分歧。生态公共产品价值的实现应该能够在最大限度上克服劳动和生态的双重异化，目的性维度的最终选定需要体现这一根本目标。

4.生态公共产品价值的关系性维度

关系性维度可以理解为基于生产关系将人与生态系统联系在一起，具体体现为特定空间历史文化传统等社会关系因素对生态公共产品价值所产生的认识性差异，以及对生态公共产品的生产和分配等过程产生的影响。生态公共产品的关系性维度集中体现了生态公共产品的社会关系属性。生态公共产品的生产和分配是一个复杂的系统工程，涉及生产以及科技、管理环境等多方面部门。生态公共产品具有安全保障功能，能够为人类和其他生命体提供栖息地。生态公共产品有利于实现生态平衡，维持自然界新陈代谢，为人类生存提供环境保障。生态公共产品也具有社会服务功能，相关部门需要对其生产、分配的过程进行监督协调，确保生态公共产品的质量以及分配的公正。生态公共产品还具有休闲功能和价值，能够使人的身心获得调节和满足。生态公共产品价值的关系性还体现在其实现的优先次序方面。生态公共产品的价值涉及生态文明、物质文明、精神文明、政治文明、社会文明等多个层次，生态公共产品的各个层次目标在不同实践中优先程度的顺位也不同，这也影响到生态公共产品关系性价值的实现。生态公共产品上述各种功能价值都体现了丰富的社会关系内涵，只有从关系性维度审视才能真正实现其价值。生态公共产品的关系性维度还体现在生态公共产品价值的地域性差异，这种差异性价值体现了特定地区的社会关系。由于生态公共产品具有鲜明的地域性特征，而各个地域之间社会发展历史条件、文化传统等又各自不同，对于生态公共产品的需求、评价以及偏好就会有很大的差异。因而从关系性维度审视，生态公共产品不仅仅是人们某种方案的选择，或者某种选定的社会目标，而且体现在特定的文化甚至伦理观念等方面。生态公共产品的关系性维度将相关的个人，以及与其相关的理念及参与模式纳入生态公共产品生产和分配之中。

生态价值的多维度审视有助于对公众参与相关决策过程中的技术性因素进行分析。以马克思主义理论方法展现生态公共产品价值的四种维度，有助于探讨不同维度下公众参与的路径。生态公共产品价值的多重维度为公众参与模式的建构提供了工具，使研究者和实践者能够用它分类、测量、理解多样化的人与自然关系。不同的维度体现了生态公共产品的不同功能。生态公共产品服务价值维度是实现生态公共产品价值的核心因素，相关专家以此设计参与方案，公众也往往围绕生态公共产品服务价值产生分歧并进行协商。生态公共产品价值的关系性维度为公众参与相关决策模式的多元化提供了理论依据。生态公共产品价值的目的性维度用于确定生态公共产品诸多目的选择，是公众参与相关决策的直接目标。生态公共产品价值实现的不同维度，以不同的视角为架构公民参与模式提供依据并指明路径。而在实践中，很少有单一维度的情境，需要根据实际情况将多重维度综合协调。

（三）生态协商机制中生态公共产品价值的实现路径

生态协商机制中生态公共产品价值实现的路径需要以马克思主义作为指导。"在理解马克思的自然观念时，需要全面把握马克思的"自然"和"控制自然"含义及其特征，用辩证和发展的眼光来看待控制自然与顺应自然的关系，从总体上理解马克思的思想"。[1]基于马克思主义相关理论，多维视角下实现生态公共产品价值的途径主要有两种：生态报偿和生态民主参与。生态报偿体现了以劳动为中介的人与自然的基本关系，生态相关

---

① 陈永森. "控制自然"还是"顺应自然"——评生态马克思主义对马克思自然观的理解[J]. 马克思主义与现实，2017（1）：14.

决策的民主参与则体现了马克思主义社会关系理论的内涵。生态报偿以权利维度揭示了生态劳动的基本实现方式；而生态民主参与则以多重维度体现了生态公共产品生产和分配的公正性。

1.生态公共产品价值的报偿

生态报偿并不是赔偿的一种形式，而是对人化自然过程中正向的劳动的激励和回报。报偿激励是指以实现生态劳动的报偿权以激励社会组织和公众践行绿色生产和生活方式以实现生态公共治理最优化目标。基于生态公共产品的公共产品属性，国家和社会需要关注劳动者所付出的劳动对生态系统的影响，以及劳动所创造的生态服务价值。对劳动者所创造的生态公共产品服务价值的回报性偿付，则体现为报偿。农林牧等行业具有生产和生态的双重属性，其生产过程同时也体现为生态维护的过程，因而有必要将其维护生态平衡的正向劳动成果纳入生态公共产品范畴。报偿并不仅仅是对劳动的经济补偿，而且是对这种行为的经济和社会激励。报偿相对于补偿而言，还包括生态价值观的激励引导。社会主义市场经济背景下，生态劳动往往同时具有商品生产和生态公共产品生产的双重内涵。相关产品生产过程中的偿付形式可以体现为经济性补偿和生态性报偿。经济性补偿是市场行为，而生态性报偿的主体则主要体现为政府和社会。经济性补偿体现了社会主义市场经济的特性，而生态性报偿则体现了马克思主义劳动价值观的基本原则和社会主义的制度属性。

生态劳动价值的确定是生态公共产品价值报偿实现的关键环节。一般认为，生态系统服务价值可以作为生态劳动报偿的理论上限，而在实践中一般以相关机会成本为主要参照标准。但是传统的评估方法忽视了资源消耗、环境污染和生态破坏等多方面因素。在现有的估算体系中，生态维护的人类劳动被长期忽视，在实践中造成生态维护主体缺失，投入生态维护的劳动不足，继而从根本上影响了生态公共产品的生产。社会主义制度下生态公共产品体现了社会联合生产的特性。社会主义市场经济条件下生态公共产品的生产往往体现了经济和生态的双重内涵。经济生态联合生产指在生产过程中，具有经济和生态不同属性的产品生产。经济生态联合生产的生产技术具有不可分性。联合生产不仅仅是商品生产，还包括生态公共产品生产。在对上述联合生产所投入劳动提供回报的过程中，所投入劳动的当期回报以农产品等形式体现，对生态维护而投入的劳动则需要以生态报偿的形式体现。因而生态报偿方法重在评价其生态公共产品服务价值。在社会主义市场经济条件下，很少有单纯意义上的生态公共产品生产，更多的是经济产品和生态公共产品的联合生产，这也就意味着金山银山的生产和绿水青山的生产在联合生产中是同步进行的。以稻田养鱼模式为例，因为稻田养鱼在创造农产品的同时也提供了相应的生态公共产品，因而投入其中的生态劳动应该获得相应的报偿。再例如，秸秆焚烧造成空气污染，在立法整治的同时，对农民投入秸秆处理的劳动也应该给予相应的报偿，因为农民对秸秆的无公害处理过程实际上是生态公共产品的生产。生态劳动的报偿一方面体现为社会性回报，另一方面体现为经济性补偿。回报具有道德内涵，补偿具有经济内涵，所以生态报偿并不能仅仅以经济价值衡量，而且包含道德褒奖的内涵。对生态公共产品劳动过程的报偿具有经济和道德的双重属性。

2. 生态公共产品价值实现过程中的协商参与

社会主义制度下生态公共产品的价值实现过程中需要体现人民主体地位，而生态公共产品作为公共产品的属性也从多维度体现了公众参与的必要性。从权利维度审视，生态劳动使相关劳动者获得了生态公共产品相应的优先权，而没有投入相关生态劳动的公众也有享用作为公共福利的生态公共产品的权利。生态公共产品的社会服务维度具有满足人民美好生活生态需求的内涵，人民群众是生态公共产品服务的出发点和立足点。从生态公共产品的目的性维度审视，处于不同发展阶段的社会群体之间，乃至同一社会群体内部对于生态公共产品的价值需求有着明显差异，协商民主成为化解人民内部生态利益冲突的必要途径。从生态公共产品价值的关系性维度审视，生态公共产品在不同地域、不同的文化传统等语境下，其内涵具有显著差异，生态公共产品价值的实现需要经过充分的沟通协商。多维度下审视生态公共产品价值的实现形式可以得出结论，公众的民主参与是生态价值实现的重要途径。生态公共产品生产和分配过程中的公众参与是由生态公共产品作为公共产品的本质所决定的，而生态公共产品价值的实现过程中公众的参与模式则体现了不同社会制度和国情的差异。西方生态公共产品生产目标的确定主要基于优先权的原则，西方的优先权原则所依据的是生态资源的私有制。

对生态公共产品相关决策中的公众参与模式，国内学术界目前基本处于初步探索阶段。目前国内生态公共产品生产和管理存在两种主要模式——政府管制型模式和市场调控型模式，但二者在实践中都存在一定的局限性。公众民主参与机制相对于以上两种模式有着明显的比较优势。完善政府在生态治理中的引导服务功能，以生态民主实现多元主体协同共治，是实现生态公共产品价值的必要前提。中国特色生态民主机制能够为生态公共产品的生产和分配过程的民主化提供制度保障。生态民主理念与形式体现了生态公共产品的公共性、责任性、平等性等多重维度及内涵。生态公共产品的生产和分配不仅仅涉及到马克思主义方法，而且涉及生态公共产品价值实现的民主制度安排。基于马克思主义的相关理论以及对生态公共产品价值的多维审视，生态公共产品价值实现的公众参与模式应当建构在既有的社会—自然关系基础上，充分考虑到当地的历史文化传统，避免建立在人与环境关系的单一尺度上。具体而言，生态公共产品相关决策过程中的公众参与实践需要以信息公开为基础推动公众监督评价，拓宽渠道保障公众利益表达，以协商民主为核心尊重公众主体地位，以社区建设推进地方性生态公共产品生产与分配的自主治理。生态公共产品的相关决策相对于其他公共产品而言，具有更加鲜明的专业性，在实践中还需要充分发挥相关领域专家的作用。生态公共产品价值的多重价值维度既为专家制定相关的政策方案提供了基本的依据，也为公众参与生态公共产品的生产和分配提供了现实路径。

总体看来，生态公共产品价值实现的瓶颈在于生态公共产品价值的折算，尤其是社会性回报与经济性补充之间的折算。生态公共产品及其服务量级的价值差异体现了不同群体或区域之间生态相关利益的差异，一种地域性的生态公共产品可能会对其他地区的生态或者经济社会利益造成不利影响。例如生态公共产品向绿色产品价值转换中可能会产生的某些利益冲突，因而需要衡量相关群体的生态优先权作为协调依据。而衡量生态优先权的基本依据是该群体在特定地方所投入的生态劳动的总量。在社会主义市场经济条件下，生态劳动的量值可以通过市场手段折算成货币价值进行比较。当前国内生态系统服务价值的测算，仍以直接市场法为主，存在着内在的局限性。在今后的研究和实践中，亟待探索直接市场法和非市场方法结合的最佳途径对生态公共产品及其服务价值进行客观的量化评定。

五、生态民主视域下生态协商机制的理论建构

生态问题政治化是生态协商机制的历史依据。学术界一般将1972年召开的联合国斯德哥尔摩人类环境会议作为生态问题政治化的标志。1992年巴西里约热内卢召开的联合国环境与发展大会上签署的《联合国气候变化框架公约》以及《生物多样性公约》构成了国际生态环境治理合作的基本构架。随着全球性生态问题政治化程度的不断加深，全球性的公共政策问题也日益成为学术界关注的热点。生态问题政治化过程中逐步形成诸多相关理论体系，其中具代表性的有生态现代化、绿色发展、绿色经济以及生态民主等。

（一）生态文明的民主内涵

中国生态问题的政治化与世界基本同步，中国特色生态民主也可以看作是生态文明政治化的结果。有学者将中国生态文明建设的政治化定义为"生态文明建设政治"，提出："严格意义上的生态文明建设政治，是由中国共产党及其领导的政府对于我国社会主义现代化建设正在进入新时代这一政治研判，以及相应采取的生态环境治国理政理念方略或广义的生态环境保护治理政策所决定的。"[1]继而在生态文明框架下，提出了生态文明建设政治学的概念："对生态文明建设政治的研究或生态文明建设政治学，其主体内容是在国家的整体性政治制度框架之下，围绕着生态文明建设公共政策的议题形成、政策决策、执行落实、评估完善等具体环节或阶段而进行的。"[2]就宏观层面而论，中国特色生态（环境）民主是生态文明建设政治的结果，就微观层面而论是生态环境公共行政的体现。生态环境公共行政的目标是实现生态环境治理的预定标准，而"生态文明建设政治"概念所强调的是全局性长期性解决方案。将生态政治理解为中国生态文明建设政治化过程的产物更加符合国情实际。因而国内学者所提出的生

①邬庆治. 生态文明建设政治学：政治哲学视角[J]. 江海学刊, 2022（4）: 13.
②邬庆治. 生态文明建设政治学：政治哲学视角[J]. 江海学刊, 2022（4）: 13-14.

态文明建设政治学也成为建构中国特色生态民主理论的重要视角。生态文明建设政治学着力于阐发公共政策视域中至少如下四个层面上的政治哲学意蕴或考量：人与自然、经济与环境、个体与社会、国内与国际。从生态文明建设角度理解生态（环境）民主，更有助于在新时代中国特色社会主义的国情和发展阶段基础上推进生态民主实践。"生态文明建设政治"实践重塑了人与自然的关系，塑造了不同社会主体的生态环境利益关系，继而塑造了中国特色的生态民主。生态文明建设实践中生成的生态环境权益与民主政治权利拓展了生态民主的内涵。对于中国特色生态民主而言，其理论建构存在着三种可能性路径：全过程人民民主理论在生态环境相关领域中的拓展与实践；环境政治学理论和方法的民主化拓展与实践；生态文明理论体系中全过程人民民主理论及机制的生态化。其根本差异体现在是将中国生态民主置于全过程人民民主理论框架内加以建构，或是置于环境政治学理论框架内加以建构，或是置于生态文明理论体系之中加以建构。

（二）全过程人民民主的生态化

中国特色生态协商机制建构首先需要探讨将生态民主建构于环境政治体系之中的可能性。环境政治（学）研究的四大议题领域是环境政治理论、环境政党与运动、政府环境政策、国际环境治理与合作。以公民参与为标准，西方环境政治学的发展可以分为三个阶段："环境抗议阶段、绿色运动阶段、公民环境治理阶段。同时，对用于解释各阶段社会现象的理论进行了总结，例如，用来分析环境抗议阶段的理论多为集体行动理论、资源动员论理论；用来解释绿色运动的理论多为政治机会理论；公民参与环境治理阶段则在理论上架构参与主体和参与形式。"[1]"中国的环境政治学研究始于20世纪80年代中后期，……进入90年代中期后，同时受到1987年联合国环境与发展委员会报告以及1992年举行的世界环境与发展大会和国内生态环境问题日渐突出事实的促动，环境政治学无论在研究议题领域拓展、研究队伍扩大，还是在学术成果出版和重大学术活动方面，都进入了一个迅速发展的新时期。"[2]中国积极参与国际生态环境治理，客观上促

①党文琦，奇斯·阿茨.从环境抗议到公民环境治理：西方环境政治学发展与研究综述[J].国外社会科学，2016（6）：133.

②郇庆治.环境政治学研究在中国：回顾与展望[J].鄱阳湖学刊，2010（2）：45.

进了西方环境政治学的传播，也对中国特色生态民主的发展起到了积极的推动作用。中国特色生态（环境）民主的发展在借鉴西方环境政治理论和实践经验的基础上，"迫切需要超越西方环境民主主义范式以及生态帝国主义范式，拓展中国环境民主的'本土性'理论生长空间。……中国环境政治学的知识增长有必要从环境公民权、环境治理现代化和环境政治话语变迁中汲取。"[①]中国国情决定了中国特色生态（环境）民主机制建构中，需要理顺党政体制的关系。有研究者指出："'环境问题也是一种体制问题'，中国环境政治中的集权—分权悖论：（1）党在环境政治系统决策过程中的绝对权威地位；（2）环境行政过程中权力与职能的碎片化；（3）环境政治地方分权的困境。"[②]

就学科规范而言，生态文明建设政治学与环境政治学既有联系也有区别。一般认为，环境政治学的研究范畴是大气污染、水污染、土壤污染直至全球气候变暖等生态环境问题的政治解决制度、机制与路径，其所强调的是以政治途径解决生态环境问题，其范围与生态环境治理大致相当。"党的十八大报告提出，生态文明建设必须融入经济建设、政治建设、文化建设、社会建设各方面和全过程。"[③]生态文明建设政治学所体现的是生态文明政治化内涵，是生态文明建设融入政治建设等方面及全过程的理论建构。与环境政治学不同，生态文明建设政治学更强调以中国特色理论和经验模式解决现代化进程中的生态环境问题。生态文明建设集中体现了我国作为一个发展中大国的绿色理论思考、实践创新与世界性贡献。

中国特色生态协商机制建构需要阐明全过程人民民主生态化的可能性。党的二十大报告指出："全过程人民民主是社会主义民主政治的本质属性，是最广泛、最真实、最管用的民主。"[④]全过程人民民主的全过程性

①余敏江，王磊.环境政治学：一个亟待拓展的研究领域[J].人文杂志，2022（1）：45.
②冉冉.环境议题的政治建构与中国环境政治中的集权—分权悖论[J].马克思主义与现实，2014（4）：161.
③杨源.把生态文明建设纳入制度文明建设的轨道[J].环境保护，2013（23）：70.
④习近平.高举中国特色社会主义伟大旗帜　为全面建设社会主义现代化国家而团结奋斗——在中国共产党第二十次全国代表大会上的报告[M].北京：人民出版社，2022：37.

特征是其应用于生态环境领域的根本依据。全过程人民民主作为社会主义民主的基本形态所解决的是人与人之间的关系问题。虽然全过程人民民主理论中人与自然的关系的拓展具有广阔的理论空间，但人与自然的关系并不是其基本内涵。全过程人民民主应用于生态环境领域所形成的结果是环境民主，而不必然是生态民主。环境民主更强调服务于人类的各种因素。生态民主则涵盖了与人类生产生活没有直接关系的生物及其自然因素，这些因素对人类生产生活所产生的影响是间接的。生态民主中"生态"概念的内涵与生态文明中"生态"概念的内涵一致。生态文明概念内涵中的"生态"包括了间接影响人类的自然界因素，因而生态文明中使用了"生态"概念而不是"环境"概念。综上所述，全过程人民民主能够满足中国特色生态民主建构的民主性要求，而不能直接满足其生态性要求，因而并不能将全过程人民民主直接作为中国特色生态民主的理论基础。

生态性和民主性是生态民主的核心价值原则。以生态文明理论实现全过程人民民主的生态化是构建中国特色生态民主的可行性路径。将生态文明建设融入全过程人民民主理论机制之中，需要实现全过程人民民主的生态政治话语转型。全过程人民民主的生态化，体现了全过程人民民主内涵与程序等核心要素所发生的转变。而在我国生态文明建设的背景语境下，人民民主原则制度的坚持、完善与创新对于生态文明建设的社会主义目标方向、对于中国特色社会主义实现从初级阶段向中高级阶段的自我转型，都是极其重要和关键的。生态文明体现了中国特色生态民主"人与自然生命共同体"的价值观。全过程人民民主确保了中国特色生态民主中民主的真实性。中国特色生态民主中民主的真实性根本上是由社会主义制度对资本逻辑的驾驭和超越所决定的。社会主义初级阶段是中国特色社会主义民主的基本国情，社会主义市场经济条件下的生态民主需要面对驾驭资本逻辑的问题。生态问题是全球性问题，中国生态民主还面临着与占据强势地位的资本主义体系以及生态价值观念的竞争问题。中国特色生态民主面临着西方生态民主价值输出的问题，需要对西方生态民主的内在困境及其原因加以揭示：西方生态环境的阶段性局部性改善并不完全是生态民主的原因，二者只具有部分的因果关系。西方国家自20世纪70年代开始的生态运动推动了本国政府产业政策调整，通过将污染性产业转移到相对落后国家和地区，实现了国内生态环境的大幅度改善，其本质是将污染转嫁给发展中国家。西方国家资本主义制度下的生态民主是资本逻辑所主导的，必然会走向"绿色资本主义"或"生态资本主义"。西方资本逻辑下的生态民主只能在一定程度上缓和资本和生态之间的紧张关系，自由主义理论及其体制是西方生态民主的理论基础。可以说西方生态民主（环境民主）是在自由民主主义的理论框架之下围绕着环境民主这一概念构建起来的。而全过程人民民主体现了社会主义民主对西方自由主义民主的超越，全过程人民民主生态化生成的生态民主超越西方生态民主也就具有了理论上的合理性和必然性。

（三）中国特色生态协商机制的特征

1. 中国特色生态民主的三重意蕴

中国特色生态民主是中国特色生态协商机制的理论基础。生态文明视域下全过程人民民主理论的生态化决定了中国特色生态民主的基本特征。有学者指出了马克思主义理论的三重生态意蕴：马克思主义哲学视域下的生态意蕴、马克思主义政治经济学视域下的生态意蕴和马克思主义的当代绿色变革理论意蕴。马克思主义理论的三重生态意蕴构成了中国特色生态民主三重意蕴的理论基础。中国特色生态民主第一重意蕴体现为对西方生态民主理论和实践的批判和超越。西方生态民主流派无论其主张如何，其在资本主义制度下的基本实现形式是生态资本主义民主。中国社会主义制度虽然从制度层面消除了资本逻辑对于生态的控制，但在生态环境治理实践中仍然存在着资本负面影响的倾向。中国特色生态民主以全过程人民民主机制驾驭超越资本逻辑，以制度属性防范资本所造成的生态异化。第二重意蕴体现为，中国特色生态民主是社会主义制度框架内对生态文明的民主化建构，是对马克思主义生态观和民主理论的创新发展。就马克思主义理论逻辑而言，社会主义相对于资本主义具有生产力更加发达，社会发展更加理性的特征。有学者指出："这一理想社会至少存在着如下两个方面的重大挑战或'不确定性'：一是未来共产主义社会是否以及在何种程度上将是一个比当代欧美资本主义国家更为物质富裕的社会，二是未来共产主义社会是否以及在何种程度上将是一个比当代欧美资本主义国家更加符合社会与生态理性的社会。"①就从理论逻辑而言，社会主义社会应该体现生态性原则，但在生产和分配过程中如何体现生态性则需要在实践中逐步探索。因而有学者指出："对包括自然生态环境在内的各种基础性资源的公共所有、共同管理、公平分配、互惠分享、可持续性利用，将会成为其最根本性的社会原则或核心价值。"②第三重意蕴体现为，社会主义初级阶段的基本国情决定了中国生态民主与资本逻辑的关系。社会主义生态文明作为一种转型话语与政治承载体现着当代中国特色社会主义阶段性发展的巨大挑战及其潜能。初级阶段的社会主义市场经济决定了资本逻辑和生态文明在生态民主体系内共存的特征，这也就决定了既不能简单批判资本逻辑下的西方生态民主手段，又需要以制度手段防范西方生态民主属性的政策工具的负面影响。中国特色生态民主的全过程人民民主特征一方面以制度属性超越了资本逻辑，另一方面以协商机制保障了生态建设及治理保护中资本主体的参与。

2. 中国特色生态协商机制的核心价值

"人与自然生命共同体"是体现生态文明核心价值的原创性概念。有研究者认为"生命共同体"概念，"科学地揭示出人与自然之间的共生、共存、共控、共荣的关系，实现了生态文明问题上的本体论、方法论、发展观的统一，实现了生态唯物论、生态辩证法、生态思维论的统一，彻底终结了生态中心主义与人类中心主义的抽象争论……奠定了社会主义生态文明的哲学本体论基础。"③生命共同体理念从根本上终结了西方生态民主理论中的生态中心主义与人类中心主义论争，为中国特色社会主义生态民主奠定了价值观。习近平生态文明思想为中国特色生态民主提供了理论、政策及机制依据。马克思主义生态观强调制度属性对于人与自然和谐关系的决定性意义。党的二十大报告提出"尊重自然、顺应自然、保护自然，

---

①郇庆治. 作为一种转型政治的"社会主义生态文明"[J]. 马克思主义与现实, 2019（2）: 27.

②郇庆治. 作为一种转型政治的"社会主义生态文明"[J]. 马克思主义与现实, 2019（2）: 28.

③张云飞. "生命共同体"：社会主义生态文明的本体论奠基[J]. 马克思主义与现实, 2019（2）: 30.

是全面建设社会主义现代化国家的内在要求。必须牢固树立和践行绿水青山就是金山银山的理念，站在人与自然和谐共生的高度谋划发展。"①

"人与自然生命共同体"的实现需要制度保障，相关的制度体现出鲜明的生态民主内涵。习近平总书记指出生态环境治理的根本是制度，法治是生态环境善治的基本方式："保护生态环境必须依靠制度、依靠法治。只有实行最严格的制度、最严密的法治，才能为生态文明提供可靠保障。"②生态文明建设中，法治有助于厘清自然资源相关主体的责权利关系，实现社会主体间生态环境利益和生态公共产品进行公平分配。生态补偿制度有助于实现生态空间正义，生态补偿制度"用计划、立法、市场等手段来解决下游地区对上游地区、开发地区对保护地区、受益地区对受损地区、末端产业对于源头产业的利益补偿。"③生态文明强调生态环境的代际公平，需要建立"生态价值、代际补偿的自由有偿使用制度和生态补偿制度，健全生态环境保护责任追究制度和环境损害赔偿制度，强化制度约束作用。"④生态民主需要在满足人民群众民生需要过程中实现。"良好生态环境是最公平的公共产品，是最普惠的民生。对人的生存来说，金山银山固然重要，但绿水青山是人民幸福生活的重要内容，是金钱不能代替的。"⑤

3. 生态协商机制的基本功能

中国特色生态协商机制的实践与特定的生态空间密切相关。生态空间理论为中国特色生态协商机制的建构提供了视角和理论工具。西方社会资本逻辑下生态空间受到资本权力的控制。在中国特色社会主义建设中，生

①习近平. 高举中国特色社会主义伟大旗帜 为全面建设社会主义现代化国家而团结奋斗——在中国共产党第二十次全国代表大会上的报告[M]. 北京: 人民出版社, 2022: 50.

②中共中央文献研究室. 习近平关于社会主义生态文明建设论述摘编[M]. 北京: 中央文献出版社, 2017: 99.

③习近平. 干到实处 走在前列[M]. 北京: 中央党校出版社, 2014: 194.

④中共中央文献研究室. 习近平关于社会主义生态文明建设论述摘编[M]. 北京: 中央文献出版社, 2017: 100.

⑤中共中央文献研究室. 习近平关于社会主义生态文明建设论述摘编[M]. 北京: 中央文献出版社, 2017: 4.

态空间的潜在风险在理论上通过公有资本逻辑对资本逻辑的驾驭和超越得以实现。在中国特色生态民主理论之中，生态空间存在的主要问题在于人民内部生态环境矛盾的潜在冲突。新时代人民日益增长的美好生活需要和不平衡不充分的发展之间的矛盾在生态空间也有所体现。

从人民美好生活需要的满足出发探讨中国特色生态民主，就将中国特色生态民主界定为以人的需要为出发点。从这个角度出发，生态民主也可以理解为人民美好生活所需要的生态空间权利实现问题，也就将生态民主权利牢牢地构建于人民至上的逻辑基础之上。中国特色社会主义制度下的生态空间不仅是生产生活的场所，而且作为公共产品而存在。社会主义制度下生态空间作为公共产品的属性以满足人民美好生活为目标，而不是将其作为商品来生产。"列斐伏尔有关国家与空间的思想有益于拓展全球化时代马克思主义国家理论的解释范围"。[1]"列斐伏尔空间辩证法对于中国空间生产的启示意义在于：……建构中国特色社会主义新空间应致力于将中心—边缘的空间结构变革为协调均衡、开放包容的空间格局，将同质化、等级化的空间变革为公正的差异空间，将异化的日常空间变革为美好生活的空间。"[2]列斐伏尔的空间生产理论在一定程度上拓展了马克思主义关于空间的思想。人们在追求美好生活需要过程中所产生的生态需求和供给开启了生态空间产品供需的动态循环，生态空间的生产随着人们需求的提升而不断发展。生态空间在推动新的生产关系形成过程中，资本、权力、知识等相关因素的直接或间接参与，造成了生态空间中资源以及风险等分配不均、多元主体之间权利的矛盾冲突等一系列潜在风险。在此过程中，不同主体进行利益博弈的同时，基于不同知识体系对生态空间生产话语权展开争夺。资本突破了生态空间的地域性限制，是生态空间生产的基本推动因素。资本对生态空间的掠夺加快了资本积累，同时也促进了生态空间的再生产。当权力要素进入生态空间生产中，尤其是与资本结合后，有可能造成不同权力主体对生态空间资源以及利益分配的不公正。中国特色生态协商机制的制度属性能够有效驾驭超越资本逻辑，是生态空间内人

---

[1]闫婧.空间的生产与国家的世界化进程——列斐伏尔国家与空间思想研究[J].马克思主义与现实,2020（5）:127.

[2]张佳.列斐伏尔空间辩证法及其现实意义[J].社会科学战线,2020（7）:18.

民内部矛盾的重要化解手段。

4.中国特色生态协商机制的实践路径

党的领导是中国特色生态民主制度属性的核心体现，群众路线作为党的工作方法成为中国特色生态协商机制的重要实践路径，这也是中国特色生态民主在实践层面区别于西方生态民主的重要特征。群众路线在中国特色生态民主实践中最重要的功能是赋权功能。在生态民主实践中，公众整体处于能力和资源缺乏的状态，需要将增权理论应用于生态民主实践之中。"增权理论认为个人或群体拥有的权力是变化和发展的，无权或弱权的地位可以通过努力得到改变。"①群众路线具有赋权功能，动员发动群众的过程就是向群众赋权的过程。中国特色生态民主实践需要充分体现群众路线向社会赋权的功能。在党的革命和建设实践中，正是因为向群众的赋权才通过群众路线取得了辉煌成就。党的十九大报告中明确提出要把群众路线贯彻到治国理政全部活动中。传统意义上群众路线向群众赋予的主要是政治权利，生态民主中赋权的内涵更加丰富，其中也包括裁量权和收益权。以垃圾分类为例，"环境共治模式下生活垃圾分类治理的原则一方面是治理决策与执行的裁量权共享，另一方面是多元主体间的收益权共享。"②

群众路线的赋权功能是确保相关领域法规缺乏明确规定情况下公众参与的重要途径。人民美好生活需要的满足意味着中国逐步进入消费社会，但消费主义的影响会造成人与自然关系的紧张乃至全球性生态风险。例如，疫情治理进程中限制消费野生动物，体现了尊重自然理念与绿色生活方式对公众非公共行为的规约。疫情期间运动式动员治理的方式取得成效的同时也暴露出生态民主制度与机制在实践中的诸多问题。例如，由于法规制定的相对滞后性，在相关政策制定中公众地方性知识乃至非权威人士的专业知识没有通畅的渠道得以参与，公众作为生态风险吹哨人的作用缺乏机制保障。群众路线是应对生态民主实践中不断出现的新情况新问题的有效机制。群众路线的生态化是以群众路线推进中国特色生态协商机制建

---

① 聂玉梅,顾东辉.增权理论在农村社会工作中的应用[J].理论探索,2011（3）：80.

② 祝睿.环境共治模式下生活垃圾分类治理的规范路向[J].中南大学学报（社会科学版）,2018（4）：70.

设的重要前提。

六、中国特色生态协商机制中的群众路线

群众路线具有丰富的民主内涵，是中国特色生态协商机制建构的重要本土资源。群众路线参与中国特色生态协商机制的理论建构与实践，需要实现群众路线从传统的政治场域到生态文明场域的转换。在实现群众路线生态化的前提下，完善其生态——社会治理功能。群众路线生态化的逻辑建构体现为丰富拓展群众路线话语的生态内涵。群众路线话语的拓展需要能够阐释中国特色生态民主理论的核心价值、参与主体与基本动力。群众路线生态化的路径建构体现为推动实现群众路线生态协商功能的制度化和法治化。实现群众路线实践的生态化需要完善群众路线的生态——社会治理功能，以协商为手段构建生态治理合作网络。

（一）以群众路线建构中国特色生态协商机制的话语体系

生态协商机制是社会协商民主在生态治理领域的创新发展。生态文明的提出，使中国生态建设和治理有了一个全新的场域，也意味着该场域中的各个主体的作用及其相互关系发生了与以往不同的根本变化。由于生态治理任务的紧迫性，地方政府在实践中采取了以行政权力为主体的生态治理方式，诸如河长制湖长制、生态问责制等。行政权力为主体的治理方式虽然在短期内取得了立竿见影的效果，但与国家治理现代化的理念和要求存在着一定的相悖之处。党的十八届三中全会强调了协商民主的地位和作用。生态民主治理中协商的必要性体现在两个方面：一方面在生态民主治理实践中产生了协商治理的成功范例，充分证明了协商治理的效用；另一方面，行政权力为主体的治理方式在实践中存在着诸多问题，亟待采用新的治理方式。亟待将行政权力为主体的治理方式转变为党领导下行政权力为主导的多元协商治理。党的十九大报告中明确提出了生态多元主体治理的原则，并明确提出将群众路线贯彻到治国理政的全部活动中，这为中国特色生态民主的理论建构确定了原则、指明了方向。当代中国的生态协商治理需要中国特色生态协商治理的理论指导，而生态协商治理理论的建构需要阐明其话语体系、建构逻辑以及实践路径等基本问题。

一个国家生态治理的话语体系是其现代化程度和制度自信的综合体

现，具有极强的意识形态功能。国内学术界一般认为，协商民主有助于生态治理中的社会公平。同时提出了诸如改善协商民主的社会环境，培育协商民主参与主体能力，健全协商民主平台建设，完善协商民主的运行机制等方案。但是在环境资源管理研究领域，学术界更倾向于采用西方的研究范式。西方的生态治理理论和模式具有鲜明的协商民主色彩，而环境资源管理领域的研究也表明西方的生态治理理论和模式在技术层面具有相当的效用，这也是我国在生态治理实践中借鉴西方生态治理理论和模式的根本原因。西方生态治理理论来源于西方的治理理论，因而首先必须对西方治理理论的本质进行科学的明辨。

全球治理委员会对治理的定义进行了阐释："治理是各种公共的或私人的机构管理其共同事务的诸多方式的总和，是使相互冲突或不同的利益得以调和并且采取联合行动的持续的过程。"[1]因此，"治理的实质在于建立在市场原则、公共利益和认同之上的合作。"[2]西方治理理论是建立在以市场原则为核心所形成的合作机制之上的。西方学者所提出的生态协商理论源于哈贝马斯等人所提出的协商民主理论。西方学者所倡导的理想形态的环境（生态）民主建构于生态主义价值观之上，以公共协商为核心，强调程序民主与实质民主的统一。但国内也有相当多学者基于中国国情和历史文化传统对于西方生态民主在中国的适用性提出质疑。"西方既有解释机制的'失范'，迫切需要超越西方环境民主主义范式以及生态帝国主义范式，拓展中国环境政治学的'本土性'理论生长空间。"[3]群众路线的生态化是拓展环境（生态）政治学本土性理论空间的关键因素。

中国社会主义初级阶段生态文明建设的国情决定了借鉴西方生态治理理论首先必须对其进行中国化改造。而实现其中国化首先需要建构中国特色的生态协商治理话语体系。党的十九大报告中明确指出，要"构建政府为主导、企业为主体、社会组织和公众共同参与的环境治理体系。[4]中国

①俞可平.治理与善治[M].北京：社会科学文献出版社,2000:4-5.

②俞可平.治理与善治[M].北京：社会科学文献出版社,2000:6.

③余敏江,王磊.环境政治学：一个亟待拓展的研究领域[J].人文杂志,2022（1）:45.

④蒙发俊,徐璐.新时代背景下提高生态环境公众参与度的思考[J].环境保护,2019（5）:43.

的生态治理中的协同是党领导下的、政府主导下的协同。当代中国生态治理中党的权威和政府权力在生态治理中发挥着核心作用，这与西方的生态治理理论是不一致的。中国特色的生态治理理论不是对西方治理理论的套用和生态治理模式的照搬，从根本上来讲，它来源于中国社会治理实践尤其是生态治理的成功实践。西方生态治理理论的背景是政府及市场机制在治理中的失灵。而在中国生态治理过程中，市场并不是失效，而是亟待完善相关机制和体制；而政府在生态治理中发挥着关键的核心作用。当前中国生态环境问责制所取得的成效恰恰表明政府权力在生态治理中的核心作用，表明政府不仅是生态治理的主导，而且是生态治理的主体。西方生态治理的理论和模式虽然对中国生态治理有所启示和借鉴，但中国特殊的国情以及生态环境多样性复杂性的特征决定了中国的生态治理必然具有独具特色的话语体系、建构逻辑与实践路径。

西方的生态治理话语体系产生于西方特殊的国情与社会历史文化传统。中国特色生态治理话语体系的建构需要立足中国社会主义建设实际和生态文明建设实际，以马克思主义政治观和生态观为指导，正确把握中国生态协商治理的理论和实践逻辑；需要以科学的研究方法和视角，深刻分析中国本土生态治理的经验和问题，而不是简单地对西方概念和理论照搬；需要借鉴西方生态理论方法中关于生态协商的合理内容，既不能忽视西方理论中所蕴含的生态协商治理的共同价值规律，又应该关注具中国本土特色的治理和协商资源。在此基础上凝练建构中国生态协商治理的理论体系，需要展现生态协商治理话语体系的中国形态，使其具有浓厚的中国作风与中国气派。中国特色社会主义生态文明建设场域决定了党的权威的核心地位，而党的权威在生态治理中的核心地位决定了群众路线在中国特色生态治理话语体系建构中的关键作用。但是在长期的革命和建设进程中，群众路线的功能主要是组织和动员群众，政治场域是其基本存在场域。如何以群众路线构建生态协商治理话语体系？这是以群众路线构建中国特色生态协商治理话语体系必须回答的问题。

以群众路线构建中国特色生态协商机制话语体系，首先需要理清群众路线与协商民主的关系。党的十八届三中全会提出协商民主是社会主义民主政治的特有形式和独特优势，是党的群众路线在政治领域的重要体现。

党推进协商民主广泛多层制度化发展为群众路线参与中国特色生态协商话语体系建构创造了制度前提。国内学者对协商民主和群众路线的关系进行了系统的研究，形成了以下代表性观点：社会主义协商民主是党的群众路线的体现形式，体现了党领导协商民主的历史逻辑。社会主义协商民主作为社会主义社会根本的民主政治制度和中国共产党执政的基本方式，其本身就内在地包含协商民主的本质和宗旨。协商民主与群众路线在理论基础、运行机制和功能效应等方面具有内在的一致性。群众路线有助于完善协商民主多层次、制度化的实现机制。党的十八大以来，群众路线的创新体现在：由党对群众单向度的引导转为党群之间多向度的制约，协商民主在参与主体和参与形式上对传统群众路线有了新的突破。

"一切为了群众，一切依靠群众，从群众中来，到群众中去"是群众路线的基本话语体系，是群众路线理论拓展的基本依据。以群众路线建构生态协商话语体系的前提是群众路线话语具有足够的理论张力。也就是说，能够以群众路线基本话语阐明中国特色生态协商理论的基本内涵。以群众路线建构中国特色生态协商治理话语是可能的，其根本依据在于当代中国生态治理中党的领导的核心地位。中国特色生态机制理论只能来源于马克思主义国家观和生态观，根植于中国优秀的生态治理传统与文化，立足于中国特色社会主义生态文明建设。生态文明的价值诉求及人与自然命运共同体和美丽中国的目标、原则、指导思想、价值观等，为生态协商治理话语的凝练和话语权的形成指明了方向，勾勒了其话语体系的基本轮廓。中国特色生态协商治理的根本目的是最广大人民的生态福祉，"一切为了群众"的群众路线话语能够从根本上体现这一价值观。生态治理从一个侧面体现了国家治理体系和能力的现代化程度。生态民主建设的目标指向是国家生态治理体系和治理能力的现代化，这是中国特色生态治理话语体系生成和理论证成的根本。生态民主是群众路线在生态治理领域的具体体现，党的领导从根本上决定了群众路线的必然性与可能性。"一切为了群众，一切依靠群众"的群众路线话语能够充分阐释中国特色生态民主理论的核心价值、参与主体与基本动力。

以群众路线构建生态协商机制话语，还取决于群众路线的功能与效用。"从群众中来"的群众路线话语所体现的是群众参与协商的合理性，而"到群众中去"的群众路线话语则体现出群众的主体治理功能。自形成之日起，群众路线的基本功能就是动员、协调、组织群众，这些功能在生态协商治理中仍然具有关键作用。群众路线作为党的基本工作方法具有极为丰富的协商和治理内涵，无论是在理论上还是在实践中，都有利于实现国家生态治理的现代化。

"群众路线是建构政府与群众互动机制的本土化制度资源，发挥着政治代表、利益聚合、政治参与和政治沟通的功能；调节着政治系统的输入、输出、反馈之间的关系。"[①]群众路线具有丰富的民主治理和协商内涵。在生态文明建设场域中，群众路线是党的权威运行的基本手段。其基本形式是通过党的权威形成生态协商主体的合作网络，在各级党组织的推动下通过行政权力得以落实。生态治理合作网络由党组织、政府、自然代理（代言）者、企业、社会组织和公众等共同组成，其基本动力来源于党的权威力量。党是生态治理合作网络的组织者，因而作为党的基本工作方法的群众路线是生态协商治理的必然选择。群众路线是生态治理话语从西方向当代中国转换的枢纽，充分体现了生态协商的中国特色。"从群众中来，到群众中去"的群众路线话语能够充分阐释中国特色生态协商治理的运行机制。生态文明建设的实践表明群众路线本身具有着强大的理论张力，能够在不同的场域之中拓展其理论内涵，因而能够以其为基础构建中国特色生态协商机制的话语体系。

（二）以群众路线建构中国特色生态协商机制的逻辑体系

理论证成体现为理论推导的逻辑过程，中国特色生态协商机制的理论证成体现了其理论建构的基本逻辑。中国特色生态协商机制的目的和归宿是完善中国特色生态文明制度，建设美丽中国，实现全体人民的生态福祉。生态协商机制具有生态民主和治理双重内涵，其理论证成也必须对其进行分别阐明。生态治理与政治治理不同，生态环境的多样性、地方生态以及文化传统的多样性，发展程度的多样性等决定了生态治理的多样性。因而在生态治理过程中，很难形成所谓具有普遍性的生态治理模式。而走

---

①孟天广，田栋. 群众路线与国家治理现代化——理论分析与经验发现[J]. 政治学研究，2016（3）：25.

有本地区特色的生态治理之路，协商民主之外别无他途。生态民主是社会协商民主的有机组成部分，中国特色生态协商治理的理论证成，首先要明确其基本逻辑前提。习近平总书记指出："协商民主是我国社会主义民主政治的特有形式和独特优势，是党的群众路线在政治领域的重要体现。"①生态民主作为协商民主的具体形式，二者的区别主要体现为实践场域的不同。生态民主的实践场域是生态文明政治建设场域，而协商民主的实践场域是政治和社会建设场域。以群众路线建构生态民主理论的基本前提是实现群众路线的场域转换，即从传统的政治场域转换为生态文明场域。群众路线的生态化是中国特色生态协商机制理论证成的逻辑前提，是中国特色生态民主理论建构的重要内容。

中国特色生态协商机制的理论证成，需要明确其主体及参与机制。群众路线体现了群众在生态治理中的主体地位，党领导的群众路线是有效的参与形式。随着经济社会的发展，广大群众的阶层分化及其生态利益的多元化也日益明显，动员群众组织协商的组织方式也必须适应这种形势。这中间体现的是生态文明场域下通过何种组织形式实现"从群众中来，到群众中去"，最终实现生态协商治理。西方和我国生态治理的实践证明，多元主体之间的有效组织是成功协商治理的关键。西方治理理论的核心是多元主体之间的共同治理，但在生态治理实践中，如果多元主体间没有良好的规则和组织，多元主体就难以实现其所追求的公平和效率，治埋失败的几率就会大大增加。党的领导是中国特色社会主义最本质的特征，党的权威和群众路线是生态协商治理的基本动力和手段，是多元主体协商治理规则和组织形式的基本依据。上述基本原则为生态民主勾勒出组织方式的基本框架：以群众路线为组织形式，建构党和国家的各级机关、企事业单位、人民团体、社会组织、社会阶层等为参与主体的协商机制。群众路线的治理功能和效用，是中国特色生态机制理论证成的实践依据。

中国特色生态协商机制理论的证成，还必须明确生态协商机制的基本原则，也就是以何种原则通过协商化解矛盾冲突。当代中国生态协商机制的目标是通过协商化解相关主体利益冲突。因而中国特色生态协商机制

①习近平. 习近平谈治国理政[M]. 北京: 外文出版社, 2014: 82.

的理论证成，需要阐明生态协商过程中利益分配的基本原则。生态治理必然会涉及生态利益的重新分配，生态协商的过程也体现为相关主体生态利益和风险的重新分配过程。中国特色生态协商机制中群众路线的作用在于通过协商，对生态资源进行合理公正的分配。与协商治理相关的因素是多元的：有国家（国家机关），有政党（尤其是执政党），有社会（社会团体、行业协会、社会自治组织等），还有市场（商品、贸易、投资、金融等）；有广义的人类社会，包括国家、政党、公民和市场等，还有自然生态环境，比如陆地、海洋、天空等。与一般意义上的协商民主不同，生态民主的构成要素还包括自然界、种际以及代际生态利益等方面的内容。生态协商的基本目标是实现公共利益、集体利益、个人利益和生态环境自身利益的平衡和公正分配。

生态民主的目的并不是在社会成员共同掠夺自然基础上的利益平衡，而是维护自然界本身价值前提下的公共生态利益平衡。有研究者提出了公共利益的若干标准，这为生态公共利益提供了基本的理论来源。生态协商能否最终体现并实现生态公共利益，需要看其是否尊重自然顺应自然；是否能够实现最广大人民的根本生态权利；能否实现生态公正原则，最大限度保护弱势群体的生态利益；在生态治理中是否实现科学和民主的统一等。对公共生态利益的标准以及公共生态利益的认定需要通过协商方式，通过程序性规范，给予包括自然界在内的各主体平等发表主张的渠道，最终达到公共利益的一致性认同。群众路线能够组织动员群众参与协商，通过协商形成包括自然在内的各主体公共利益认同的一致性。通过协商形成各主体公共利益认同的一致，就是生态文明场域下"从群众中来"的过程，而各主体公共利益实现的过程就是"到群众中去"的过程。群众路线是中国特色生态协商理论证成的关键。群众路线阐明了中国特色生态协商理论的逻辑前提、实践主体、价值原则与组织方式等基本内容。生态民主是群众路线在生态文明政治建设领域的具体体现。群众路线在生态协商治理理论中的核心地位是中国特色社会主义的本质特征所决定的。以群众路线证成中国特色生态协商理论的关键在于群众路线的生态化，也就是实现群众路线的存在场域从传统政治场域向生态文明场域的转换。

（三）生态协商机制中群众路线的理论拓展

群众路线是中国特色生态协商机制话语建构的关键和理论证成的核心因素，作为党的基本工作方法，也是推进当代中国生态协商实践的关键路径。完善群众路线推动当代中国协商实践首先要实现群众路线的生态化转变，使之更加适应生态文明场域下协商民主的职能。群众路线的生态化就是要将自然界作为协商主体纳入群众路线之中。传统的群众路线只包括人类主体，而生态治理中如果缺失了自然界自身的价值因素，即使能够在人类主体参与者之间形成利益一致，这种一致也往往是以牺牲生态为代价。党的十九大报告指出了人与自然是生命共同体的理念，明确了尊重自然、顺应自然、保护自然的基本原则。人与自然是生命共同体理念在生态协商治理中的实践形式就是群众路线的生态化，通过群众路线的生态化实现尊重、顺应自然的目标。群众路线的生态化丰富了群众路线"一切为了群众"基本话语的生态内涵，从为了群众的物质精神文化利益，拓展为最广大人民群众的生态利益；丰富了"从群众中来"基本话语的生态内涵，使自然通过代理人（代言人）以"群众"的身份参与协商；丰富了"到群众中去"基本话语的生态内涵，自然的"群众"主体身份意味着将生态环境作为群众路线实践对象，拓展了群众路线的生态空间实践场域。

从传统革命和建设场域向治理场域的转换，需要进一步完善群众路线的生态——社会治理功能。完善群众路线的治理功能，意味着群众路线从传统的组织和动员群众，转化为在传统功能的基础上承担生态——社会治理的功能，转化为以协商为手段构建生态治理合作网络。完善群众路线生态——社会治理功能的关键在于坚持以党的权威为动力实施群众路线，而不是以政府权力为动力实施群众路线。生态治理中群体事件频发，会凸显出生态治理权威的流失，而在诸如河长制等制度实行之后，所取得的成效证明了党的权威之下政府行政权力在生态治理过程中的有效性。当前的生态治理实践证明，党的权威和行政权力是生态协商治理的两个最核心因素。当代中国生态协商治理的具体实践场域是中国特色社会主义生态文明建设，这就决定了治理过程中群众路线的政治性权威要向社会性权威转变，这个过程也就是群众路线治理化转变的过程。生态民主治理是包括自然在内的多元主体之间有效互动的结果，而多元主体有效互动的基本前提是在特定问题上某些共识的形成。随着深化改革，生态——社会矛盾、生态价值诉求、生态利益博弈日趋多元化，生态治理过程中各利益相关主体在核心治理理念和价值上达成基本共识是治理的基本前提。以党的权威为核心，以政府权力为主导，以群众路线为手段凝聚协商共识，继而形成生态治理的合作网络权威，这是生态协商机制中群众路线发挥治理功能的基本逻辑。巩固党组织在生态协商中的权威地位，以党组织权威推动群众路线的治理化转变是当代中国生态协商实践的基本路径。

完善群众路线的生态——社会治理功能需要创新群众路线的制度化路径。群众路线在生态协商中的基本功能是组织动员群众就生态治理相关问题进行民主协商。党的十八届三中全会提出推进协商民主的制度建设，提高制度化、规范化和程序化水平。生态协商治理中群众路线的制度化，以生态民主的制度化为基本依据。生态民主制度化的理论和实践资源十分丰富。中国共产党领导下探索出来的"'党委领导、政府负责、社会协同、公众参与'的协商治理理念，'平等、宽容、贵和、理性'的协商治理的价值标准，'多元治理主体和谐共进'的协商治理原则，'源头治理'、'恳谈会'、'两票制'等等的协商治理方式等等，构成了中国协商治理的特色与风格"。①"'党的领导与政治协商制度'、'民主集中制的组织原则'、'党的领导体制与执政方式'、'党的群众观点和党的群众路线'、'协同创新与系统治理'、'就地解决群众合理诉求机制'、'涉法涉诉信访依法终结制度'等等都需要在协商治理的视域下赋予其全新的内涵，做出贴近中国现实的解读。"②

在生态协商的过程中，基层党组织、政府和群众发挥首创精神，产生了一批有鲜明地域特色且行之有效的生态协商治理经验。协商民主实践中的成功经验是生态治理中群众路线制度化的实践资源。生态协商的制度化要坚持以马克思主义为指导，充分汲取中国传统生态治理的优秀成果，广泛吸收新中国成立以来尤其是改革开放以来中国生态治理所取得的经验和教训，在此基础上探索生态协商治理中群众路线的制度化。生态治理中群

①王岩,魏崇辉.协商治理的中国逻辑[J].中国社会科学,2016（7）:41.

②王岩,魏崇辉.协商治理的中国逻辑[J].中国社会科学,2016（7）:41.

众路线的制度化应以生态民主制度及机制为依据，体现协商主题、协商周期、协商步骤等相关内容。只有通过群众路线的制度化，才能从根本上保障群众路线在生态协商治理中的地位和作用，克服协商实践中的主观性和随意性。

完善群众路线的生态——社会协商功能，还需要实现群众路线的法治化转换。当代中国生态协商治理实践是依法治国的有机组成部分，依法治国意味着群众路线必须实现法治化转变。在全面依法治国的当代中国，法治必然成为生态协商过程中党行使权威的基本依据。在依法治国的背景下，法治理念与实践构成了党的权威，这在生态协商中也就体现为群众路线的法治化。在生态治理中党和政府必须依法协商、依法治理，群众路线的法治化是党的权威运行的根本保证。群众路线的法治化意味着生态协商治理中党的权威和政府权力要在宪法和法律的框架下运行。中国生态民主理论与实践是中国协商治理的有机组成部分，是党领导下的多元主体的和谐共进，体现了相关协商主体的地位平等和协商过程的公平正义。在生态治理的过程中，相关利益主体之间会产生矛盾冲突，社会与自然界之间也会存在着矛盾。在通过协商无法化解矛盾的前提下，必然会通过法治手段和法律途径解决矛盾，以确保社会各主体以及自然本身的利益。党的权威、政府的权力及以群众路线为手段的协商制度必须与相关法律制度内在一致。只有法治才能从根本上保障多元主体的相关利益，体现顺应、尊重自然的原则，保障弱势群体的生态权利。群众路线的法治化是中国生态民主的必然要求，是生态协商治理得以运行的最基本和最重要保障。生态协商治理进程中群众路线法治化的核心在于党的权威和政府权力运行的法治化。

党将群众路线运用于生态协商的各个领域，有助于形成生态协商治理的中国之道。西方国家的生态协商治理终究无法根本摆脱资本逻辑的统治，充其量达到"绿色资本主义"的目标。党领导下的群众路线能够超越资本逻辑，将满足人民群众生态需要作为出发点和落脚点。就协商而言，群众路线贯穿于相关决策全过程。现有生态环境治理政策中，群众路线在相关协商治理中主要体现为全方位动员群众、激发内生动力，充分调动群众的参与决策和管理维护的热情，引导提高群众的参与感受和意愿。以中共中央办公厅、国务院办公厅印发的《农村人居环境整治提升五年行动方案（2021—2025年）》为例，该方案在基本原则中提出的坚持问需于民，突出农民主体，保障村民知情权、参与权、表达权、监督权。坚持地方为主，强化地方党委和政府责任，鼓励社会力量积极参与，构建政府、市场主体、村集体、村民等多方共建共管格局。在充分发挥农民主体作用具体措施中提出：强化基层组织作用。健全党组织领导的村民自治机制，村级重大事项决策实行四议两公开，充分运用一事一议筹资筹劳等制度，引导村集体经济组织、农民合作社、村民等全程参与农村人居环境相关规划、建设、运营和管理。由此可见，群众路线体现为肯定群众参与权和表达权等相关权利，在实践层面体现为强化基层组织中群众参与生态环境协商的制度化。

群众在群众路线机制下参与生态协商的保障机制有待于进一步完善。有待于在现有政策保障、引导、鼓励、强化群众参与生态环境协商的基础上，加大制度建设、更加有力地保障弱势群众的生态环境相关利益。在群众路线协商机制中，党组织是协商的组织者，其他相关主体作为群众是协商的参与者，协商的效果从根本上取决于党组织作为协商核心的力度和方式。生态环境冲突中，弱势群众因为无法组织相关主体协商并有效表达群体诉求，往往因此导致出现群体性事件。群众路线作为一种协商方式，需要各级党组织作为协商的组织者对群众的生态环境诉求及时了解并作出评估。生态环境协商与其他经济社会类协商不同，群众对生态环境的体认往往是一种主观感受，往往无法以客观科学的数据标准表达诉求。因而群众路线生态协商机制需要完善将群众生态环境主观感受转化为科学数据的相关转化机制，这是以群众路线维护群众协商参与权的制度保障。

综上所述，当前中国生态治理过程中的经验及教训表明，生态协商治理是当代中国生态治理现代化的发展方向。群众路线在生态民主话语体系生成、理论证成和实践路径中的核心作用来源于党在生态协商治理中的权威地位，生态协商治理最终的实践效果也取决于党的权威作用的发挥。以群众路线推动生态协商治理实践，需要实现群众路线从政治场域向生态文明场域的转换，从传统革命和建设场域向治理场域的转换。推动当代中国协商治理实践功能要完善群众路线，要实现群众路线的生态化转变，要完善群众路线的生态—社会治理功能，以协商为手段构建生态治理合作网络，实现群众路线的制度化和法治化。群众路线的生态化是中国特色协商机制话语体系形成、理论证成以及实践的关键环节。

第四章　生态文明保障体系中科学与民主的统一路径

现代科学技术应用后果的相对不确定性导致了生态文明保障体系中科学与民主存在着内在的紧张关系。实现科学与民主的内在统一，是构建中国特色生态协商机制的基本任务。科学化和民主化是生态民主决策的前提："离开了科学的生态性，生态环境领域的民主同样可能存在着陷入集体暴政的危险。公众的利益偏好乃至私利通过民主作出的选择，有可能漠视公共生态利益和未来生态利益。"[①]党的领导是中国特色生态协商机制的核心特征，群众路线赋予了基于群众实践经验的地方性知识参与的合法性地位。在知识论层面拓展群众路线的理论空间，为生态文明保障体系中实现民主和科学的内在统一提供了可行路径。

一、地方性知识：群众路线的理论拓展

（一）地方性知识的概念

地方性知识是中国特色生态民主的核心要素之一。在联合国教科文组织的网页上，对于地方性知识是这样定义的："地方性知识和本土知识指那些具有与其自然环境长期打交道的社会所发展出来的理解、技能和哲学。对于那些乡村和本土的人们，地方性知识告诉他们有关日常生活各基本方面的决策。这种知识被整合成包括了语言、分类系统、资源利用、社会交往、仪式和精神生活在内的文化复合体。这种独特的认识方式是世界文化多样性的重要方面，为与当地相适的可持续发展提供了基础。"[②]与地

[①]何中华.现代性的政治与生态环境的危机——政治文明与生态文明关系的一个观察[J].理论学刊，2012（9）：78.

[②]刘兵.地方性知识、多元科学观与科学传播[N].晶报，2022-05-06：A02.

方性知识相关的还有本土知识的概念。文化人类学意义上的地方性知识与本土知识的内涵总体一致，其区别主要体现所强调的政治内涵不同。本土知识更加鲜明地反对西方文化中心主义，具有反对殖民压迫的内涵。而地方性知识更加强调其传承过程中的地方性特征。地方性知识概念与传统知识概念也有重合。传统知识是一种地方性知识，具有传承性、地域性和文化相关性的特征。传统知识更强调历史文化传承的知识体系，强调原住民群体的创造者地位。因为传统知识与原住民群体利益相关，因而成为其主张权利的知识依据。相对于地方性知识而言，传统知识更强调其传统文化属性，而并非其科学性。地方性知识更加体现了我国国情，因而中国特色生态民主理论中采用了地方性知识的概念。

（二）马克思主义认识论视域下的地方性知识

以群众为实践主体的地方性知识的合理性来源于"实事求是"这一马克思主义的基本理念。人与客观规律的关系，表现为人以"求"的能动方式去研究客观存在并得到客观规律。实事求是这一命题也可以理解为经验原则下的理论模式。实事求是中的"是"为存在于事物之中的客观规律，从"实事"中得到"是"，意味着由事物的现实存在状态出发探究规律。将实事求是中的"是"理解为客观规律时，对实事中所存在的"是"的求解过程就是一个经验性过程而非抽象理论推演过程。以理论形态的先验之"是"指导实践必须联系实际，实现理论的情境化。这个过程体现为理论的经验化过程，也可以理解为理论经过群众实践实现地方性知识创新发展的过程。

将地方性知识概念引入中国特色生态民主首先需要从马克思主义认识论角度梳理地方性知识的概念并分析其性质。阐明中国特色生态民主中的地方性知识，需要将地方性知识的概念从人类学范畴转换为认识论范畴进行解释。人类学范畴的地方性知识可以理解为从实践到认识过程中的地方性知识，而理论指导下的群众实践所生成的地方性知识可以理解为再实践到再认识阶段的地方性知识。地方性知识就其本质而言属于经验范畴。就马克思主义认识论而言，地方性知识相当于从实践到认识过程中的经验，相当于从感性认识上升到理性认识过程中的经验。但是认识论中不同阶段，经验的形式也有所不同，这在不同类型地方性知识中有所体现。例如，再实践到再认识过程中，所形成的经验与原初的经验有着显著的不同。再实践到再认识过程中的经验类似于"中国经验"这一概念中"经验"一词的内涵，是普遍原理的地方化和具体化，是理论指导实践过程中的经验。不同阶段的经验本质上都可以认为是地方性知识，其本质都可以理解为经验，可以理解为感性认识。原初的经验体现为浅层次非系统的感性认识，而再实践过程中的经验则体现为普遍性理论知识的地方情境化。前者地方性知识的"感性"是相对于理论而言，而后者地方性知识的"感性"是相对于普遍性抽象理论的经验。再实践过程中的经验体现为承载群众首创精神的地方性知识，具体体现为杭州经验、浙江经验等。上述两种地方性知识处于认识的不同阶段，其表现形式也有所不同。再实践再认识阶段的地方性知识，往往体现为党领导下的群众作为主体的实践性创新，创新实践的地方性知识经过再认识推动理论的进一步创新发展，也就形成了中国经验的来源和发展创新。中国特色生态民主实践中，人类学意义上的地方性知识需要转换为群众地方性知识才能获得参与的合法性地位。群众地方性知识在中国特色生态民主中的合法性地位来自群众路线的赋权。

在马克思主义认识论视域下，地方性知识的不断发展创新、循环往复体现出从经验到理性的飞跃，再从理论到实践的飞跃。地方性知识作为经验，本质上都是认识指导下的处于不同阶段的实践。体现为从经验到理性的阶段，或是从理论到实践的阶段，不同阶段决定了不同类型地方性知识的差异。作为从经验向理性的飞跃阶段所形成的地方性知识，其性质是相对于理性认识而言的感性认识。而处于从理论向实践飞跃阶段的地方性知识，其感性内涵体现为理论的情景化和经验化。地方性知识发展的不同阶段在群众路线中的作用也不同。中国特色社会主义所形成的生态文明的形成发展并不是马克思主义基本原理的简单推演，而是从实践到认识过程中不断发展的经验化产物。生态文明理论在特定生态环境空间实践中形成的地方性经验丰富了地方性知识，而地方性知识实践中的创新发展反过来会不断深化对生态文明的认识。生态文明的既有理论也是阶段性的普遍规律，在指导实践的同时，也需要在实践中不断深化发展。对地方性知识的讨论涉及生态民主中不同类型知识的效用问题，就地方性知识（经验）与普遍性知识（理论）发展循环往复的特点而言，再认识（创新理论）所指导下的再实践（创新理论的情境化）阶段所形成的地方性知识更能够体现特定情境下生态环境空间的特征，因而在生态民主协商中相对于普遍性理论而言具有更大的发言权。

（三）中国化马克思主义理论视域下的地方性知识

中国化马克思主义理论赋予了地方性知识在群众路线中的合法性地位。中国化马克思主义理论中对地方性知识相关因素的阐释集中体现在毛泽东的《矛盾论》和《实践论》两部著作之中。毛泽东在《实践论》中强调实践对于知识的重要性，为基于群众实践的地方性知识的证成提供了理论依据。毛泽东提出知识就产生而言根源于直接经验。经验与理论的关系在一定意义上体现为实践与理论的关系。毛泽东认为理论和实践是具体的历史的统一。具体性意味着主观认识同客观实践相符合；历史性意味着主观认识要同特定历史发展阶段的客观实际相符合。

群众路线视域下地方性知识的哲学依据是实践唯物主义。有学者系统分析了《矛盾论》和《实践论》两部著作的实践唯物主义内涵。[1]毛泽东强调实践标准，赋予了群众实践经验以及理论指导下的群众再实践经验的合理性。毛泽东的《实践论》《矛盾论》两篇著作可以看作是地方性知识应用于群众路线之中的直接理论依据。毛泽东强调："就知识的总体说来，无论何种知识都是不能离开直接经验的。任何知识的来源，在于人的肉体感官对客观外界的感觉，否认了这个感觉，就否认了直接经验，否认亲自参加变革现实的实践，他就不是唯物论者。"[2]毛泽东提出："无论何人要认识事物，除了同那个事物接触，即生活于（实践于）那个事物环境中，是没有法子解决的。"[3]"一个闭目塞听，同客观外界根本绝缘的人，是无所谓认识的。"[4]

1. 作为直接经验的地方性知识

毛泽东提到古人的直接经验传承可以理解为原生的地方性知识。地方

---

① 罗朝远.《实践论》《矛盾论》：实践唯物主义辩证法与认识论[J]. 学术探索, 2017（2）: 7.

② 毛泽东选集（第一卷）[M]. 北京: 人民出版社, 1991: 288.

③ 毛泽东选集（第一卷）[M]. 北京: 人民出版社, 1991: 287.

④ 毛泽东选集（第一卷）[M]. 北京: 人民出版社, 1991: 290.

性知识根源于直接经验。"一切真知都是从直接经验发源的。但人不能事事直接经验，事实上多数的知识都是间接经验的东西，这就是一切古代的和外域的知识。这些知识在古人在外人是直接经验的东西，如果在古人外人直接经验时是符合于列宁所说的条件'科学的抽象'，是科学地反映了客观的事物，那么这些知识是可靠的，否则就是不可靠的。"①"所以，一个人的知识，不外直接经验的和间接经验的两部分。而且在我为间接经验者，在人则仍为直接经验。"②毛泽东指出了抽象理论经验化的重要意义："根据于一定的思想、理论、计划、方案以从事于变革客观现实的实践，一次又一次地向前，人们对于客观现实的认识也就一次又一次地深化。"③毛主席强调了实践的具体性和历史性，强调实践发展过程的完整叙事。具体地历史地对待实践经验，为地方性知识的地方性特征的逻辑证成提供了前提。"理性的东西所以靠得住，正是由于它来源于感性，否则理性的东西就成了无源之水、无本之木，而只是主观自生的靠不住的东西了。从认识过程的秩序说来，感觉经验是第一的东西，我们强调社会实践在认识过程中的意义，就在于只有社会实践才能使人的认识开始发生，开始从客观外界得到感觉经验。"④毛泽东强调了经验知识的认识论价值："如果以为认识可以停顿在低级的感性阶段，以为只有感性认识可靠，而理性认识是靠不住的，这便是重复了历史上的'经验论'的错误。"⑤经验主义是经验作为知识的局限，体现了地方性知识的内在局限。人类学意义上地方性知识与群众地方性知识的区别需要区分经验思维和经验理性的关系。上述两类地方性知识都具有经验思维和经验理性的双重内涵，但是人类学意义上的地方性知识与传统生活方式和文化的联系更加紧密，体现为相对典型的经验思维；而党领导下的群众地方性知识则更多地体现为经验理性。

2. 地方性知识的经验理性特征

毛泽东《实践论》中的精辟论述为拓展群众路线理论，赋予地方性知

①毛泽东选集（第一卷）[M]. 北京: 人民出版社, 1991: 288.

②毛泽东选集（第一卷）[M]. 北京: 人民出版社, 1991: 288.

③毛泽东选集（第一卷）[M]. 北京: 人民出版社, 1991: 290.

④毛泽东选集（第一卷）[M]. 北京: 人民出版社, 1991: 290.

⑤毛泽东选集（第一卷）[M]. 北京: 人民出版社, 1991: 291.

识在群众路线中的合法性提供了充分的理论依据。为了解决风险治理中的高度不确定性问题，相关领域的学者从不同角度论证了基于个人经验的知识参与治理的重要性。"20世纪后期以来，社会显现出了高度复杂性和高度不确定性。在高度复杂性和高度不确定性条件下开展行动和社会治理，需要从经验理性出发。"①有研究者从高度不确定性的角度分析了基于相似性思维的经验理性的特征。"理性知识的传播和扩散是得益于人们普遍拥有分析性思维的。比较而言，感性知识、经验知识中所包含的是一种相似性思维，或者说，感性知识、经验知识是相似性思维所创造的。"②"如果说分析性思维是通过分析、抽象等一系列合乎逻辑的理性操作而揭示事物的相关性，那么相似性思维则是通过想象、类比等方式去构造相关性。"③就思维方式而言，科学理性具有典型的分析性思维特征；而地方性知识则体现为典型的相似性思维特征。就思维特征而言，人类学意义上的地方性知识与群众路线实践中生成的群众地方性知识都具有相似性思维特征，但是二者的性质是根本不同的。人类学意义上的地方性知识产生于在农业社会的历史阶段，此类地方性知识相似性思维的不成熟体现为没有完全依照经验理性的原则去开展思维活动。因而在人类学意义上的地方性知识之中具有大量非理性的成分。而在当代风险社会治理中，高度复杂性和高度不确定性的条件下基于实验科学的分析性思维在一定程度上受到质疑，基于实践的经验理性重新受到重视。在风险社会治理之中，基于行动（实践）的知识生产是应对风险的可行性路径。"在高度复杂性和高度不确定性条件下，思维与实践是融合为一体的，从而决定了思维方式和实践类型的选择必然倾向于相似性思维。""在风险社会高度复杂性和高度不确定性条件下，先在性的知识往往在某种程度上是没有意义的，只有在行动中所生产出来的知识，才能够产生其应有的作用。"④以经验理性的实践特性化解风险治理的风险的路径得到了学术界一定程度的认同。有研究者提出："随着人类社会进入高度复杂与高度不确定的历史阶段，社会治理对经验

---

① 张康之. 论从经验理性出发的社会治理[J]. 中国人民大学学报, 2016（1）: 81.
② 张康之. 重建相似性思维: 风险社会中的知识生产[J]. 探索与争鸣, 2021（7）: 125.
③ 张康之. 重建相似性思维: 风险社会中的知识生产[J]. 探索与争鸣, 2021（7）: 126.
④ 张康之. 重建相似性思维:风险社会中的知识生产[J]. 探索与争鸣, 2021（7）: 132.

理性的需求越来越高。……在高度复杂社会条件下，社会治理必然从工具理性转向经验理性。政策试验通过局部试点然后总结推广的方式来制定政策，已经成为我国一种具有特色的治理模式，政策试验所代表的就是经验理性的社会治理。"①风险治理中经验理性从另一个侧面揭示了生态民主中地方性知识参与的必要性。

3. 群众路线视域下地方性知识的合理性

地方性知识在群众路线理论体系中的合理性，是其参与群众路线实践的基本前提。地方性知识在群众路线中的合理性，一方面来源于作为地方性知识生产和实践主体的群众的合理性地位；另一方面来源于地方性知识所总结的群众实践的合理性地位。群众路线理论视域下地方性知识的合理性主要体现在价值论和认识论层面。

（1）一切为了群众，一切依靠群众：地方性知识在价值层面的合理性

一切依靠群众的论断内蕴着群众是认识和实践的主体。中国共产党所强调的拜群众为师，向群众学习等主张充分体现了群众实践经验在群众路线中的重要价值。群众的创造力来源于群众的实践，而地方性知识正是群众对自身实践经验的知识总结。一切依靠群众，就需要赋予地方性知识合理性地位。地方性知识作为群众对其实践的知识性总结，是制定政策的重要依据；地方性知识作为指导群众实践的知识工具，还是推动政策落实的基本手段。相关政策需要借助地方性知识语言才能为群众所理解，政策所涉及的普遍性知识也需要转化为地方性知识，才能通过群众实践解决地方性问题。

（2）从群众中来，到群众中去：地方性知识在认识论层面的合理性

群众是地方性知识的生产主体，同时又是地方性知识的实践主体。地方性知识是群众对其所从事的生产实践所进行的知识总结，地方性知识的实践特性是由知识生产主体与实践主体的同一性所决定的。而地方性知识在群众路线理论中的认识论内涵，是由地方性知识的实践特性所决定的。在群众路线理论体系中，地方性知识的认识论内涵具体体现在以下方面：

---

① 向玉琼. 论经验理性的社会治理:基于政策试验的中国实践[J]. 江苏社会科学, 2018（6）: 59.

第一，地方性知识体现了群众作为认识主体和实践主体的辩证统一。地方性知识之所以体现了群众的主体性地位，一方面因为群众是地方性知识的生产主体，另一方面因为群众同时又是以地方性知识为工具的实践主体。就地方性知识的生产而言，地方性知识不是科学家通过观察和实验得出的知识体系，而是群众对其实践经验所做的知识性总结。群众生产、传承、创新地方性知识的根本目的是从事生产实践。地方性知识是群众从事生产实践的直接知识工具，地方性知识的实践者是直接从事生产活动的群众。地方性知识的生产者与实践者都是特定地方范围内的群众，因而体现了群众作为认识主体和实践主体相统一的认识论内涵。

第二，地方性知识体现了"从群众中来，到群众中去"认识过程的辩证统一。地方性知识具有鲜明的实践特性，是群众对其实践经验所进行的知识总结。地方性知识是从群众中来的重要内容，也是到群众中去的重要手段。"将群众的意见（分散的无系统的意见）集中起来（经过研究，化为集中的系统的意见），又到群众中去作宣传解释，化为群众的意见，使群众坚持下去，见之于行动，并在群众行动中考验这些意见是否正确。然后再从群众中集中起来，再到群众中坚持下去。如此无限循环，一次比一次地更正确、更生动、更丰富。这就是马克思主义的认识论。"①地方性知识与群众意见和实践具有内在的一致性：群众的意见往往以地方性知识作为合理性依据；以地方性知识的语言体系进行表达；并以地方性知识作为实践依据。因而群众路线的上述过程对地方性知识而言，就是将群众的地方性知识集中起来，经过研究，化为集中系统的知识原则以及方针政策；又以地方性知识的语言体系到群众中做宣传解释，化为群众的共识付诸实践；再将党的路线方针政策与群众地方性知识相结合，经过实践形成新的地方性知识。就认识活动而言，在群众实践经验的基础上，充分总结群众的地方性知识，转化为系统的意见和方针政策的过程，体现了"从群众中来"的内涵。政策方针付诸实践，需要以群众切实理解的地方性知识语言去宣传解释，才能让群众掌握。以地方性知识语言解释宣传党的方针政策，以群众基于地方性知识的实践落实党的方针政策，体现了"到群众中

---

① 毛泽东选集（第三卷）[M]. 北京: 人民出版社, 1991: 899.

去"的内涵。因为地方性知识与群众意见和群众实践具有内在的一致性，因而能够体现"从群众中来，到群众中去"认识过程的辩证统一。

二、群众地方性知识

（一）十六字法：地方性知识的创新发展路径

群众路线不是地方性知识生成的唯一手段，但是党领导下的群众路线是推动地方性知识创新发展的重要手段。以群众路线推动地方性知识的创新发展，党必然在其中发挥核心作用。以群众路线推动地方性知识创新发展能够从根本上克服传统地方性知识的局限性。群众路线推动下创新发展的地方性知识，使群众作为主体具有了以地方性知识进行民主参与的合法性，地方性知识可以作为群众利益的表达方式。毛泽东创造性地提出了感性认识转化为理性认识的十六字法："去粗取精、去伪存真、由此及彼、由表及里。"毛泽东提出的"十六字法"为以群众路线推进地方性知识创新发展提供了辩证思维方法。毛泽东的"十六字法"是对待群众经验发展创新的基本依据，也是群众路线中应对地方性知识的基本准则。知识的形成过程具体体现为从实践到认识、从感性到理性、从抽象到具体的过程。在此过程中基于群众实践的地方性知识体现为实践、感性和具体性的内涵。

毛泽东的"十六字法"是群众路线中将地方性知识由感性上升为理性认识的思维方法。"去粗取精"就是从群众经验所积累的大量感性材料进行筛选，留取与本质密切相关的材料。"去伪存真"就是将所掌握的地方性知识信息进行鉴别，保留具有因果关系可以作为依据的因素。"由此及彼"体现的是诸多地方性知识之间的联系，生态环境空间的系统性决定了不能孤立片面地看待群众创造的地方性知识。群众创造的地方性知识的地方性决定了其内在的局限性，离开了特定地方性情境，其适用性也就需要实践重新检验。"由此及彼"指的是要从不同的地方性知识之间的相互联系出发，全面看问题。"由表及里"指的是不能停留在地方性知识的经验层面，需要系统总结地方性知识，把握其本质和规律。毛泽东的"十六字法"应用于生态民主中，需要研究和分析群众地方性知识中包含的生态性、社会性、政治性、经济性、文化性等多层面内涵，对该地区生态环境空间内特殊情境下的问题形成规律性的认识。群众路线中对待地方性知识需要克服教条主义和经验主义两种错误倾向。教条主义所体现的是片面强调专家和抽象理论知识的地位和作用，经验主义则是片面强调经验形态的地方性知识。"十六字法"为生态民主中的感性认识和理性相结合、认识和实践相结合提供了方法论依据，为生态民主中的以群众路线克服主观主义和经验主义倾向提供了基本原则和路径。

群众路线在推动群众个人经验形成群体经验的过程中具有重要作用。群众路线有助于推动群众个体经验向地方性共识的飞跃。"共识是群体主体的认识。它是以个识为基础，经过去粗取精、去伪存真、由此及彼、由表及里的加工制作过程，取个识的'合理内核'所形成的认识。"①个体经验是群众个人基于生产生活实践等要素形成的情境性认识。群众个体经验受到主客观条件的制约，体现为局部的孤立的认识。群众地方性知识共识是以群众生产生活经验为基础，经过去粗取精、去伪存真、由此及彼、由表及里的凝练过程所形成的地方性知识共识。

（二）群众地方性知识的概念、特征与功能

中国特色生态民主中作为群众经验的地方性知识与文化意义上的本土知识和传统知识有着显著区别。作为群众经验的地方性知识的本质是情境性经验，特指群众作为实践主体所生成的知识体系。作为群众经验的地方性知识是实践上升为理论的中间形态，就认识论而言处于实践观念的阶段。群众地方性知识作为一种实践观念与认识论意义上作为感性认识的经验是有区别的。作为传统文化的地方性知识本质上是一种感性认识，最终沉淀为一种历史文化的传承。而作为群众实践经验的地方性知识经过新一轮群众路线实践最终会发展为新的地方性知识。区分成为历史文化传承的群众地方性知识和创新型群众地方性知识的各自形态，是为了突出党的群众路线所推动的地方性知识的发展过程，从更深层面揭示群众地方性知识与专业知识的关系。群众地方性知识是实践上升为理论的中间形态。就本质而言，群众地方性知识是一种源于直接经验和间接经验的感性知识。群众地方性知识并不是经验的简单累加，而是经过了筛选和总结的过程。经

①叶长法.论个识向共识飞跃[J].浙江学刊,1991（1）:17.

验所强调的是其还没有上升到理论形成普遍性的认识，群众地方性知识是经验上升为理论的过渡形态，是处于量变向质变过程中的理性认识。但是因为它是局部的理性认识，所以体现为地方性知识形态，而不能是普遍性的抽象理论。群众地方性知识的本质是实践经验。作为群众经验的地方性知识的实践者与知识的生产者是同一的，都是特定地方的群众。群众地方性知识所突出的是群众作为实践主体的特征。具体情境下的群众地方性知识，更加符合特定情境下的具体实际，因而在特定情境下解决具体问题过程中具有更大话语权。与此同时，地方性知识的局限性体现为空间情境下实践经验的局限性。离开了特定的实践情境，原有经验也可能是错误的。地方性知识来源于地方性经验，是被特定情境下实践所证实的群体性信念。特定情境下的实践是证明它的标准，脱离了特定情境则需要在新的情境下经过新的实践检验。

马克思主义理论中，实践具有社会性和历史性双重内涵，社会性和历史性构成了群众实践特定的情境。实践是社会性和历史性的统一，社会情境和历史情境也就成为地方性知识情境的两个基本维度。群众地方性知识的历史性情境，体现为特定生态空间地方性知识的代际传承发展。群众地方性知识的社会性情境体现了特定生态空间生产关系中人与自然之间的关系。应对生态环境风险过程中，地方性知识的有效性来源于特定情境下的实践，这也就解决了群众作为主体参与生态民主的合法性问题。特定生态空间中的群众实践决定了地方性知识在群众路线中具有合理性地位。但是群众地方性知识参与的合理性也只限在特定情境下，离开了特定的情境，地方性知识也就失去了效力和话语权。地方性知识的地方性特征体现在情境方面，而不是体现在地方性地域方面。"所谓情境合法性，是指享有总体合法性的社会组织在开展具体的项目时需要获取来自服务对象和基层精英的认可与支持。"[1]地方性知识是源于特定情境下的实践所形成的经验，能够被该特定情境下的实践所反复证实，是被普遍确信的群体性的信念。群众地方性知识的地方性是指其情境性，经验知识的形成具有特定的情境，简而言之就是历史、文化、国情、地情。不同的情境形成了不同形态

_____

① 邓燕华.社会建设视角下社会组织的情境合法性[J]. 中国社会科学, 2019（6）：147.

的地方性知识，形成过程中不仅有地域因素的影响，更有经济社会文化等方面情境的影响。"部分学者强调中国的特殊性、民族特性、地方性知识和国情，倡导在中国的语境下建立本土化的中国政治学或中国学派。"①国外经验也表明："'居民经验知识'典型挑战了生态专家'客观知识'。迈亚等人据此提出居民经验知识'象征论'，即居民经验知识推动绿色治理具有多方面的潜力。……'居民经验''生态问题'孰轻孰重取决于对科学、权力的认知。……绿色治理融合'居民经验''客观知识'是符合科学路径和人民利益的。"②

（三）群众路线视域下地方性知识的生成机制

在群众路线视域下，个别的群众性经验表现为实际工作中的零散案例，群众路线机制有助于将分散的经验总结为群众地方性知识。"从群众中来，到群众中去"就知识层面而言，体现为将地方性经验案例上升为地方性知识并指导实践，也就是去粗取精去伪存真的过程。党的理念和知识体系转换为群众的实践同样需要以地方性知识为中介。对实践的经验阐释可以理解为，从群众中来就是从群众的实践经验中来，地方性知识是特定情境下的实践经验。但地方性知识在群众路线中的合理性源于特定情境下的实践。脱离了特定情境也就丧失了其合理性。到群众中去，就意味着以创新的地方性知识指导群众实践。党领导下地方性知识"从群众中来，到群众中去"的过程，以实践为中介拓展了群众路线的理论空间。当然在具体实践中，还需要借鉴其他学科的方法。地方性知识是一种群体性信念，被特定情境下实践所证实的个体性信念还需要经过特定情境下实践反复证实才能形成群体性信念。个体性信念经过特定情境下的实践为群体所接受形成群体性信念的过程，就是群众路线下的先进经验的推广过程。群众路线下的先进经验的推广实际上就是将个人或小群体的地方性经验创新发展为群体性地方性知识实践。群体性知识的形成可以自发形成，也可以以群众路线推动形成。但无论是哪种情况，群众都是地方性知识的主体，是地

---

① 郭苏建. 中国政治学科向何处去——政治学与中国政治研究现状评析[J]. 探索与争鸣, 2018（5）: 48.

② 蒋显荣, 郭霞. 居民经验知识与城市绿色治理——基于迈亚的理论和芬兰的实践[J]. 自然辩证法研究, 2017（2）: 114.

方性知识的生产者和实践者。地方性知识主要来源于群众的直接经验，被群众特定情境下的实践所证实，是群众的集体性信念。党以群众路线为手段并不能替代群众作为知识生产主体和实践主体的地位，而只能加速地方性知识的生产过程或者根据需要调整地方性知识的发展方向。

中国经验与群众地方性知识之间的关系，也可以理解为宏观语境与微观情境的关系。群众地方性知识也可以理解为中国经验的具体化。中国语境所体现的是中国国情、历史文化等具体实际，中国经验可以理解为普遍原理在中国语境中的实践结果。经验不等于地方性知识，地方性知识是经验理性化过程中的一种重要形态。中国经验也可以理解为一种特殊形态的地方性知识。各个地方性实践都是在中国语境之下展开的，因而具有语境意义上的共性。因而过分强调地方性语境容易忽视中国语境这个大的共性环节。地方性实践的差异主要体现在实践情境上的差异，所体现的是所谓的具体条件实际，体现为微观意义上的地方性情境语境。人类学研究中一般将语境区分为文化语境和情境语境。在中国特色生态文明实践过程中，除了特定的民族地区之外，文化语境差别并不大，更多的是实践情境的差异。群众路线中的群众地方性知识作为实践的历史性和社会性的具体统一，具体的情境语境更能够体现这种统一的内涵。因为宏观意义上的文化语境是通过中国语境体现出来的。地方性知识所体现的是特定情境下的实践经验。群众地方性知识与专业科学知识不是对立的，抽象理论知识（专业知识）在特定情境中的实践是地方性知识的重要来源。中国经验是中国宏观语境下的实践，地方性经验是具体情境下的实践。群众路线所应对的是地方性经验，地方性经验经过群众路线上升为经验原则和理论总结才是中国经验。中国经验在指导具体工作的过程中，与具体实际相结合形成不同具体情境下的实践，则会形成新的地方性知识。

群众地方性知识概念的提出，其目的在于生态民主理论实践中以群众路线对地方性知识进行赋权。群众路线是党进行社会改造和社会建设的重要工作方法。群众路线从阶级性向社会性的转化，其赋权增能是从阶级性赋权增能向社会性赋权增能的转化。赋权体现为对群众地方性知识参与生态民主实践的合理性认定，增能则体现为推动群众实践形成地方性知识的跃升。群众地方性知识的合法性参与有助于从机制层面解决生态民主中专家和群众的知识分歧。

三、后常规科学背景下公众知识的生成机制

近年来，公众如何成为风险吹哨人一度成为热议的话题。中国语境下的吹哨人有法律意义和一般意义两种不同的内涵。法律意义上的吹哨人一般指内部举报人，例如《国务院关于加强和规范事中事后监管的指导意见》（图发[2019]18号）中明确提出建立"吹哨人"、内部举报人等制度。而各类新闻报道之中一般意义上的吹哨人则普遍具有灾害预警的含义。就此意义而言，如何成为合格风险吹哨人问题的本质是公众如何参与科学事务进行有效的风险预警。因此，如何更好地发挥公众的风险预警功能，将公众更好地纳入风险预警机制，继而从源头加强对于类似风险的防范已经成为亟待解决的问题。实践证明，公众具备一般性社会风险或常见自然风险的预警能力。而与高科技相关的技术性风险知识在一定程度上已经脱离了公众的生产生活常识，普通公众参与相关科学事务的知识能力的问题也就成为公众进行有效风险预警的关键因素。后常规科学理论中科学的不确定性特征为公众以经验知识参与科学事务创造了理论上的可能性。实践场域概念拓展了马克思主义实践观的理论视野，为实现后常规科学知识的相对确定性提供了理论依据，继而为公众以地方性知识参与科学事务提供了合理性依据。科学技术知识试点是实现特定实践场域下知识相对确定性的基本方法，公众在试点实践场域中所生成的地方性知识是其参与该场域下风险预警的知识依据。

（一）后常规科学背景下公众的知识困境

20世纪中叶以来，科学发展的新趋势很难用常规科学框架做出解释。西方学术界提出了后常规科学理论。一般认为，后常规科学的不确性的产生一方面是因为科技应用于社会过程中的价值冲突所造成相关决策的不确定性风险；另一方面是因为国家间社会主体之间的激烈竞争推进了高新科技应用于社会的速度，而该过程时间的紧迫性造成了潜在的不确定性风险。后常规科学的交叉研究为打破原有科学共同体，为推动科学的更广泛交流创造了条件。后常规科学改变了传统的科学观：知识的有效性不仅是科学共同体的认可，需要知识的使用者也就是公众的认可。后常规科学概

念的提出者英国科学与社会联合会主席拉维兹博士认为，我们的方向是将知识带出教室和实验室，进入处于自然和人工环境中的人类共同体。后常规科学不确定性造成的风险一般被称为科林格里奇困境。英国学者科林格里奇提出："一项技术的社会后果不能在技术生命的早期充分预料。然而，当不希望的后果被发现时，技术却往往已经成为整个经济和社会结构的一部分，以至于对它的控制十分困难。这就是控制的困境。"①这实际上提出了将公众参与科学技术的评估贯穿于科学技术建构的全过程，以公众参与科学事务应对知识不确定困境的问题。

我国现有政策法规明确公众有参与科学技术相关决策的权利。例如，国务院2004年印发的《全面推进依法行政实施纲要》第11条中明确提出健全公众参与、专家论证和政府决定相结合的行政决策机制。后常规科学话语为公众参与技术风险决策提供民众对话空间。"科学在传统学科框架内以专家群体为主体的认识活动已经转变为一种开放性的社会应用的情境活动。科学的民主化意味着改变知识生成的政治——社会运行方式，公众成为知识合作生成的重要动力。"②后常规科学背景下公众参与技术风险治理的主要模式可以概括为地方性知识参与论和公众价值选择论。有学者提出将公众知识应用于价值目标的确定，将专家的专业性知识应用于对风险的规制手段。这种将技术和价值两分的观点，实际上认为公众知识在参与风险治理方面合理性不足，公众知识应该局限于价值性目标的选定。虽然学术界一般认为协商民主是公众参与科学技术类决策的适合形式。但在协商过程中，专家与公众地位实际上不平等，难以形成平等协商并达成共识。"而通过知识的劳动分工，公众负责决定目标，科学家负责实现目标，并不能使公众真正地参与科学决策，而仅仅停留在公众理解科学的层面上。"③总体而言，公众知识参与论获得了更多学者的支持。

①顾益, 陶迎春. 扩展的行动者网络——解决科林格里奇困境的新路径[J]. 科学学研究, 2014（7）: 982.
②胡娟. 从政治介入到公众参与——知识生产动力学的进路考察[J]. 江西社会科学, 2014（10）. 205.
③孙秋芬, 周理乾. 走向有效的公众参与科学——论科学传播"民主模型"的困境与知识分工的解决方案[J]. 科学学研究, 2018（11）: 1927.

公众成为合格风险预警人的问题，其本质是公众知识的合理性及其效用的问题。有研究者将公众基于生产生活的知识定性为地方性知识，提出："因为后常规科学知识具有内在的不确定性，因而公众的地方性知识是应对风险治理复杂问题的重要手段，继而提出在多元开放的情境中通过地方性知识与专家知识的协商实现知识民主。"①地方性知识是学术界讨论公众知识参与科学事务的基本概念。一般认为，有美国人类学家吉尔兹文化人类学意义上的地方性知识概念，以及美国哲学家劳斯科技哲学意义上的地方性知识概念。二者的共性在于强调知识的"地方性"是与"普遍性"相对的，地方性知识强调了对其产生环境的依赖性及产生的地方性特征。吉尔兹从文化人类学角度更多强调原生性的地方性文化知识，就其性质而言是一种作为经验的感性认识；而劳斯从科技哲学角度所强调的是科技知识对其所产生的实验环境诸多因素的依赖性，因而提出科技知识的情境性特征，科技知识很显然是一种理性认识。现实社会中公众参与科学事务的知识，是特定公众群体在特定的生产生活实践环境中生成的，因而具有在地性和环境依赖性，因而可以将公众知识视为地方性知识的一种。公众的地方性知识参与是应对不确定性的可能性路径。公众不仅能以自身利益参与治理，而且能够以其所掌握的知识参与治理。坎布里亚羊事件是公众以基于经验的地方性知识进行技术风险预警的经典案例。切尔诺贝利核泄漏之后，英国坎布里亚地区为了防止核污染由核专家对该地进行了取样分析，专家认为该地土壤是碱性黏土，沉淀物无法渗入其中，三周后可以正常放牧。而一个叫穆雷克的牧羊人却认为该地高处的土壤大都是泥炭，辐射沉淀物会渗入土壤里继而对羊群造成影响。经过多次反复投诉，他的意见得到英国政府的重视。经过专家组重新多点重新取样分析，证实了牧羊人的判断，英国政府做出了该地禁牧的决定。坎布里亚羊事件已经成为地方性知识预警功能的经典案例。后常规科学背景下公众以地方性知识参与科学事务是必要的，但是主张公众地方性知识参与的论据没有从根本上解决地方性知识合理性的问题。如果基于实验室数据的知识体系具有局限

①陆群峰，肖显静. 公众参与转基因技术评价的必要性研究[J]. 科学技术哲学研究，2016（2）：104.

性，因而导致了科学不确定性；那么公众源于生产生活的地方性知识不具有局限性吗？如果公众的地方性知识同样具有局限性，两种具有局限性知识的协商互补就一定会得出确定性的结论吗？这是以科学不确定性为前提论证公众以地方性知识参与科学事务时必须回答的问题。

（二）实践场域：地方性知识与后常规科学相对确定性的实现

后常规科学视域下专家和公众的知识协商有可能会达成某些共识，但是共识并不等于实现知识的确定性。以马克思主义实践观解释后常规科学不确定性的原因，继而指出在所谓后常规科学背景下实现知识的确定性的路径，这是以马克思主义理论阐释公众参与科学事务问题的基本逻辑。因而首先需要分析知识不确定与科学实践的关系。美国学者约瑟夫·劳斯提出了理解科学的实践原则，将对地方性知识的理解构建在实践的基础之上。"劳斯在《知识与权力》中，以科学实践的观点重新认识实验重在科学研究中的地位，指出实验室在整个科学研究中是最为关键的地方性情境场所"。①国内研究者基于劳斯地方性知识理论提出了实验实践的概念："科学实践中具有突出意义的、并且真正体现科学知识的地方性、情境性和反现代性的活动，则是特定科学实验室的科学实践。我们把它称之为'实验实践'。"②实验室知识地方性特征的提出从科学实践角度初步回答了后常规科学背景下知识不确定的原因。

国内学者所提出的实验实践的概念有助于进一步理解后常规科学知识不确定性问题，并为实现知识的相对确定性指明了路径。布尔迪厄场域理论是由法国社会哲学家布尔迪厄提出的一种社会理论，布尔迪厄的场域概念指体现一定价值观及调控原则的社会建构的空间。实践场域概念拓展了场域概念的内涵。实践场域的概念以马克思主义认识论拓展了场域概念内涵。"实践场域特指由与某种实践活动相关的各方面因素所构成的一个实践活动空间，其中工具行为是主要的，但也包括来自社会不同部分的种种因素，因此它也不是通常意义上的实践场域，而是支配和影响实践活动

①吴彤. 科学实践哲学视野中的科学实践——兼评劳斯等人的科学实践观[J]. 哲学研究, 2006（6）：90.

②吴彤. 科学实践哲学视野中的科学实践——兼评劳斯等人的科学实践观[J]. 哲学研究, 2006（6）：88.

的各种因素的总和。"①实践场域的概念拓展了马克思主义实践观的理论视野，有利于以马克思主义实践观对后常规科学不确定性的原因进行解释。马克思主义认为，人类实践活动是实践主体使用工具与客观对象发生相互作用的过程。工具是人的创造物，因而工具和客观对象之间的关系改变了客体的自在状态，工具行为是主体对于客体实践活动的中介。工具行为使客体按照主体能够理解测量和描述的方式发生相互作用。实践场域的概念的提出对于理解所谓后常规科学的不确定性具有重要意义。工具行为规定了特定实践场域内主客体之间的实践方式与规则，其所呈现出来的现象以特定的概念和解释系统体现为特定的认识。特定实践场域内的各种要素在特定条件下的相互作用必然会导致特定现象。客观事物在实践场域内才成为人们的认识客体，而对于该客体规律的认识一方面取决于实践场域内客体间相互作用过程中被感知的现象，另一面也取决于实践场域内所规定的实践方式以及与之相关的概念和理论体系。这体现了认识对于工具行为所形成的实践场域的依赖性。专业人员的实验空间是人工建构的实践场域，而公众的实践场域是真实存在的自然与社会场域。后常规科学不确定性是由于基于科学实践场域的知识应用于社会性实践场域的场域转换所造成的。以实践场域概念审视，后常规科学在其科学实验的实践场域之中更加依赖特定的标准化试验设备体系，并通过特定的术语和理论体系进行表述。基于特定科学实验实践场域所形成的知识体系只有在同样的特定实践场域中才能够得到重复性的确切的结论。因而后常规科学的不确定性不是体现在其特定的实践场域中，否则其就不能称之为科学。其不确定性是指将科学实验实践场域中所形成的知识应用于公众的实践场域中所造成的知识不确定性现象。其根源在于知识脱离了其所产生的实践场域。

实践场域的概念有助于阐明特定实践场域中知识生成的基本规律。实践产生认识总是在一定的实践场域中。认识所体现的是实践场域内各个客体之间相互作用现象的规律性总结。在相同的实践场域中，相同客体间同样方式的相互作用就必然会呈现出相同现象或特征。实践场域内具有确定性的现象及其规律需要发生在特定的实践场域之中。或者说，认识的确

---

① 阎孟伟."感性世界"实践论诠释的认识论意义[J]. 哲学研究，2005（4）：17.

定性体现为规律的可重复性，而重复设置同样的实践场域才能体现这种认识的确定性。因而产生于实验室的实践场域规律需要经过生产实践场域中的检验完善，其所形成的新的规律性认识才是在生产实践场域中可重复的规律性认识。所谓后常规科学的不确定性的观点本质上是一种不可知论，其本质是将产生于特定实验室实践场域中的规律性认识应用于生产实践场域所造成的知识的不确定。脱离其所产生的实践场域的认识再应用于异质性实践场域的知识只能作为一种可能性的假说，只有经过其所应用的实践场域的检验才能成为一种规律性的认识，继而实现其确定性。以实践场域概念基于马克思主义方法能够对劳斯的地方性知识理论做出更加清晰明确的解释。美国学者劳斯将科学研究及其实验定性为一种实践，继而分析了科学实验室研究的情境性和在地性特征。基于以上特征，劳斯将实验室科学也理解为一种地方性知识。指出了实验室科学的情境性、在地性，也意味着基于实验室科学实践的知识具有局限性，脱离其特定的场域就会在一定程度上造成所谓的知识不确定性。科学实验和生产生活都是实践，科学知识和公众地方性知识都是实践场域中所形成的认识。不同地方性知识差异形成的原因在于：实践场域内客体不同、所应用工具不同、实践方式不同，因文化差异所体现的逻辑思维、语言体系也不相同。因为地方性知识是特定实践场域内实践的产物，因而其知识只能在其所产生的实践场域内得到重复验证。其地方性主要体现为实践场域的特征。实践场域概念为地方性知识的合理性提供理论支撑的同时，也规定了其局限性。地方性知识在其特定实践场域内是确定的。不确定性是知识超出其产生的实践场域而造成的。通过对于马克思主义实践理论的拓展，提出实践场域的概念，为实现知识在特定实践场域内的确定性指明了路径。公众在特定场域下基于实践而生成的知识本质上也是一种地方性知识，其地方性指的是特定的实践场域。所谓后常规科学不确定性，从本质上说，是知识的跨实践场域运用造成的，因而也只能通过跨实践场域的实践来实现其相对确定性。马克思主义视域下的实践场域概念为破解知识不确定性的困境提供了理论依据，实践场域概念的提出为公众以地方性知识参与科学事务提供了坚实的理论依据。

（三）公众地方性知识参与科学事务的机制与路径

公众如何成为风险吹哨人问题的核心是公众如何参与科学事务决策。学术界一般认为协商是公众参与科学事务的适合途径。"但简单让科学家或相关专家与公众对话，并不等同于成功开展了公众参与。"[①]公众参与科学事务的困难主要在于科学原则与民主原则在技术风险决策中的潜在冲突，反映于公共决策中的核心冲突是科学知识与公众常识在提供信息上的地位不对等。"[②]实践场域概念为后常规科学背景下的公众参与科学事务拓展了视野，提供了新的方案。政府需要认识到公众知识在技术风险决策科学化中的合理性，创造实践场域转换的条件，为社会生产生活的场域实践创造条件，创新实践场域知识交流沟通的条件。专家、公众基于不同实践场域进行知识沟通协商形成共识，确认公众基于实践场域知识的效用范围。

1. 试点：知识相对确定性的实现路径

公众参与后常规科学事务的前提是公众地方知识的相对确定性。高度复杂与高度不确定性的社会治理中，以局部的政策试点实验的方式实现相对确定性，是中国政策实践的宝贵经验。试点方法在科学事务中的应用有助于以公众地方性知识的创新实现知识的相对确定性。后常规科学背景下实验室实践场域的工具行为是在经过选择的单纯条件下的环境中发生的，而社会实践场域中除了实验室环境中的原有因素外，还包括诸多社会性因素。也就是说，在社会实践场域中客体之间的相互关系更加复杂。不同实践场域的转换造成其所形成的地方性知识的差异，继而造成了后常规科学事务中的不确定性。西方学者也关注到类似问题，提出了与试点方法类似的社会试验技术方法，希望通过社会试验技术方法实现知识的相对确定性。试点所实现的是特定实践场域内知识的确定性。

后常规科学背景下的试点方法一般有两种情况：一种是普遍性理论方法在特定实践场域下的应用。所谓普遍性理论方法所体现的是各个特定

① 贾鹤鹏，苗伟山. 公众参与科学模型与解决科技争议的原则[J]. 中国软科学，2015（5）：63.

② 王庆华，张海柱. 决策科学化与公众参与：冲突与调和——知识视角的公共决策观念反思与重构[J]. 吉林大学社会科学学报，2013（3）：91.

实践场域的共性特征，其在特定实践场域内的试点所要得到的是该实践场域中特殊的经验性规律，其特殊经验性规律也可以理解为是一种地方性知识。如果不经过试点形成特定目标性实践场域的地方性知识，照搬一般性规律就会犯教条主义错误。从一般到特殊的过程，也就是普遍性知识在特定实践场域内形成新的规律性认识的过程。另一种情况，是特定实践场域下的地方性知识的推广应用，实验室知识应用于社会就属于这种类型。这种情况下试点是为了形成一般性规律性认识，再通过试点指导特定场域下的实践。两种情况中的试点的本质是通过试点发现特定实践场域中特定客体的确定性规律，试点的作用是实现特定实践场域下规律的相对确定性。而教条主义和经验主义错误也可以理解为没有基于特定实践场域中的实践检验而造成的原有规律部分失效，也就是脱离特定实践场域所造成的不确定性。试点所实现的知识确定性是特定实践场域下的知识相对确定性，试点的本质是通过实践场域的转换形成新的地方性知识以实现后常规科学知识的相对确定性。国外学术界提出运用社会试验技术方法以应对风险治理过程中的不确定性。在后常规科学知识社会性过程中有必要借鉴西方学术界社会试验技术的某些机制，进一步完善试点方法，有助于将试点方法建构在更加科学的方法之上。

2. 公众地方性知识：社会实践场域下公众的知识生成

专家和公众知识分歧的本质在于二者知识生成的实践场域不同。基于实践场域的理论方法，专家在科学实践场域中形成的以特定的学科范式和语言所表达的专业知识在应用于社会性实践场域过程中，由于实践场域转换过程中诸多因素条件的变化有可能会造成其知识在一定程度上失效，也就造成了所谓的科学不确定性。产生于科学实践场域的专业知识最终需要应用于社会才能够指导具体的社会性实践。在试点过程中，实践的主体由专家转换为公众；而具体的实践场域则由实验室实践场域转换为特定的社会性生产生活场域。将产生于科学实践场域的专业知识在特定社会性场域中进行实践的过程就是试点的过程，在此过程中所形成的规律性认识就是试点经验。该试点经验是科学实践场域下所产生的专业知识在社会性实践场域中应用所形成的认识，其本质是公众地方性知识。此类公众地方性知识对其所生成的实践场域环境具有依赖性和情境性特征。公众地方性知识中"地方性"的内涵所体现的是生产生活实践场域的情境性，该情境性与专家专业知识的生成场域有着显著区别。公众的地方性知识固然具有感性经验的成分。但就现代社会中的公众而言，其地方性知识的主体是科技知识在其实践环境中所生成的知识形态，因而其主体是理性的科学认识。以公众为实践主体在特定社会性实践场域中生成的地方性知识是公众参与后常规科学事务的知识依据。实践场域不同是不同类型的知识产生的原因。而知识最终要应用到生产生活实践中，任何知识都要经过公众生产生活实践的检验。科学实践产生的知识经过公众在地方性实践场域中的实践也推动了公众原有地方性知识的更新，形成了以科学实践场域知识为依据的新的公众地方性知识。

3. 公众地方性知识的标准化：跨实践场域的协商共识

对于公众和专家知识体系的冲突，学术界提出了知识协商的设想。但仅仅是公众与专家的知识协商并不能从根本上解决问题，只有跨实践场域的知识协商才能够化解二者之间的内在矛盾。专家与公众跨实践场域的知识协商需要解决下列几个问题，才能达成基本的共识。首先，协商什么；其次，谁来协商；再次，何为共识。知识协商协商什么？知识协商虽然最终与不同参与主体的利益相关，但是其协商主题并不是利益。知识协商的目的是形成特定实践场域中知识相对确定性的共识。专家和公众间所协商的主题是不同实践场域同一客体的规律认识。谁来参与知识协商？特定目标实践场域中的公众代表作为实践主体参与协商。特定实践场域是公众地方性知识合理性的来源，因而公众作为特定实践场域下地方性知识的生成主体具有参与协商的资格。何为协商共识？后常规科学试点的目的是实现特定实践场域下知识的相对确定性。确定性的核心标准是知识确定规律的可重复性，通过协商就公众地方性知识在特定实践场域内的可重复性标准形成共识是协商的目标。确定性是专家与公众知识协商的核心内容，主要体现在特定实践场域中规律性认识的可重复性以及特定客体现象之间的因果关系。实践场域理论以实践为依据化解了专家和公众的知识冲突，公众的地方性知识是该场域下公众参与的知识工具。但是公众在特定实践场域下所形成认识的原初形态是公众地方性经验，并以其生产生活的语言体系进行表达，只有将其系统化，并形成具体的知识标准才能够成为公众参与的合理性依据。实践场域理论以实践实现了知识的相对确定性，因而吸纳目标实践场域的公众参与，更好地利用其地方性知识是应对后常规科学风险的需要。这个目的的实现，一方面需要充分发挥公众地方性知识的作用；另一方面需要将该实践场域内地方性知识系统化以专业知识语言进行表达。

总之，实践场域概念有助于以马克思主义实践观对后常规科学的不确定性现象做出解释，并指出实现其相对确定性的科学路径。实践场域理论化解了专家和公众之间的知识体系的紧张，在实践的基础上实现了二者的统一。科学实验场域下的知识经过公众在生产生活实践场域中的实践所形成的地方性经验知识是科学技术知识的具体化形式，具有参与相关决策的合理性，能够成为公众参与风险预警的知识工具。公众能够成为特定实践场域内合格的风险预警吹哨人，前提是获得该场域内被实践证明是具有相对确定性的地方性知识。

四、生态文明保障体系中的知识协商

（一）生态协商机制中的公众知识参与

生态协商有别于其他协商类型的特征在于协商过程中生态科学知识应用的分歧。学术界普遍认同风险民主决策中科学与民主的内在紧张，认同公众以其自身知识参与风险决策的合理性。学术界的分歧主要体现在公众的非专业知识应该以何种方式，在何种程度上进行参与风险治理。公众基于自身生产生活经验的感性知识与专业知识的差异是造成公众参与生态民主的障碍之一。"公众不同于科学家的思维与认知方式，以及科学研究对象的复杂性、不确定性及其风险，是影响社会争论解决的原因。"[1]生态风险治理领域的专业知识和公众知识体系的内在紧张关系是生态民主亟待解决的问题。有研究者提出个人知识对于治理的重要价值："个人知识是基于个体需求、经验和实践而形成的知识，具有个体性、分散性、情境性和隐含性等特点。……个人知识具有修正官僚知识弊病的作用，能够提高国

---

[1]朱晶，叶青.科学划界还是理解科学——风险社会中的科学与公众[J].江海学刊，2020（5）：73.

家治理的适应性和回应性。"[①]在传统社会治理中，因为科学技术应用结果的确定性，专家—公众二分法的知识模式在治理过程中居于主体地位。专家知识所主导的治理一般被称为技治主义，其治理模式的基本特点是专家运用专业知识制定方案，公众参与体现为对于方案的选择。风险社会治理中，科学技术应用及其后果受到普遍质疑，因而公众的非专业知识参与问题开始引起关注。"现代科学革命引发了科学认识论对科学绝对客观性的质疑。……最终只能诉诸科学共同体的集体意志做出民主抉择。科学知识社会学研究对科学的实践过程再现表明，科学知识的建构过程实际上也是科学实践主体与其他相关主体之间磋商求同的民主过程。"[②]在传统民主机制中，公众参与体现为技术性方案的价值选择，公众虽然也拥有基于个人经验的知识体系，但是认可专家的专业知识体系。而在风险治理过程中，公众的基于经验的个人知识与专业知识不仅使公众在风险感知方面存在差异，而且基于不同知识体系的治理方案直接影响到公众的相关利益。因而公众的参与不仅体现为方案的选择，而且涉及公众个人知识参与治理方案的制定。"在风险社会，……社会管理必须具有更强的风险意识。行政决策既要具备科学根据，也要体现民主价值。以风险评估为代表的专家理性模式，是充实行政决策科学根据的主要渠道；以民主参与为代表的公众参与模式，是体现决策民主的主要渠道。"[③]在论证公众以非专业知识参与风险决策合理性的前提下，学术界提出了公众以基于经验的非专业知识参与风险决策的方案。"科学主导型公共政策制定中，政府官员和官方智库专家构成决策主体，……对于科学主导型公共政策，公众参与以公共利益为内在动力，以知识赋权为实践逻辑，以网络民意为表征形式，以辅助参与

①韩志明.寻找个人知识：现代国家治理的知识逻辑[J].南京社会科学，2019（3）：47.

②尚智丛，章雁超.科学民主化问题的哲学基础[J].科学技术哲学研究，2020（3）：104.

③成协中.风险社会中的决策科学与民主——以重大决策社会稳定风险评估为例的分析[J].法学论坛，2013（1）：46.

为行动机制，从而保障决策的科学性。"①

（二）生态协商机制中专业知识体系的局限性

生态民主中科学技术的局限性，一方面体现现代科技发展不完善所造成的应用后果的不确定性，另一方面体现在科学技术的应用受到价值观、社会文化等多种因素的制约，尤其是受到资本要素的制约。西方生态资本主义所主张的以科学技术进步化解生态危机的论断理由并不充分。例如，在科研实践中反生态性特征往往内嵌于研究目标之中。以塑料的研究为例，塑料研究的目的在于确保其可塑性的同时实现其化学性质的稳定性。随着生态环保意识的提高，塑料难以降解的特征最终成为其反生态的特性。虽然可以通过研究降解塑料解决这一难题，但是正在研究过程中的新材料仍然可能存在着类似的未知风险。已知的问题解决了，新的潜在风险可能正在实验室中被制造出来。这当中所体现的正是当代科学技术本身发展所带来的不确定性。当代科学研究方法中，复杂的系统往往通过分解成若干子系统分别展开研究以揭示其本质特征，这种实验室研究方法具有内在的生态局限性。现代实验科学在人工设定的试验条件下建构了条件单一规范的试验空间，以便重复特定条件下的试验结果。因而在实验室科学技术成果推广的过程中，潜在性的生态风险在不同的应用环境中以不同的形态表现出来，也就形成了生态民主应对的不确定性风险问题。再例如，新作物品种从实验室向大田作物的大面积推广过程中，即使是采用生态环保绿色农业模式，具有诸多比较优势的新作物相对于传统作物而言可能需要更多的水、肥料等资源。一旦应用于大田作物，上述因素可能影响到特定地区原有的生态平衡，而试验阶段的作物培育往往并没有将推广地区特定的生态环境问题考虑其中。现代实验科学的生态性局限意味着，为了试验结果的可重复性，试验条件往往标准规范，而一旦将试验成果应用于复杂的生态环境之中，可能会产生与实验室结果不一样的后果。在现实的生产生活实践中，试验成果应用的外部环境往往千差万别，因而基于公众使用该试验成果所形成的经验知识也就成为重要的参照因素。

---

①何志武，吕永峰. 科学主导型公共政策的公众参与：逻辑、表征与机制[J]. 华中师范大学学报（人文社会科学版），2020（4）：53.

中国特色生态协商机制作为中国特色社会主义民主的有机组成部分，需要保障公民在生态问题上的知情权和决策参与权。生态危机治理中的风险和利益的不公正分配可能会带来更加严重的社会问题。在中国特色生态民主实践中，民主与科学内在紧张的表现形式往往体现为公众地方性知识与专家专业知识的冲突。公众地方性知识的参与是否会影响到决策的科学性？回答这个问题首先需要明确科学家以及科学家组成的科学共同体能否确保价值的中立性，确保基于专业知识方案的客观性。有研究者探讨了专家参与公共治理的行为模式："专家学者参与公共治理的主要行为模式可分为七种，不同行为模式的效果存在较大差异：组织领导、社会运动与公共表达三种模式作用效果最好，决策咨询与代理介入模式作用效果一般，学术研究模式难以对公共事务产生直接影响，冷漠旁观模式则不能发挥作用。"[①]学术界以"诚实的代理人"定位科学家在决策中的中立地位。"'诚实代理人'的角色实现至少需要具备以下条件：科学家体制性依附状态的打破，伦理规范约束下科学家自律的提升，科学家环境伦理责任的强化，公众参与来平衡和监督学术权威。"[②]

但科学家乃至科学共同体也有自身利益，这也决定了"诚实代理人"的理论困境。就此而论，公众与专家的知识体系分歧也体现为不同主体以知识作为合理性依据的利益冲突。因而在生态民主中就有必要对科学家和科学共同体进行监督和纠错。生态民主实践中知识体系分歧的复杂性远远超出了科学技术认知的范围，涉及生态风险和利益分配。知识民主内蕴于生态民主之中。生态民主中的知识民主既有对参与的专家及科学共同体在价值目标选择方面的矫正纠错，更有对相关科学技术不同方案的选择与修正。现代实验科学的成果在实验室条件下是确定的、可重复的，而在复杂的生态环境下应用可能会产生不确定性后果。这就决定了生态环境相关决策路径的多样性，以及多类型知识体系参与生态民主的合理性。不同的知识体系选择往往体现了不同主体的价值选择，这一方面体现为民主和科学

---

①杨立华，何元增.专家学者参与公共治理的行为模式分析：一个环境领域的多案例比较[J].江苏行政学院学报，2014（3）：105.

②薛桂波."诚实的代理人"：科学家在环境决策中的角色定位[J].宁夏社会科学，2013（2）：118.

的紧张，另一方面也体现为民主和科学的内在一致。在生态民主实践中不需要复杂知识背景的生态问题，受其影响的公众直观感觉往往可以作为决策的依据。在对专业知识存在重大分歧的情况下，相关法律规定听证会是公众参与的途径，专家有必要用基于公众日常经验的知识语言体系向公众解释科学原理，阐明各种方案的利弊得失以及风险程度。在对相关科学技术知识形成基本共识后，再把决定权交给公众。在生态民主实践中公众以地方性知识与专家的沟通是形成共识的关键。有研究者提出："通过新型知识生产模式和综合性合法性来建构两个维度间的沟通、协调关系，辨识科学和民主发挥积极作用的具体情境，并创造有利的对话环境，以实现知识的有效利用及环境治理综合效果和合法性的提升。"①

在生态民主中，生态性通过知识体系得以表达，而民主性强调多元主体的平等参与。科学和民主的内在矛盾和张力影响着生态民主模式变迁。就知识论维度而言，包括生态环境专业科学知识和基于公众经验的地方性知识。生态环境专业科学知识不仅包括了生态环境科学技术性知识，而且包括与生态环境治理相关的管理学、政策学等知识体系。专业知识的阐释者是相关领域的技术专家。生态民主中，公众知识主要体现为基于经验的地方性知识。相对于专业科学知识，公众知识一方面未经严谨的实验室验证缺乏量化标准，另一方面其表述中往往掺杂了不同程度的主观情感因素。专业科学知识因其确定性、客观性在生态环境治理和决策中成为决策的基本依据。现代生态环境治理中风险与治理效果的判定需要通过科学测量和实验监测来完成，以相关数据作为依据，其结果与公众的直观经验感觉可能会存在较大分歧。在传统治理中，专业科学知识以其确定性成就决策的权威性，其权威性使科学具有了说服公众服从的社会功能，因而成为一种社会治理工具。而现代实验科学应用中的不确定性动摇了专业科学知识话语的权威地位，与此同时，社会进步也催生了新的知识生产模式，继而在一定程度上影响了基于专业知识体系的决策模式。在此过程中，非专业公众以地方性知识为代表的各类知识逐步参与到生态环境治理决策中。

①刘桂英. 环境治理中的科学与民主: 争论与关系建构[J]. 自然辩证法研究, 2019（2）: 48.

（三）生态协商机制中科学与民主的功能定位

生态民主生成于风险治理，既有别于传统环境民主中少数服从多数的票决民主，也在一定程度上有别于协商民主参与。生态民主治理与传统环境治理也存在着一定区别，后者基于科学技术知识确定性原则，知识话语权为专家所主导。风险治理背景下生态科学技术的相对不确定性重塑了生态民主中科学知识与民主的关系。"它们正视科学不确定性与价值争议性，要求开放科学的认知，承诺，强调非职业化、情境性的知识价值，在赋予公民与专家以认知能力平等基础上谋求多元主体的协商对话，通过'扩大的同行共同体'达成对科学、知识生产与决策等问题的基本共识。"①"二十世纪末兴起的知识生产民主化，赋予自然以代理人，使自然的利益输入到知识生产决策中，并使之占据重要地位，完成了自然观变革。……通过对公共政策知识生产和实施的影响，使公共政策目标和行为聚焦于自然利益和环境保护"。②

1. 科学在生态环境标准制定中的功能定位

与生态民主密切相关的生态环境标准主要包括生态环境质量标准和污染物排放标准。生态环境标准往往是生态民主争议的核心问题之一，生态民主各主体诉求的满足也需要以环境标准的形式得以体现，同时环境标准也是各参与主体行为合法性的衡量标准。生态民主实践中，生态环境标准是相关主体诉求合法性的基本依据。"科学虽对环境标准的制定起到一定的指导作用，但无法决定环境标准的确定和选择。环境标准的确定和选择是一个价值判断问题，民主在其中起决定性作用。环境标准制定的公共决策性决定了民主在其中的功能和作用，……科学因素与民主因素相互配合，共同作用，促成环境标准的科学性与合理性。"③科学和民主在环境标准制定中的功能定位，体现了生态民主中知识民主的基本生成机制。就理想模式而言，生态环境标准的制定应该是在充分听取相关领域专家和公众意见基础上，由行政主管部门制定。而在实践中，专家、公众乃至行政

---

① 杨建国. 从知识遮蔽到认知民主：环境风险治理的知识生产[J]. 科学学研究，2020（10）：1736.

② 田甲乐. 论知识生产民主化对生态文明建设的影响[J]. 自然辩证法通讯，2020（2）：10.

③ 刘卫先. 科学与民主在环境标准制定中的功能定位[J]. 中州学刊，2019（1）：87.

主管部门的意见受到政治制度、社会发展程度、经济发展水平、科技发展水平尤其是经济发展战略等多种因素的综合影响。即使同一地区在不同时代，乃至同时代的社会群体之间，其环境标准的诉求也是不同的。因而生态环境标准的确定就不仅仅是科学性的问题，也是与相关主体的价值诉求有着密切关系的民主问题。公众的非专业知识往往一方面体现了对生态环境的直观感性认识，另一方面也具有相当程度的地域性文化内涵。作为传统文化的地方性知识体现了该地区生产生活方式的历史传承，对地方性知识的尊重体现了社会历史文化发展的连续性。科学因素在生态环境标准制定中的功能定位主要体现为确定环境标准之中的生态环境基准。所谓生态环境基准是指某种物质保持生态环境安全的最大值。在科学实践中，生态环境基准是一种实验室标准。但是以实验科学所制定的生态环境基准在具体应用过程中，因为外部生态环境的差异，也会出现不确定性的后果。例如，不同地区的地理环境以及生产生活方式有可能会造成实验室标准的生态环境保护不足或保护过度。而特定地区独特的地理环境和人文环境形成的地方性知识，是保持该地区特定发展方式的知识依据，因而应该成为制定环境基准的重要参照。

生态环境基准的制定过程比较典型地体现了民主和科学在生态民主中的功能。在选择生态环境基准的基本参照物过程中，科学和民主具有不同的功能。以专业科学知识确定基本参照物，这是生态环境基准的最核心依据。但是对于特殊生态环境空间基准参照物的选择，则应该保证公众地方性知识的充分参与，这个过程不仅体现了科学性（生态性）原则，而且体现了民主性原则。在生态环境决策过程中，不能直接以科学实验室结论作为生态环境标准。实验室结论所体现的是所选取特定污染物的性质、对人体的影响及与生态环境的关系等因素的实验室数据。因为实验室研究的内在局限性，有学者将实验室知识泛化为一种地方性知识，即具有实验条件局限的知识。实验科学的标准化与可重复性需要将实验条件标准化，只有如此才能在同样的实验条件下得出同样的结论。而在现实的社会中，完全符合实验室条件的生态环境空间几乎是不存在的，特定的社会性因素会增加实验科学成果运用的不确定性。生态环境基准的制定与执行是一种社会公共决策，其所涉及的相关因素远多于实验室条件。作为公共决策的生态环境基准在具有科学性的同时还具有价值判断的性质，体现了公众对于污染基本参照物的选择以及应对方案的价值判断。因而实验室结论只是应对环境风险众多备选方案之一，而公众有权力从多种方案之中作出选择，而其方案的最终效果也需要以公众的实践标准作为判断并不断加以修正。

2. 民主在生态环境标准制定中的功能定位

民主在生态环境标准制定中的功能，一方面体现为公众通过参与进行价值性选择，另一方面体现为公众以地方性知识参与所体现出的知识民主。在生态环境标准制定中的民主，其核心功能在于协调政府、企业、社会组织、公众以及科学共同体之间的关系，协调不同社会群体的生态环境利益诉求，以实现生态环境利益与风险的公平分配。而在上述诸多关系之中，不同主体均需要以生态环境相关知识作为其主张的合法性依据，专家与公众之间的关系贯穿其中。上述关系中的民主的内涵体现为不同利益主体的价值选择。

政府、企业、社会组织等主体的主张一般由相关领域专家以专业科学知识为依据。而公众群体往往相对松散，其主张也缺乏系统的专业科学知识作为依据，公众所依据的往往是基于经验的直观感性认识（地方性知识）。现代专业科学知识的合理性以实验科学作为来源，但专业科学知识的确定性和专家的价值中立性已经受到普遍质疑：实验室结论具有特定的局限性，难以做到实验室条件与所应用生态环境条件以及影响因素的一致性，因而其结论只是一种理想模式，这造成了实验科学结论的确定性受到挑战。相对于公众的直观经验感受而言，实验室知识的客观性毋庸置疑，但是运用该知识体系专家的中立性却受到普遍质疑。即使实验数据是客观的，但是专家作为社会人本身具有利益倾向，这就决定了其实验数据或专业知识作为决策依据时的选择性阐释。专家出于自身利益的考虑，可能有选择地强调或公布某些数据，或者有选择地支持某种学术观点而否认另一种学术观点。在上述条件下，公众以其所掌握的地方性知识体系参与决策体现了民主性的原则。公众对生态环境决策以及执行过程的参与一方面有助于体现技术应用于生态空间的地方性特征；另一方面也有助于公众对于相关决策的接受理解，有助于在实践中的贯彻实施。

生态民主实践中知识民主的作用在于化解实验科学在治理中的不确定

性。生态环境科学的不确定性在相当程度上是由实验室数据应用于特定地域生态环境治理中，特定地域生态环境条件与实验室条件差异决定的。特定生态环境空间的差异性与复杂性决定了专业科学实验室数据应用过程中的局限性，继而导致其不确定性的产生。此外，即使是由专业研究者所形成的实验室数据也可能存在差异，导致实验室数据的不确定性。例如在实验室研究中，不同的研究方法、设备仪器、试剂药品甚至实验人员的操作手法不同都会使对同一污染物的研究得出不同的数据。尤其对于无阈值污染物而言，公众的主观感受更为重要。无阈值污染物是指毒物零以上的所有剂量都可能产生危害。对于无阈值污染物的危害，受污染公众的主观感受是评价其污染程度的重要标志。虽然无阈值污染物会造成普遍损害。但是由于生态环境空间条件的差异，以及不同群体与环境接触方式的复杂性和在污染物中暴露程度不同，因而不同群体对于无阈值污染物的风险感知程度是不同的。在上述情况下，公众基于经验知识参与生态环境标准制定体现了知识民主的内涵。实验室研究中标志性污染物的确定也具有一定的局限性，因为生态环境空间的差异以及生产生活实践方式的差异，乃至文化传统的差异会导致造成生态环境风险标志性物质的差异。未列入标志性污染物监管的缺失，可能形成了潜在性生态环境风险，而最早感知风险的是在该生态环境空间生产生活的公众。公众经验和主观感受在风险预警中起着实验室科学难以替代的作用。实验科学产生的知识不仅在应用中具有局限性，而且在风险感知中具有相对于公众的落后性。

基于实验室数据的专业知识体系和公众地方性知识体系的差异决定了专家和公众对于生态环境风险的认知的差异。虽然基于实验室数据的知识体系具有客观性，但是并不能保证运用该知识的专家的价值中立性，加之不同地区自然环境空间以及生产生活方式的差异造成影响环境风险的因素十分复杂。专家与公众地方性知识体系的不同决定了二者对风险的认知不同，因而对于风险监测的核心标志物的选择也会有所不同。专业知识和地方性知识之间的相互转化成为政府、专家与公众协商共识形成的关键。专业知识转化为地方性知识才能使政府和专家意见为公众所理解；地方性知识转化为专业知识表达方式，才能使公众的意见诉求为专家和政府部门所理解。

3. 科学与民主在生态环境标准制定不同阶段的功能定位

科学和民主在生态环境标准制定的不同阶段承担着不同的功能。在生态环境风险因素识别阶段，科学方法是主体，民主手段为补充。之所以科学方法为主体，是因为生态环境风险因素的识别进程取决于政府的资源投入。生态环境治理的主体是政府，而政府有限的社会资源中投入生态环境领域的资源相对有限，因而有关部门不可能将所有潜在风险物质都确定为风险标志物加以监测。在此过程中政府所指定的专家以及专业研究机构会发挥重要作用。专业技术人员会依据实验室数据确定风险标志物的环境基准，为相关决策提供实验室数据作为参考。但是特殊生态环境空间与人文环境决定了生态环境风险的核心标志物及其影响程度会有所不同，这种特殊性差异需要通过公众的知识民主参与才能充分得以体现。公众知识参与为生态环境风险的识别提供了实践性依据。对于直接影响公众生态环境利益的风险物，公众有权通过合法渠道进行表达。在生态环境风险评估阶段，民主和科学在生态环境之中的功能地位是同样重要的。在确定生态环境风险物之后，需要进一步确定该物质对生态环境以及人体的健康影响程度。这当中不仅仅是实验室科学的数据，公众的生产生活经验，乃至公众的主观感受都应该作为风险评估的重要参考因素。在环境标准确定阶段，公众的参与起到了更加重要的作用，公众参与的价值性选择体现了民主内涵。政府相关部门制定的生态环境标准所依据的实验室数据往往与所治理区域的生态环境空间状况存在差别，所采样地点的生态环境状况与其他未采样地点的生态环境状况也可能存在差异。即使同一地点，不同时间的生态环境状况也会发生动态变化。而这些复杂的情况往往是实验室研究的数据不能够充分体现的。在具体的生态环境治理过程中，还可能存在比上述情况更加复杂的影响因素。污染源的动态多样性、污染物迁移空间等诸多动态性复杂因素都会对治理产生影响。生态环境治理不仅仅涉及到生态环境本身，与当地的生产生活乃至文化习俗都有密切的关系。环境标准的制定可能会对企业生产、居民生活乃至文化传承都产生复杂影响，因而公众参与体现了包含企业的承受能力、社会经济发展的承受能力、当地公众的生活习惯等多重因素的影响。其本质是生态性与经济利益之间的平衡，体现了生态性前提下民主的价值选择。

第五章 生态文明保障体系的法治基础

　　法治是生态文明保障体系建设的基本准则。"人与自然生命共同体"的理念转化为中国生态环境治理的法理和法规，是生态文明保障建设亟待解决的问题。对于生态文明保障体系法治化进程而言，党的十九届四中全会是一个重要的关节点。"党的十九届四中全会对坚持和完善中国特色社会主义制度、推进国家治理体系和治理能力现代化的重大问题进行了研究部署，全面回答了在我国国家制度、国家治理体系上应当坚持和巩固什么、发展和完善什么的重大政治问题。"①《中共中央关于坚持和完善中国特色社会主义制度 推进国家治理体系和治理能力现代化若干重大问题的决定》的第十部分提出了坚持和完善生态文明制度体系："实行最严格的生态环境保护制度。完善绿色生产和消费的法律制度和政策导向。完善生态环境保护法律体系和执法司法制度。推进生态环境保护综合行政执法，落实中央生态环境保护督察制度。"②等等。生态文明的法治原则为中国特色生态协商机制提供了基本的路径遵循。

一、生态公民及其权利

（一）环境公民与生态公民

　　环境公民理论是欧美国家生态民主运动的重要理论基础之一。西方环境公民理论是西方代议制民主机制中应对生态环境危机的理论回应。西方环境公民理论主要包括："自由主义的环境公民理论、共和主义的环境公

---

①何跃军, 陈琳琳. 人与自然是生命共同体——"环境法中的法理"学术研讨会暨"法理研究行动计划"第十三次例会述评[J]. 法制与社会发展, 2020（2）: 198.
②中共中央关于坚持和完善中国特色社会主义制度 推进国家治理体系和治理能力现代化若干重大问题的决定[N]. 人民日报, 2019-11-06: 1.

民理论、生态主义的环境公民理论。"①环境公民是将生态环境保护中的公民概念与生态环境概念结合的产物。环境公民权是当代人类社会成员个体、群体和相互之间围绕生态环境品质及其可持续性而产生的一种广义性公民权益和义责。生态公民与环境公民的内涵有所区别，进而形成了生态民主与环境民主的本质区别。环境公民所指为自由主义视角下的环境公民关系，而生态公民指后世界主义的生态公民关系。

　　自由主义环境公民理论是自由主义公民理论在生态环境领域的运用和发展。与自由主义环境公民理论相比较，共和主义环境公民理论更强调公民对国家的忠诚、责任与义务，强调公民的政治道德以及国家对公民所应承担的责任。在英国学者安德鲁·多布森看来："在一个迅速走向全球化的当代世界中，就像生态环境难题及其影响下并不局限于某一特定区域一样，生态公民的义责也不能简单地理解或描述为'国际性的'或'全球性的'……全球化进程中的国家及其公民，正在对世界其他国家及其公民发挥着一种无所不在的生态影响。"②也就是说，公民个体所产生的生态足迹导致了生态公民的责任义务关系。公民个体或群体的生态足迹差异决定了公民环境义务和责任的不确定性，生态足迹所决定的责任义务是超越国家或者地域界限的。相较而言，生态主义环境公民更加强调世界范围内生态空间利益的分配正义。虽然上述三种理论从不同角度上拓展了传统公民理论，但是西方不同流派的生态公民理论都体现出内在的理论困境，因而也局限了西方生态民主理论的发展。自由主义环境公民理论的内在局限在于：自由主义环境公民理论中公民权利在逻辑上先于环境责任和义务，继而造成了其理论不能确保生态优先的原则。共和主义环境公民理论强调以公民作出环境利益自我牺牲的美德化解生态环境危机，但是公民自我牺牲与公民享有环境权利间的冲突是共和主义环境公民理论亟待化解的内在困境。生态主义环境公民理论的核心概念是生态足迹，而生态足迹从根本上讲是生产方式所决定的。生态主义环境公民理论没有回答如何从根本上解决资本逻辑生态足迹的负面影响。就内涵而言，西方生态主义环境公民已

①郇庆治.绿色变革视角下的环境公民理论[J].鄱阳湖学刊，2015（2）：5.

②郇庆治.绿色变革视角下的环境公民理论[J].鄱阳湖学刊，2015（2）：18.

经超越了传统意义上的环境公民，具有生态公民的某些基本特征。

（二）"生态人"：生态文明的人性假说

中国特色生态公民培育存在两条可行性路径：一条是基于生态文明理论的理想性人格；另一条是基于环境保护法的现实性人格。两条思路体现为中国特色社会主义生态公民的最高目标和现实目标。基于环境保护法的现实性人格是中国特色社会生态公民的底线。学术界一般认为"生态人"受到自然生态规律和经济社会发展规律双重制约。理性"生态人"的生态理性应该能够实现经济利益、社会利益和环境利益的和谐统一。"生态人"假设有助于引导公众对生态民主规则进行价值判断，明确中国特色生态民主的制度设置，规范引导公众的生态环境行为。

1. 生态文明建设中的"生态人"理论

"生态人"概念的提出体现了生态文明发展的内在要求："作为一种崭新的文明类型，生态文明也需要一种新的主体承担者，一种新的主体形态，以此表征、创造和建设生态文明，我们将这种人存在的新形态称为'生态人'。"[1]"所谓生态人就是指具有充分的生态伦理素养和生态环境意识，掌握较高水平的技术，顺应生态发展规律，与自然环境和社会环境和谐共存并协同进化的人。"[2]有研究者概括了理性"生态人"的基本内涵与特征："首先，'生态人'是生态文明的主体承担者，也是生态文明建设的保障。……其次，'生态人'具有充分的生态伦理素养和生态意识。……再次，'生态人'与自然协同进化。"[3]理性"生态人"的核心价值是生态性，以自然生态系统的整体性作为价值观的起点和实践的归宿。"生态人"概念在一定程度上消解了传统理性"经济人"假设在生态文明中的困境，为人与自然和谐共生的伦理建构提供了一种可能性路径。

有研究者以马克思在《1844年经济学哲学手稿》中所提出的"人与自然的一体化"作为依据提出："从'自然人'到'主体人'再到'生态

---

① 严耕, 林震, 杨志华. 生态文明的理论构建与文化资源[M]. 北京: 中央编译出版社, 2003. 79.

② 杜吉泽, 李维香. 自然辩证法简明教程[M]. 北京: 高等教育出版社, 2007: 278.

③ 李凡. "生态人"假设的当代困境及解决[J]. 学术界, 2016（12）: 182.

人’，是人与自然相关的三大生存范式。①有研究者基于马克思主义人与自然关系理论，提出了"社会生态人"的概念，提出"把社会生态人作为人的阶段化发展的价值理念和生态化发展的逻辑起点。"②将生态人构建于价值论基础上，提出"'生态人'的合法性从价值主体、价值客体、价值关系三个层面的价值论观表明：当今时代需要……也需要越来越多的促进人与自然和谐发展的'生态人'。"③生态人是处于生态系统之中的人，是人的社会性和自然性的统一体现。生态人在人类生态系统中既可以是主体也可能成为客体。生态人假设可以为公民环境权的正当化、可实施化提供理论根据。一般认为，"生态人的研究丰富和发展了马克思主义人学理论，推动了人—自然—社会复合生态系统整体的协调发展。"④有研究者探讨了"生态人"与生态文明的关系，认为生态文明视野下"生态人"的要素构成包括："与时代相适应的生态意识和生态人格而且具有与其职业活动及生活消费方式相对应的生态理性和生态实践行为。"⑤有研究者拓展了"生态人"范畴，将政府和社区作为"生态人"主体。认为"政府作为'理性生态人'存在着三个维度的结构，即明确的政府生态文明意识，健全的政府生态管理制度和规范的政府生态管理行为"。⑥"社区作为'理性生态人'存在着三个维度的结构，即明确的社区生态文明意识，健全的社区生态管理制度和规范的社区生态管理行为。"⑦将政府和社区作为理性"生态人"也存在着一定的理论困境。首先"生态人"作为人性假设而提出，因

---

① 郭忠义，侯亚楠. 生态人理念和生态化生存——马克思《1844年经济学哲学手稿》再解读[J]. 哲学动态，2014（7）：35.

② 钟贞山，詹世友. 社会生态人：人性内涵的新维度——基于马克思主义人与自然关系理论的考察[J]. 江西社会科学，2010（10）：48.

③ 李承宗. 从价值论看"生态人"的合法性[J]. 自然辩证法研究，2006（9）：8.

④ 李有友，穆艳杰. "生态人"的发展定位及其当代价值——基于马克思主义人的全面发展理论的视角[J]. 理论导刊，2016（6）：40.

⑤ 黄振宣. 生态文明视野下"生态人"的要素构成[J]. 学术论坛，2015（10）：29.

⑥ 黄爱宝. 政府作为"理性生态人"：内涵、结构与功能分析[J]. 社会科学家，2006（5）：40.

⑦ 刘芳. 社区作为"理性生态人"：内涵，结构和功能分析[J]. 社会工作，2008（14）：30.

而无论是政府还是社区都难以作为主体适用于该假设。其次，该假设的提出是为了培育生态文明建设主体，将"生态人"泛化将会导致该理论解释力和实践效用的减弱。

有研究者拓展了"生态人"假设，探讨了中国语境下的环境公民的意义。认为"只有广泛的民主参与形式才能使公民争取到一个矢志于公众福祉与环境福祉的社会。"[①]公民参与可以引入多样化的观点和专业知识，帮助政府更全面地考虑问题，从而做出更科学、更合理的决策。"生态人"和环境公民体现了中国特色社会主义生态价值观。中国特色生态价值观是社会主义核心价值观在生态文明建设中的运用和发展。社会主义生态价值观是中国特色生态文明建设实践的重要理论成果。社会主义民主与社会主义核心价值观的关系集中体现了中国特色生态民主与生态价值观之间的关系。生态价值观对于中国特色生态民主实践具有推动作用。中国特色生态价值观的核心理念是尊重自然、顺应自然、保护自然，具体体现为绿色低碳的生产方式和生活方式。拓展社会主义核心价值观之中的生态内涵为中国特色社会主义生态公民培育奠定了价值观基础和依据。

2."生态人"假说的理论困境及其完善路径

"生态人"假说是为了克服生态文明建设中"经济人"假说的理论困境而提出的。但是"生态人"假说在社会主义市场经济条件下同样存在着一定的理论困境。在"经济人"假说中，作为追求经济利益的"经济人"内生于市场经济之中，可以通过市场经济体制自我完善。"生态人"假说同样是在市场经济背景之下提出的，那么在市场经济体中，"生态人"假说和"经济人"假说如何并存并兼容？"生态人"在现实生活中是否真实存在，"生态人"与生态文明的关系如何？"生态人"是生态文明的前提，还是生态文明培育了"生态人"？如果这些问题在理论上不能得到圆满解决，那"生态人"就不能成为生态民主的理论基础。

马克思指出："要从费尔巴哈的抽象的人转到现实的、活生生的人，

[①]秦鹏. 环境公民身份: 形成逻辑、理论意蕴与法治价值[J]. 法学评论（双月刊），2012（3）: 85.

就必须把这些人作为在历史中行动的人去考察。"①"生态人"是现实的具体的人，而不是抽象的人，因而"生态人"能否成为生态民主的理论基础，需要分析中国特色生态文明的经济基础。"生态人"的理论困境在一定程度上体现了学术界对生态文明的不同理解。西方生态马克思主义学者认为工业文明是造成全球性生态危机的根源；而生态资本主义学者则认为现代工业文明能够实现人与自然的和谐共生。二者所争议的核心是生态文明与市场经济，生态和资本的关系是其争议的焦点。西方生态马克思主义者对资本的彻底否定使"生态人"的假设得以成立，解决了"生态人"和"经济人"的内在冲突。社会主义市场经济是"生态人"假说和"经济人"假说共同存在的经济基础，二者的融合体现为生态文明与中国特色社会主义市场经济的内在统一，其统一的程度决定了"生态人"的实现程度。中国特色社会主义制度下，生态和资本、生态文明和工业文明的关系可以形象地归纳为绿水青山和金山银山的关系。因而理论上，中国特色社会主义制度下的生态文明中生态性是第一位的。就理论而言，中国特色社会主义制度下"生态人"的假说是成立的。但在实践中，"生态人"的实现是有前提的。

（三）生态公民的法理依据

"生态人"假说为中国特色生态公民的出现创设了逻辑前提，而生态公民的现实性决定于相关的法律规定。生态公民的法理依据是公民环境权。"西方国家宪法中的环境权可以表现为人的权利或自然的权利，作为人的权利的环境权可以表现为自由权、政治参与权、社会权、社会连带权等"。②《中华人民共和国环境保护法》规定了公民保护环境的义务，同时也规定了公民对污染检举和控告的权力。2018年宪法修改征求意见过程中，环境权入宪曾引发学术界较大争议。部分学者反对环境权作为独立权利入宪的理由主要在于：中国宪法对于自由权、政治参与权、社会权、社会连带权等均有明确规定。环境权相对于上述权利并不具有优先地位，因而环境权入宪并不必然会在实践中推动生态环境治理的效果以及公众参与

---

① 中共中央马克思恩格斯列宁斯大林著作编译局. 马克思恩格斯选集（第4卷）[M]. 北京: 人民出版社, 1995: 241.

② 彭峰. 论我国宪法中环境权的表达及其实施[J]. 政治与法律, 2019（10）: 31.

效果。而在环境保护法规条例中增加公民环境权则受到学术界普遍支持。相关领域专家建议在《中华人民共和国环境保护法》中增加关于公民环境权的规定："公民有在良好、健康环境中生活和工作的权利，并享有参与环境保护、获取环境信息、监督环境管理、受到损害后要求停止侵害和赔偿损失的权利。"①目前，已有多个省市制定的环境保护条例中明确规定了公民的环境权利。例如，《上海市环境保护条例》第六十三条规定："公民、法人和其他组织发现任何单位和个人有污染环境和破坏生态行为的，可以通过市民服务热线、政府网络等途径向环保等有关部门举报。"赋予公民环境权有利于提高公众的环境意识和法律意识，有助于为生态公民的培育提供法理依据。"新《环保法》明确规定公民享有环境知情权、参与权和监督权，鼓励和保护公民举报环境违法，进一步拓展了提起环境公益诉讼的社会组织范围。"②生态环境政策法规之中对公民环境权的具体规定为塑造生态公民提供了合法性依据。

二、环境人权、环境公民权与生态协商

生态民主权利是中国特色生态协商机制的核心概念，体现了中国特色生态协商机制的基本内涵。环境人权和环境公民权从不同层面为中国特色生态民主权利提供了合法性依据。虽然人权与公民权具有密切的内在关联，但二者也存在着明显的区别：例如公民权利与公民义务相对，而人权则没有相应的义务规定。就生态民主而言，环境人权具有普遍性，而环境公民权只赋予具有公民权利的公民。环境人权和环境公民权为中国特色生态民主奠定了不同层面的权利基础。中国特色生态民主实践在相当程度上取决于环境人权向环境公民权生成的状况。

（一）环境人权与生态民主

人权和公民权具有内在联系，但是在历史渊源、性质和特点等方面也存在差异。公民权对人权内涵的实现程度与社会制度和社会发展程度密切相关。例如，法国《人权和公民权利宣言》中虽然宣称人生而自由平等，

①王灿发.《环保法》应增公民环境权[N].人民日报，2013-9-14：06.

②冯永峰.看新《环保法》三大突破——访环保部副部长潘岳[N].光明日报，2014-04-28：06.

但直到1944年法国妇女才享有选举权。因而，马克思认为"权利永远不能超出社会的经济结构以及由经济结构所制约的社会的文化发展。"①人权与公民权的根本差异在于："人权是指人作为自然人或市民社会中的人的权利，公民权则是作为政治共同体的成员即公民参与政治的权利。"②因而就生态民主而言，实现环境人权从理论层面讲是无条件的，而环境公民权利的实现则是有条件的，体现了不同发展阶段的国情。2004年宪法修正案草案的说明中将人权入宪的意义提升到社会主义制度的本质要求的高度。人权入宪"突出了人权在国家生活中的坐标与功能，使人权从一般的政治原则转变为统一的法律概念和具有独立规范价值的宪法原则，预示着国家价值观的深刻变化。"③2004年人权入宪为环境领域人权理论的拓展提供了法理依据，为中国特色生态民主理论和实践中人权向公民权的生成提供了坚实的宪法依据。

学术界一般将自形成以来的人权分为三代："第一代是公民权利和政治权利。第二代是经济、社会和文化权利。第三代是和平权、发展权、卫生环境权和人类共同遗产权"。④虽然学术界一般认为环境权属于第三代人权，但是并不意味着第一代、第二代人权之中不包含与环境相关的权利。在第一代和第二代人权中与环境相关权利的体现形式有所不同。"环境权可以视为第一代人权中的生命权、私人生活权、财产权，由此可以促使政府保护生命和财产免受环境侵害，……作为第二代人权，能够赋予环境质量以同其他经济、社会与文化权利相当的法律地位"。⑤环境人权所具有的集体人权特点不仅有助于公众维护自身权利，而且有利于发展中国家维护自身的生态环境权益。"'第三代人权'突出了集体人权的地位。对于包括中国在内的广大发展中国家来说，个人权利固然重要，但如果没有集体

---

①中共中央马克思恩格斯列宁斯大林著作编译局.马克思恩格斯全集（第19卷）[M].北京:人民出版社,1963:22.

②郭道晖.人权观念与人权入宪[J].法学,2004（4）:17.

③韩大元.宪法文本中的"人权条款"的规范分析[J].法学家,2004（4）:8.

④周琪.人权外交中的理论问题[J].欧洲,1999（1）:4.

⑤那力,杨楠.环境权与人权问题的国际视野[J].法律科学（西北政法大学学报），2009（06）:59.

维护的生存权、发展权，或者说消除贫困、促进发展的权利，其他人权就也无从谈起"。[1]作为人权范畴中的环境权与自由权、生存权存在显著差异："所谓公民环境权实际上是享受、使用生产生活环境的民事、行政等权利和参与与环境有关的公共事务管理的公民权利，而不是环境危机时代新生的属于升华期人权的人类环境权。"[2]

生态民主理论中的环境权属于第三代人权。环境人权和生态民主虽然关系密切，但并不能将二者等同。就中国环境人权、环境公民权利与生态环境民主的关系而言，中国特色社会主义民主有利于环境人权的实现，但在生态民主实践过程中环境人权与环境公民权并不完全一致。就理论层面而言，保护环境人权是无条件的，环境权利的实现则是有条件的，中国特色社会主义的不同发展阶段是制约环境权利实现的外部原因。通过对不同时期颁布的《中国人权行动计划》进行文本分析可以发现，其中对于生态环境领域人权的相关规定并无本质区别。但是对于生态环境相关政策法规的文本分析表明，对于公众生态环境参与的规定与社会发展阶段有着密切的关系。

我国政府不同时期制定的《国家人权行动计划》体现了我国人权的内涵从环境向生态环境拓展的过程。《国家人权行动计划》的主体使用了"公众"的概念。从2009年到2015年不同版本《国家人权行动计划》中环境人权的规定体现了从强调公众环境权益到环境权利的保障的演进过程。2016年以后《国家人权行动计划》所强调的公众环境权利内涵日益丰富，从强调环境民生权利到满足优美生态环境需要，从政府企业公众多元共治到公众依法参与生态环境治理。2021年以前，《国家人权行动计划》所使用的概念为"环境"，《国家人权行动计划（2021—2025年）》中则"环境""生态环境"的概念并用，赋予了环境人权更加丰富的生态内涵。《国家人权行动计划（2021—2025年）》所指的环境除了人居环境之外，还包括了大气、海洋、森林、草原、湿地、冻土等，与生态环境概念所指的内涵一致。环境人权内涵的确定将非人生物等自然主体明确排除于环境

①肖巍,钱箭星.人权与发展[J].复旦学报（社会科学版）,2004（3）:104.

②徐祥民.环境权论——人权发展历史分期的视角[J].中国社会科学,2004（4）:125.

权利主体之外。因而,如果以环境人权作为逻辑出发点,生态民主的主体则明确为人类。

《国家人权行动计划(2009—2010年)》规定实现公众环境权益的途径是建设有益于人类生存和持续发展的环境以及资源节约型环境友好型社会。《国家人权行动计划(2012—2015年)》则强调环境权利,提出实现环境权利需要着力解决重金属、饮用水源、大气、土壤、海洋污染等关系民生的突出环境问题。国家人权行动计划(2016—2020年)强调以法治方式实现环境权利,提出实现环境权利需要实行最严格的环境保护制度,形成政府、企业、公众共治的环境治理体系。《国家人权行动计划(2021—2025年)》指出了实现环境权利的远景目标,其中全面系统地体现了生态民主的丰富内涵。从生态民主角度审视,生态民主的目标在于不断满足人民群众日益增长的优美生态环境需要。提出以法治方式推动公众有效参与环境决策,并对参与方式作出了具体规定。

从《国家人权行动计划(2009—2010年)》中强调"保障公众环境权益"到《国家人权行动计划(2012—2015年)》中强调"保障环境权利",从"权益"到"权利"的演进体现了中国环境人权质的跃升。国家人权行动计划中的规定从环境内涵到生态环境内涵的拓展,为中国特色生态民主理论奠定了坚实的人权理论基础。环境人权是中国特色生态民主理论的逻辑前提,而环境公民权是生态民主的实践前提。环境人权为不在特定生态空间场域的人们的生态利益保护提供了依据。就此而言,生态民主之中的代际平等的依据应该是环境人权而不是环境公民权,生态民主需要维护的是不在场的后代人所应有的人权。

(二)环境公民权与生态民主

法律意义上环境权的本质是环境公民权。有国内学者认为环境权不同于民事权利,不能以《中华人民共和国民法典》作为环境权的依据。"自然资源、自愿性产品与自然生态空间分别对应不同的权利客体。法律对自然生态空间更强调通过环境影响评价等方式确定其生态性、功能性特点,而非民法上传统的财产性特点。"①因而排污权不能包含于环境权之中，排污权所体现的是财产权行使的结果，行使排污权所造成的生态环境后果属于环境权的范畴。民法典不能为生态环境民主提供充分的法律依据，因为民法典更多地体现了生态环境物化的物权。环境权是自然人享有适宜自身生存和发展的良好生态环境的法律权利。基于环境人权的生态民主将生态中心主义排除在外，因为享有环境权的主体是人而不是非人的自然物，环境权是人的权利。无论是环境人权还是环境公民权其目标指向为生态环境功能的享有，而不是将自然物作为财产拥有。因而，生态民主的目标是为了实现自然人以及公民享有"生态功能整体"的权利。"具有防风固沙净化空气等生态功能的林地，其所体现的利益总和就是其生态功能的整体，环境权主体拥有享有其生态功能整体的权利。"②环境权和环境参与权有所差别。环境权作为消极性权利受到法律保护，任何人不得侵犯。环境参与权是一种主动性权利，是公民参与生态环境治理的法律依据。因而不享有政治权利的自然人虽然无法行使环境参与权，但是其环境权受到同样的法律保护。公众生态环境治理参与是生态民主的重要因素，但并不是核心的因素。生态民主中的公众参与权需要以环境公民权作为法理依据。

三、中国特色生态协商机制的法治化

新时代中国特色生态协商机制的构建，需要立足于全过程人民民主理论与机制，将生态文明建设的政治话语转化为中国特色生态协商机制的生态民主话语，以法治思维和法治方式完善生态民主的理论与体制建构。中国特色生态协商机制的法治内涵通过《中华人民共和国环境保护法》为代表的环境法规体系的生态内涵得以具体体现。

（一）政策、法治与生态民主

生态空间、国家、政党、社会的关系是构建中国特色生态协商机制的核心要素。马克思主义生态观和民主理论中四者之间的关系塑造了中国特

---

①王雷.生命伦理学理念在我国民法典中的体现——以环境权为视角[J].法学评论，2016（2）：79.

②邹雄，庄国敏.论民法典绿化的边界——以民法典对环境权的承载力为视角[J].东南学术，2017（06）：133.

色生态协商机制的基本形态，决定了中国特色生态协商机制框架，同时也决定了中国特色生态环境法律体系的基本特征。"政党、国家、社会是影响中国环境法治的核心要素，马克思主义视野下的政党、国家、社会关系决定了中国环境法治的基本架构、塑造了中国环境法治的理论内核。"①中国特色生态协商机制以人与自然和谐发展为价值诉求，以党和国家生态使命和责任为动力机制推动实现党领导下的生态民主实践。马克思主义生态观、民主观与新时代生态文明建设在中国特色社会主义民主框架下紧密结合，形成了具有中国特色的生态机制的理论体系、制度体系和话语体系。

目前中国特色生态协商实践具有鲜明的党领导下高位推动的特点，因而将党的生态政策、规制以及工作方法纳入生态民主理论和实践机制具有重要意义。中国特色生态民主的理论阐释与西方生态民主是本质不同的。中国特色生态协商机制的源头在于党的政策，政策从根本上决定了生态民主的内涵和运行机制。就政策、法治、生态、民主的关系而言，虽然学术界在不同研究领域的结论不同，一般认为党的政策对法治、生态、民主关系的形成发展起核心作用。重大政策往往以"党政联合发文"形式发布，这些政策从根本上决定了相关生态环境立法的基本原则以及生态民主规制的基本原则。党的政策对生态民主影响的全面性，以及党的政策与生态民主关系的复杂性，体现了生态民主的中国特色。中国特色生态协商机制就实践层面而言，是党的生态环境政策民主化的产物，化解生态民主理论和实践困境的根本源头在于党的政策。

（二）生态文明价值观的法治化

"人与自然生命共同体"的理念是中国特色生态协商机制的核心观点。生态协商机制法治化涵盖了人与自然之间的多重关系：生态环境危机所引发的人类社会内部关系；人类与其他生物的种际关系；当代人与后代人的代际关系等。环境法与生态民主具有紧密的内在关联，环境法的基本内涵与生态民主的基本内涵一致是生态民主付诸实践的前提。全面依法治国进程中，环境法总体上体现了"人与自然生命共同体"的理念。"环境法中的'环境'是指影响人的生存和发展的物质条件、空间和时间。……

---

① 陈海嵩. 中国环境法治中的政党、国家与社会[J]. 法学研究, 2018（3）: 3.

其中包含各种生命和非生命物质因物质循环、能量流动、信息传递而形成的生态服务等功能"。①虽然就生态民主而言，中西学者存在着人类中心和自然中心的不同争论。但是作为中国特色生态民主实践的基本法律依据，《中华人民共和国环境保护法》明确规定公民享有生存权、发展权、环境权等权利。环境法在法理上确定了生态民主实践的基本范畴。生态民主拓展了传统民主理论体系中的正义概念的范畴和内涵。虽然生态民主与环境民主有所不同，但生态民主可以理解为环境民主发展演进的产物。环境民主理论中消除环境利益不平等与环境保护是两个密切相关的主题，环境民主理论认为社会不平等是造成环境权利不平等的重要原因。环境民主实践的目的是实现社会成员之间环境权利的平等。

以《中华人民共和国环境保护法》为代表的环境法规体系体现了环境民主的基本内涵，但与生态民主的内容并不完全一致。环境正义原则具体体现为"环境权利和环境义务的一致性，如联合国《世界人权宣言》和《人类环境宣言》所体现的一致性。……公平的正义是有差别的正义。这是中国在世界范围内主张环境正义的原则，如《联合国应对气候变化框架公约》明确提出共同但有区别的责任原则。……无论是可持续发展还是中华民族永续发展，都包含着代际正义的理念。"②环境法上，"物种公平与代内公平、代际公平的关系可被表述为要以物种公平为前提，实现代内公平和代际公平；以实现代内公平、代际公平为方式，促进物种公平。……物种公平只适合体现在法律思想与法律原则上，不宜直接进入法律制度层面。"③以环境法视角所解读的"人与自然生命共同体"理念为生态正义划定了底线原则。物种公平不能等同于物种平等，以环境法为视角对物种公平的解读为生态正义提供了现实可能性。而没有被环境法所体现的生态正义内涵一方面体现为生态民主价值的愿景，另一方面体现为推动生态环境相关法律体系发展创新的思想来源。

①何跃军，陈淋淋. 人与自然是生命共同体——"环境法中的法理"学术研讨会暨"法理研究行动计划"第十三次例会述评[J]. 法制与社会发展，2020（02）：199.

②何跃军，陈淋淋. 人与自然是生命共同体——"环境法中的法理"学术研讨会暨"法理研究行动计划"第十三次例会述评[J]. 法制与社会发展，2020（02）：203.

③同上。

（三）生态协商机制中相关权利的法治化

环境权是环境法的一个核心概念，也是生态民主权利的基本内涵。"环境权是人民对美好生活的环境需要的一个法理表达"。[①]美好生活需要内在地体现了环境权利的丰富内涵。实现环境权是生态民主的重要目标，具体体现为环境公益、清洁空气权，乃至观景权等诸多方面内容。中国特色生态民主尊重自然、顺应自然的原则并不意味着人类与其他非人类生物的权利平等，其根本目的是实现人民的美好生活。环境权有助于将公民的生态环境义务转换为相关主体的权利。中国的环境人权以人权白皮书的形式得以确认，人与自然生命共同体、人民美好生活、美丽中国等论断为将环境权的法治化提供了理论可能性。环境权可能是目前环境法学基石范畴的最好选择。环境权不是单一的具体权利，而是一个权利体系，其不仅仅包括本法律规定的权利，而且包括人民在生态环境领域应有的权利。环境法是中国特色生态民主实践的基本依据，丰富环境权的生态民主内涵是中国特色生态民主的重要使命。

相对于传统意义上的民主，生态民主扩大了民主的主体范围，生态民主包括代内公平、代际公平、区际公平和种际公平等多重内涵，其中种际公平是生态民主的最鲜明特色。生态民主的权利公平意味着生态空间中同等的主体拥有实现其生态利益的平等权利。生态民主的机会公平指同等主体享有同等机会获得生态环境资源以满足自身合理需要。生态民主的分配公平指的是同等主体在分配或配置生态资源过程中享有同等的权益。生态民主的种际公平指的特定生态空间中非人类生命体应获得维护生存繁育的生态环境资源。生态民主公平价值实现的基本手段是相关主体依法行使生态民主权利。中国特色生态民主公平观的核心依据是"人与自然生命共同体"理念。中国特色生态公平的核心在于生态空间资源的利用和分配，具体涉及特定生态空间中人与人、人与非人类生命体、当代人与后代人之间等多重关系。中国特色生态民主从不同维度拓展传统社会主义民主的公平内涵。就时间维度而言，生态民主体现了同代人之间的代内公平，以及同

[①]何跃军，陈淋淋. 人与自然是生命共同体——"环境法中的法理"学术研讨会暨"法理研究行动计划"第十三次例会述评[J]. 法制与社会发展, 2020（02）：205-206.

代人与后代人之间的代际公平；就空间维度而言，生态民主体现为不同生态空间的公平，体现了生态的整体性特征。生态空间公平就伦理维度而言既体现了人类之间的公平，也体现了人类与非人类生命之间公平的实现。

　　学术界一般将代内公平理解为在任何时候的地球居民之间的公平。"《澳大利亚政府间环境协定》（1992年）就已经认可'代际公平原则'。该协定明确指出：'当代人应该保障为后代人的利益维护或改善环境的健康、多样性和生产力。'"[①]生态民主的代内公平意味着处于特定生态空间内的同代人享有同等的权利。代际公平是指特定生态空间内当代人和后代人对其赖以生存发展的生态资源以及生存环境享有同等的选择机会和权利。种际公平是指特定生态空间内的人类以及非人类生命体对生态环境资源及空间的公平分配。传统意义上民主的主体是人，非人类生命主体是否能够成为生态民主主体不仅在理论上存在普遍争议，而且在实践中存在难以消解的阻碍。总体而言，国内外学者提出了两条解决路径：其一是赋予非人类生命体权利主体地位，其二是限定人类相关民主权利，以维持生态空间新陈代谢，继而实现非人类主体的"权利"。就实践层面而言，以维持生态空间新陈代谢为前提条件限定人类相关民主权利是一条可行路径。"人与自然生命共同体"理念转化为法治思维与法治方式意味着将非人类生命的价值纳入相关法治体系中，体现生态文明的种际公平观。需要以马克思主义新陈代谢理论为依据，以生态系统的承载能力为标准制定相关法规，同时实现生态文化和生态道德的法治化。社会主义生态民主的区际公平是指生态空间视域下东部沿海地区和中、西部地区之间，消除生态空间内城市和乡村之间的发展差距。生态民主中的公正原则在实际生活中更多地受限于生态环境权利的差异。在同一生态环境空间内，相对富裕人群具有选择理想生活环境的实际能力，因而生态民主的实现程度取决于法治总体的实现程度。

---

① 陈晓景. 全球化背景下完善中国环境保护法律制度的若干思考[J]. 河南社会科学, 2006（2）：74.

四、生态协商机制的政策法规依据

党的十九大报告规定了公民的环境权利包括知情权、参与权、表达权和监督权，而政府为主导、企业为主体、社会组织和公众共同参与的多元治理模式是中国特色生态民主机制建构的基本依据。党的二十大报告将人与自然和谐共生明确为中国式现代化的本质要求。生态民主的相关权利需要通过政策法规得以保障。党的二十大报告中提出："必须更好发挥法治固根本、稳预期、利长远的保障作用，在法治轨道上全面建设社会主义现代化国家。"[①]"坚持科学决策、民主决策、依法决策，全面落实重大决策程序制度。"[②]依法行政是生态民主的制度体现，生态环境行政治理是生态民主实践的重点领域。系统分析生态环境法规政策的民主内涵，探讨以法治实现生态协商机制是中国特色生态民主实践的重要内容。

（一）环境行政法规相关规定的生态民主内涵

现行的环境行政法规具有丰富的生态民主内涵。《环境保护公众参与办法》明确了生态治理的民主参与方式，绿色生活方式的倡导有助于推动生态民主的深入发展。《环境行政处罚听证程序规定》有助于化解生态民主中科学与民主的内在紧张关系。《环境信访办法》中的生态环境信访是独具中国特色的生态民主形式，有助于畅通和规范群众的诉求表达、利益协调、权益保障通道。

1.《环境保护公众参与办法》

从生态民主角度审视，《环境保护公众参与办法》明确了生态民主的主体是公民、法人及其他组织；明确生态民主主体的权利包括获取环境信息、参与和监督环境保护；明确生态民主参与的主要内容包括制定政策法规、实施行政许可或者行政处罚、监督违法行为、开展宣传教育等。生态民主的参与原则是依法、有序、自愿、便利。生态民主的主要形式是参与征求意见、参与问卷调查，及参与座谈会、专家论证会、听证会。《环

①习近平. 高举中国特色社会主义伟大旗帜 为全面建设社会主义现代化国家而团结奋斗——在中国共产党第二十次全国代表大会上的报告[M]. 北京: 人民出版社, 2022: 40.
②习近平. 高举中国特色社会主义伟大旗帜 为全面建设社会主义现代化国家而团结奋斗——在中国共产党第二十次全国代表大会上的报告[M]. 北京: 人民出版社, 2022: 41.

境保护公众参与办法》还体现了一定程度的知识民主内涵。可能受相关事项或者活动直接影响的公众代表有权参加以相关专业领域专家、环保社会组织中的专业人士为主的论证会。公民、法人和其他组织遵循公开、公平、公正和便民的原则参与听证会并享有陈述意见、质证和申辩等一系列权利。该《办法》对于环境公益诉讼作出明确规定，进一步拓展了生态民主的司法救济途径。其中尤其强调支持相关社会组织作为环境公益诉讼主体。该《办法》规定了生态道德建设的相关内容：倡导绿色生活，倡导尊重自然、顺应自然、保护自然的生态价值观。该《办法》为生态民主的公众参与提供了重要的制度保障，从顶层设计上统筹规划，对构建中国特色生态民主具有积极意义。

2.《环境影响评价公众参与办法》

环境影响评价是公众参与生态民主的重要方式。2019年1月1日起实施的《环境影响评价公众参与办法》进一步推进了中国特色生态民主实践。《环境影响评价公众参与办法》以法规形式规范了环境影响评价中的公众参与方式，也维护了知情权、参与权、表达权、监督权等公民环境权利。从生态民主角度分析《环境影响评价公众参与办法》，该办法将参与主体明确为环境影响评价范围内的公民、法人和其他组织。《环境影响评价公众参与办法》明确了公众民主参与过程中需要遵守的依法、有序、公开、便利原则。规划草案需要通过论证会、听证会等形式，征求有关单位、专家和公众的意见，明确了公众参与环境技术类决策的权利。《环境影响评价公众参与办法》明确建设单位需要单独编制公众参与说明，加强有关部门对公众参与相关规定落实的监督。

《环境影响评价公众参与办法》还对公众与专家在风险认知上的分歧提出了解决方案，体现了知识民主的内涵。《环境影响评价公众参与办法》将公众质疑分为两类：非专业技术类和专业技术类。非专业技术类质疑包括环境影响预测结论、环境保护措施以及环境风险防范措施等。对于非专业技术类质疑，座谈会或者听证会参与的主体是可能受影响的公众代表。换而言之，该《参与办法》实际上承认了公众以非专业知识参与非专业技术类决策的合理性。专业技术类质疑包含相关专业技术方法、理论等方面，需要邀请相关领域专家参加论证会，可能受影响的公众代表列席论证会。需要注意的是，以专家为主体的形式是论证会，而以公众为主体的形式是听证会。论证会体现了方案的设计层面，而听证会体现了方案的价值选择层面。

3.《环境行政处罚听证程序规定》

环境听证是生态民主实践的重要手段，不仅是体现公众参与规范听证程序、保障民主权利，而且是解决生态民主中科学与民主内在紧张关系的重要途径。环境行政处罚听证指对当事人作出行政处罚之前对其进行告知并听取其申辩。2011年2月1日起施行的《环境行政处罚听证程序规定》对于生态民主的价值在于更加具体地明确了公众参与环境行政处罚听证的权利以及程序。该《规定》明确提出环境保护主管部门组织听证，保证当事人陈述、申辩和质证的权利。同时也明确规定了当事人需要承担依法举证、质证、如实陈述回答询问、遵守听证纪律等义务。

4.《环境信访办法》

生态环境信访是独具中国特色的生态民主形式。2006年7月1日起《环境信访办法》正式实施。该《办法》中，公民、法人以及社会组织，有权以书信、电子邮件、传真、电话、走访等多种方式进行信访。就生态民主权利而言，环境信访是实现公众知情权、参与权和监督权的必要途径。协商是环境信访问题解决的重要方法，该《办法》明确了协商组织者为行政主管部门，参与主体包括信访群众、相关社会团体、法律援助机构、相关专业人员、社会志愿者等。除协商之外，环境信访还可以依法使用咨询、教育、协商听证等多种方式。生态环境部颁布的《关于改革完善信访投诉工作机制 推进解决群众身边突出生态环境问题的指导意见》进一步推进了生态环境信访的规范机制建设。

（二）生态环境政策规章中的生态民主内涵

现行生态环境相关政策规章为中国特色生态协商实践提供了基本的法规依据。《公民生态环境行为规范（试行）》为践行生态民主的价值观提供了具体规范指导。《中国公民生态环境与健康素养》（公告2020年第36号）揭示了中国公民的环境和健康素养状况，为公众生态民主相关科学素养的提升提供了基本参考。《关于构建现代环境治理体系的指导意见》通过对治理模式的相关规定明确了环境治理体系的生态民主内涵。《农村人居环境整治三年行动方案》明确了农村人居环境整治中村民参与的原则方式，体现了基于乡村基础民主自治的生态民主特征。《关于推动生态环境志愿服务发展的指导意见》中提出的"生态环境志愿服务"概念，标志着政策文件体系内对生态民主参与的认可和支持，拓展了生态民主的参与主体。《生态环境损害赔偿制度改革方案》则明确了生态民主实践的救济途径，为生态民主实践规定了底线。

1.《公民生态环境行为规范（试行）》

2018年生态环境部等5部门编制的《公民生态环境行为规范（试行）》中明确了公民生态环境行为的标准：关注生态环境；节约能源资源；践行绿色消费；选择低碳出行；分类投放垃圾；减少污染产生；呵护自然生态；参加环保实践；参与监督举报；共建美丽中国。其中对于参与环保和监督举报的有关规定明确将公民生态环境参与列入生态环境行为的范畴，体现出将生态民主融入绿色生活方式的内涵。2020年7月14日，生态环境部环境与经济政策研究中心联合发布的《公民生态环境行为调查报告（2020年）》显示，公众在参与监督举报和环保志愿活动方面较以往有较大进步，也从另一侧面体现了中国生态民主的发展进步。

2.《中国公民生态环境与健康素养》

生态环境部发布了由中国环境科学学会修订形成的《中国公民生态环境与健康素养》（公告2020年第36号）通过调研比较全面地揭示了中国公民的环境和健康素养状况，为公众生态民主相关科学素养的提升提供了参考。以往中国环境科学学会一般使用"环境与健康素养"的概念，而在这份报告中使用了"生态环境与健康素养"的概念。"生态环境"的表述相对于以往的"环境"的表述，其生态民主内涵进一步丰富。生态环境与健康素养的概念超越了以往人居环境的局限，更加强调人居环境之外的生态因素对健康的直接和间接影响，强调了生态环境科学素养对于绿色生活方式和健康的重要性。科学知识素养水平决定了公众参与生态民主的效能。提高公民生态环境与健康素养的前提是提升公众普遍生态科学知识水平，该研究报告表明公众生态科学知识水平的提升与公众健康行为和生态环境行为相关。

3.《关于构建现代环境治理体系的指导意见》

党的十九大报告中所提出的党委领导、政府主导、企业主体、社会组织和公众共同参与的生态环境治理体系的原则，体现了生态协商机制的特征。2020年中共中央办公厅与国务院办公厅联合印发的《关于构建现代环境治理体系的指导意见》中规定的坚持党的领导，实行生态环境保护党政同责、一岗双责，是中国特色生态民主制度属性的最鲜明特征。坚持市场导向，多方共治，则明确了资本在生态民主中的位置，为生态民主中资本逻辑的运作创造了空间，这也是中国特色生态民主中驾驭资本逻辑的前提。该《指导意见》规定了建立健全全民行动体系、提高市场主体和公众参与积极性的具体目标，中国特色生态民主治理目标也需要与其内在一致。其中强调提高市场主体参与积极性，意味着中国现代环境治理体系需要充分发挥社会主义市场机制的作用，与党的十九大所提出的企业主体表述内在一致。强化社会监督、发挥各类社会团体作用、提高公民环保素养等具体目标则提出了生态民主建设的具体任务目标。已有公众参与生态环境治理的有关规定中大多规定，受到影响的公众是参与的主体。而该《指导意见》提出引导具备资格的环保组织依法开展生态环境公益诉讼，拓展了公众参与的生态治理主体范围，公众可以通过相关环保组织更加广泛地参与生态环境治理。该《指导意见》还明确了各类社会团体在生态环境治理中的作用：工会、共青团、妇联等群团组织的动员作用，行业协会、商会等的桥梁纽带作用，社会组织和志愿者的参与及推进作用。

4.其他生态环境治理方案及指导意见

2018年中共中央办公厅与国务院办公厅联合印发的《农村人居环境整治三年行动方案》明确了农村人居环境整治中村民参与的原则及方式。从生态民主角度分析，村民在农村人居环境整治中的权利主要体现为决策权、参与权、监督权。通过成立农村环保合作社等方式建立共谋、共建、共管、共评、共享的农村人居整治机制。该《方案》提出的"一事一议"民主决策机制具有鲜明的协商民主内涵，参与协商的主体包括政府、村集体、村民等。

生态环境志愿者是生态民主的重要主体。"生态环境志愿服务"这一概念在官方文件中的提出，也标志着政策文件体系内对生态民主参与的认可。《关于推动生态环境志愿服务发展的指导意见》为生态环境志愿服务工作提供了基本的政策依据。《指导意见》明确了生态环境志愿服务的主要内容和形式，为加强生态环境志愿服务队伍建设提供了制度和机制保障。该《指导意见》对动员社会参与、生态环境宣传教育和科学普及、生态环境社会监督、组织志愿者依法有序参与等相关问题作出了具体规定。

生态环境损害赔偿是公民生态民主权利实现过程中的救济途径。中共中央办公厅与国务院办公厅联合印发的《生态环境损害赔偿制度改革方案》中规定生态环境损害调查、鉴定评估、修复方案等需要邀请专家和利益相关的公民、法人、其他组织参与协商。生态环境损害赔偿不仅仅是赔偿相关公民及法人的物质和精神损失，而且涉及生态环境修复及对后代人影响等问题。生态环境损害赔偿调查鉴定评估及方案的协商过程也体现为知识民主的过程。该《方案》为协商过程中知识民主的实现初步建构了制度空间。

五、生态协商机制中的动物福利

动物"权利"是西方生态民主有别于传统类型民主的鲜明特征，也是生态协商过程中的核心争议性问题之一。自然界非人类的生命物种并不能像人类一样参与生态民主协商，即使是最激进的生态主义理论也只能将其作为生态民主的"虚拟"主体而存在。基于人与自然生命共同体理念，非人类的生命物种的所谓"权利"主张具体体现为人类与非人类生命在共同体之中的相互依存关系、人类对非人类生命的道德义务，以及保护其自然生存空间的使命。

（一）动物权利论与动物福利论

虽然西方思想界对动物权利问题早有相关的论述，但是动物权利真正成为一个社会问题开始于西方环境保护运动。随着全球性生态危机波及动物的生存，动物权利问题开始成为与生态问题密切相关的一个社会性问题。动物权利是西方生态主义民主的重要理论基础之一，西方社会关于动物权利的争论也推动了相关法律的完善。学术界的观点可以总结为动物权利论、动物福利论、动物福利否定论等不同的流派。动物福利否定论主张动物不存在任何形式的理性，因而不应享有福利，此种观点在现代社会并没有获得普遍认可。动物权利论认为非人类动物应该享有某些人类权利，这也成为西方生态中心主义理论的重要前提。动物福利论者认为动物不具备成为道德主体的资格，也不可能获得人类所拥有的权利。但动物福利论认为人类对非人类生命体应承担一定的道德义务，主张非人类生物可以享有人类赋予的某些福利。动物福利论强调善待动物，认为在饲养等环节应尽量减少动物的不必要痛苦。中国特色生态民主理论中也存在着如何对待动物的相关问题。随着绿色生活理念的不断深入，动物福利问题也日益成为学术界乃至社会关注的问题。我国学术界的主流观点是动物福利论，其所涉及的不仅仅是保障食品安全和生物安全等问题，而且直接涉及公众的生态环境行为。

随着生态环保意识的广泛传播，动物福利论在不同程度上得到认可。在我国的生态文明建设中，动物福利论是应对非人类生命问题的基本立场。动物福利的相关法律保障是中国特色生态民主理论与实践中处理动物相关问题的根本依据。"动物福利是保障动物基本需要，减轻动物痛苦的一种状态或制度设计。"[1]中西学术界对动物福利形成了一定共识，并形成了一系列相关法律文件。例如，英国农场动物福利咨询委员会（农场动物福利委员会）提出动物享有："转身、干爽身体、起立、躺下和伸展四肢的五大自由。在此基础上，形成了关于动物福利的基本共识：享受不受饥渴的自由；享有生活舒适的自由；享有不受痛苦、伤害和疾病的自由；享有生活无恐惧和无悲伤的自由；享有表达天性的自由。"[2]上述动物福利逐步成为西方国家立法以及相关领域评估的重要标准。"欧盟动物福利法是一个独立的部门法。"[3]"欧盟动物福利法的调整规则，无论是其类型还是调整方法，均体现了动物福利全面和全过程保护的要求。"[4]动物福利的上述思想也体现了生产者、消费者、科学家、政府等方面的利益，体现了知识和价值观等方面的共识。

---

①高巍.动物福利的正当性基础[J].思想战线，2010（2）：87.

②清华大学实验动物中心.动物福利的五大自由（5F）[EB/OL].百度，www.larc.tsinghua.edu.cn/post/478/52.

③常纪文.从欧盟立法看动物福利法的独立性[J].环球法律评论，2006（3）：343.

④同上。

（二）西方生态民主主体的拓展

在传统民主理论中，享有政治权利的公民能够成为民主的主体。西方生态中心论者基于动物权利的观点对传统民主主体提出了挑战，试图拓展西方民主的主体范畴，将动物乃至生物作为民主的主体。"生态主义者要求对自然进行道德承认及在此基础上对其赋予政治主体地位并给予权利保障，其主张也从动物主体到生物主体，再到自然主体不断深入，为我们勾画了一条不断开放的民主主体线索。"①

西方社会20世纪60年代的环境运动推动了西方生态民主理论的发展。随着生态主义影响的扩大，西方生态主义理论家试图通过拓展西方民主的主体范围化解西方传统民主体制在生态环境治理领域的困境。西方生态主义者从倡导主张动物享有政治社会权利，直至提出非人类生物享有某些政治社会权利，并在此基础上形成了生态中心主义的民主观。西方学者认为生态环境危机至少在很大程度上是由于非人类主体并不能参与民主过程维护自然界的利益。西方学者认为传统民主理论以人类利益为中心，与生态价值存在着内在的冲突。西方生态主义民主论试图通过赋予非人类生物主体地位，以改变人与自然传统意义上的主客体关系。西方生态主义者基于自由主义理论提出非人类生命体作为民主主体的权利来自赋权，而赋权的前提是认可非人类生命体的伦理地位。西方生态主义理论家设计了对非人类主体进行赋权的机制，借以化解非人类生命体作为民主主体的理论困境。西方生态主义动物主体论的理论模式主要有权利主义和功利主义两种路径。权利主义动物主体论的理论逻辑是：成熟哺乳动物具有道德主体资格，因而能够拥有与人类相同的某些权利，动物的权利需要以道德和法律机制加以保障。西方动物权利主义论者主张动物具备道德主体资格的依据是哺乳动物具有知觉、欲求等与人类相近的能力。动物权利主义论的上述依据受到了学术界的普遍质疑。质疑的主要理由是动物缺乏理性能力因而不能享有相关权利。动物权利功利主义论者提出动物享有某些权利的依据是动物具有感知痛苦的能力，以此为依据，功利主义论者提出人类应当承

---

①佟德志，郭瑞雁. 当代西方生态民主的主体扩展及其逻辑[J]. 社会科学研究, 2019（1）：55.

担减少动物痛苦的道德义务，并提出了一系列减轻其痛苦的具体设计。功利主义论的本质是生物主体论，是将敬畏生命作为逻辑起点。总之，动物权利主体论者赋予了自然界生命体以某种道德主体地位，因而人类应当对其承担相应的道德义务。

西方生态中心主义者认为不仅非人类生命体能够成为道德主体，而且整个自然界都应该成为道德主体。生态中心主义理论的代表人物是美国学者奥尔多·利奥波德（Aldo Leopold）。利奥波德提出人类应该将土地作为共同体成员，以协作的方式实现包括人类和土地之上生物群落的完整。奥尔多·利奥波德的生态中心主义土地伦理思想虽然受到了普遍质疑，但他的思想促使人们从道德层面重新审视人类与自然的关系，为破解人与自然关系困境提供了新的角度，因而具有重要的思想史价值。生态中心主义论者认为，因为自然界能够成为道德主体，因而在自然界中，动植物、森林、海洋等要素可以通过某种形式的赋权而得到相应的权利。生态中心主义论者以自然界作为道德主体的合理性为依据，提出自然界非人类主体获得某些政治权利的主张。法律监护人（legal guardian）模式是西方学者提出非人类生物主体行使权利的主流观点，并在此基础上形成了生态中心主义的生态民主理论。生态中心主义论者认为自然界的权利实现形式类似于公司权利的实现形式。既然人类的公司可以通过法人赋权获得权利，生态中心主义论者认为自然界也能够以监护人、保护人或信托人等方式通过法律赋权获得权利。生态中心主义论者主张通过设立法律监护人作为非人类主体的合法委托人。生态中心主义主张将权利主体扩展至整个自然界各类主体，主张完善相关立法为自然界非人类主体权利提供法律依据。生态中心主义论者以自然生态受到损害为例，主张援引公司利益受损的相关处理方式。主张将自然界利益受损参照公司利益受损状况列入法律范畴，以便恢复至未受损害前的状态。

自然界非人类主体能否具备道德主体继而享有某些政治权利受到了学术界的普遍质疑。生态中心主义论者对质疑进行了回应，综合起来有以下几种论证逻辑。第一种论证逻辑起点是自然界具有自身利益，因为需要维护自然界自身利益，所以有必要使自然界非人类主体成为政治权利主体。澳大利亚学者埃克斯利将生态民主定位为"为了受影响者的民主"，他主张将政治权利主体拓展至作为"利益受影响者"的自然界，通过对自然界非人类主体进行赋权使其成为政治权利的主体。第二种论证逻辑的起点是非人类主体具备与人类类似的思维和感知能力，基于此提出非人类主体应该至少获得某些政治或者法律权利。西方学者提出将非人类带入政治领域最成功的尝试，当属用它们具有极度相似于人类的特征所进行的论证。最近，西方生态中心论者认为动物所具有的自我意识是其获得基本生存权的依据。英国学者珍妮·古多尔通过对黑猩猩群体的研究提出："死亡因剥夺了他们的记忆、亲戚关系、计划以及期望从而伤害了人们，而所有这一切都与他们的自我感受相关。"①西方生态中心主义理论具有一定的价值，该理论在西方代议制民主的框架中设计了通过非人类主体的权利机制以重塑人与自然的关系。但无论是在理论还是在实践方面，生态中心主义的主张无疑具有相当的空想性。生态中心主义论者如果将动物视为道德主体，那么杀死并食用肉类则是不道德的。生态中心主义论者为了其理论的自洽提出了一系列主张，例如素食主义的主张。有学者提出将养殖动物排除于权利主体之外，赋予野生动物和宠物以道德主体地位。这种主张虽然回应了食用肉类的道德性问题，但是将农村动物与野生动物和宠物区别对待又产生了新的理论困境。

（三）中国法律体系中动物福利的相关规定

　　动物是否应该拥有一定意义上的权利，以及人类对于动物乃至生物的道德和法律义务，是生态民主理论需要阐明的核心问题之一。虽然生态中心主义者主张赋动物以道德主体地位，继而赋予其某种意义上的权利。人类与动物在一定程度上具有相似的生理特征，但是人类与动物在本质上不同。因而动物享有某些政治或社会权利在实践中面临着法律障碍。随着人类生态意识的提高，动物对于人类的价值已经超出了单一经济价值范畴，人类对动物的道德责任意识推动了相关法律的修订。"各国法律在不同程度上超越了以往狭隘人类中心主义的价值观。可持续发展理念是人类动物伦理的新的逻辑起点，可持续发展就是既满足当代人的需要，又不对后代

---

① 彼得·S.温茨.现代环境伦理[M].宋玉波，朱丹琼，译.上海：上海人民出版社，2007：166-167.

人满足其需要的能力构成危害的发展。"①国内学者明确否定了自然界非人类生物的权利主体地位，明确了人类中心的价值取向："对自然的保护是为了作为多极主体的人自身的生存和发展。这就是人与自然关系的本质。"②保护自然最终是出于对人类全局的、长远的生存利益的终极关怀。生态民主的本质是为了化解人与人之间的生态利益冲突，其中包括当代人与后代人之间的生态利益冲突。《中华人民共和国民法典》明确规定将动物定性为特殊"物"，从法律层面否定了非人类主体作为生态民主主体的可能性。

对于中国特色生态民主而言，动物权利同样是一个无法回避的问题。动物能否成为生态民主的主体，其核心依据在于相关法律对动物属性的定位。《中华人民共和国民法典》中对动物作为"物"的特性做出了相应的法律规定。编纂民法典过程中，曾就《专家建议稿》向全社会征求意见。对于动物的法律地位，《专家建议稿》中表述为："动物视为物。动物的饲养人、管理人应当提供有利于其正常生长、繁殖、医疗、救助的条件和措施，不得遗弃动物；任何人不得虐待动物。"③因为《中华人民共和国民法典》将动物视为具有特殊性质的物，人类对于作为特殊的"物"的动物所承担的义务与对于一般法律意义上的"物"所承担的义务有所不同。在目前的我国法律体系中，动物乃至生物只能通过人类的特殊义务以维护其利益。国内也有研究者建议增设应当尊重其他生命物种的生存权利的法律规定。

虽然中国特色生态民主不承认非人类生物的权利主体地位，但是以动物福利的形式体现了人类对于动物的道德关怀和责任义务。以动物福利体现人类的道德责任是中外学术界的普遍共识。"给动物提供基本的福利照顾，这在今天已经是一个人人共享的道德关怀。在对待有感觉的动物时，我们必须充分地考虑到这一事实：动物能够感受到痛苦；正直的人将总是

---

①世界环境与发展委员会.我们共同的未来[M].北京：世界出版社，1989：19.

②袁祖社.对非人类中心主义"自然界内在价值"观的质疑与辨析[J].社会科学研究，2002（1）：58.

③中华人民共和国民法典·民法总则专家建议稿（征求意见稿）[N].人民日报，2015-5-6：17.

能够展现上述关怀，……各种法律条规将确保对动物的人道行为得到不折不扣的实施。"[1]已有多个国家和国际组织制定动物福利的相关法律及国际公约。相关的国际公约有《保护农畜欧洲公约》《保护欧洲野生生物与自然栖息地公约》《保护屠宰用动物欧洲公约》《欧洲保护用于实验和其他科学目的的脊椎动物公约》《欧洲保护宠物公约》等。

2005年全国人民代表大会常务委员会通过了《中华人民共和国畜牧法》，其中对动物所应享有的福利作出了相应规定。《中华人民共和国畜牧法》规定畜禽享有适当的繁殖条件和生存、生长环境的福利；安全饲料的福利；疫病防治的福利；运输过程中必要的空间和饲喂饮水条件的福利等。时任农业部副部长张宝文就《中华人民共和国畜牧法》中的动物福利的相关规定进行了解释。"保护动物权利，特别是防止虐待动物，加强动物福利，是人类社会进入文明的标志，是生产力发展到一定程度的必然要求。……畜牧法在总则、畜禽养殖和畜禽交易与运输等方面都对动物福利做出了规定，要求畜牧业生产经营者改善畜禽繁育、饲养、运输的条件和环境，提供适当的繁殖条件和生存、生长环境，运输中应采取措施保护畜禽安全，并为运输的畜禽提供必要的空间和饲喂饮水条件。"[2]中国特色生态民主虽然否认非人类生命体的政治主体地位，但是并不完全否认其合理性价值诉求。西方生态民主语境下动物权利的合理性内蕴，在中国特色生态民主理论中通过人类的道德和法律义务得以体现。20世纪80年代以来一系列国际公约虽然也强调生物的权利，但是往往将这种权利表述为受人类保护的权利。换而言之，人类之外自然界主体的所谓"权利"需要通过人类的义务得以实现。例如，1982年联合国大会通过的《世界自然宪章》中提出：以道德准则支配人类的行为以体现对自然界生命的尊重。《世界自然宪章》倡导将人类对自然界的责任和义务纳入各国法律体系之中。1992年联合国《生物多样性公约》序言中指出人类应该意识到维护生命多样性对于人类的重要性。1992年里约地球峰会则进一步强调所有的生物或

---

[1]汤姆·雷根, 卡尔·科亨. 动物权利论争[M]. 杨通进, 江娅, 译. 北京: 中国政法大学出版社, 2005. 174.

[2]深刻领会内涵　全面贯彻实施——农业部副部长张宝文就《中华人民共和国畜牧法》的公布实施答记者问[J]. 山西农业（致富科技版）, 2006（8）: 15.

无生命物质应该享有受到保护的权利。就中国特色生态民主而言，虽然相关法律将动物视为特殊"物"，但在理论发展与实践中动物"权利"相关问题仍然具有拓展的理论空间。"人与自然生命共同体"理念"彻底终结了生态中心主义与人类中心主义的抽象争论……奠定了社会主义生态文明的哲学本体论基础。"①"人与自然生命共同体"理念是讨论中国特色生态民主中动物相关问题的核心理论依据。

六、中国特色生态协商机制的创新路径

（一）生态环境法规的创新趋向

中国特色生态协商机制实践取决于现行法规对相关权利的规定。生态民主的协商规制如果不能上升为政策法规，即使有形式上的协商，协商结果的落实也缺乏法律保障。但这并不意味着生态民主受到环境法规单方面的规定，生态民主的思想、理论以及社会实践也会推动环境法规的创新发展，进而为生态民主的发展创造更加广阔的空间。国外生态民主的理论实践与生态环境法规的发展进程体现了生态民主与生态环境法规的创新互动。中国不同时代的环境法规定了生态民主实践的具体内容，体现了生态民主发展的历史性特征。"第一代环境法以环境保护观为指导思想，以生存权为核心权利……以1989年的《环境保护法》为典型代表。第二代环境法以可持续发展观为指导思想，以发展权为核心权利……以2008年的《循环经济促进法》为典型代表。第三代环境法以生态文明观为指导思想，以环境权为核心权利……以2020年的《长江保护法》为典型代表。"②中国第一代环境法所强调的是公众参与环境保护的义务。第一代环境法所应对的环境问题主要表现为工业污染和生态资源过度利用所造成的生态退化。因而中国第一代环境法规定中的公众参与主要体现为保护整治环境、植树绿化等内容。各国第二代环境法呈现出一些共同的特征："功能上追求经济利益和环境利益共进共赢；范围从末端治理拓展到源头预防；内容不再

①张云飞. "生命共同体"：社会主义生态文明的本体论奠基[J]. 马克思主义与现实，2019（2）：30.

②杨朝霞. 中国环境立法50年：从环境法1.0到3.0的代际进化[J]. 北京理工大学学报（社会科学版），2022（3）：88.

限于单一媒介或污染因子，而是注重环境的整体治理；管制手段多元化，充分利用市场机制和多元主体的参与。"①这些特征既是生态民主实践的结果，同时又为生态民主实践提供了法律制度的保障。中国第二代环境法从法律层面拓展了中国特色生态民主实践的制度空间。中国第二代环境法中，"环境伦理观从个体主义转向整体主义；价值目标从代内关怀转向代际关怀；实践功能从被动抑负转向主动增益；治理机制从单向的行政命令模式转向双向的主体合作和规则共治模式。"②中国第二代环境法为中国特色生态民主注入了法治内涵的同时，也体现出更加鲜明的生态民主内涵。第三代行政程序适应了全球化生态民主治理的最新趋势，体现了生态民主与环境法规的同步创新良性互动。"作为一种新的程序形态，'第三代'行政程序是为了回应行政国家的新面相——从国家为中心的行政到全球行政与国家行政并重的行政、从集权主义的'命令—控制式'行政到合作主义的'伙伴—平等式'行政以及从消极执行法律的行政到积极管理社会的行政——而兴起的。……美国的协商制定规则程序等都可以作为'第三代'行政程序的制度原型。"③以《中华人民共和国长江保护法》为代表的第三代环境法规体现了更加鲜明的中国特色：党政同责、社会多元共治的原则明确了政党、政府和社会之间的关系，其中党政同责的原则赋予党在生态民主中的核心地位，继而明确了群众路线在中国特色生态民主机制中的合法性。政治、经济、社会、文化、生态复合系统治理方式更加鲜明地体现了"人与自然生命共同体"的中国特色生态民主价值观。

良好的生态环境具有公共产品属性，生态民主是公众参与生态公共产品生产和分配的基本手段。目前，公众在依据环境法行使相关权利时，仍面临着一定的法律障碍。2015年颁布的《环境保护公众参与办法》规定，环境主管部门有义务以多种方式征求公众的意见建议，公众有权利以多种方式向主管部门提出意见建议。而在实践中，所征求意见建议公众的范围和方式由主管部门自由裁定，因而存在着公众参与形式化的潜在风险。生态民主在实践中受到生态环境行政法规制约。环境行政处罚自由裁量权的

①王树义，皮里阳.论第二代环境法及其基本特征[J].湖北社会科学,2013（11）:165.
②郭武.论中国第二代环境法的形成和发展趋势[J].法商研究,2017（1）:85.
③戚建刚."第三代"行政程序的学理解读[J].环球法律评论,2013（5）:151.

有关规定有助于为生态民主拓展制度空间，应对不确定性因素。生态环境部印发《关于进一步规范适用环境行政处罚自由裁量权的指导意见》对规范环境行政处罚裁量权作出了细致规定：一是明确适用行政处罚自由裁量权的基本原则和配套制度；二是明确制定裁量规则和基准的原则、主体和基本方法；三是规定制定裁量规则和基准的程序，包括起草和发布、宣传和实施、更新和修订；四是规定裁量规则和基准的适用要求，包括调查取证、案件审查、告知和听证、处罚决定等五个阶段的适用要求，以及从重、从轻或者减轻、免予处罚等裁量的特殊情形；五是要求加强裁量权运行的监督和考评，从信息公开、备案管理及适用监督三个方面提出监督、考评工作要求；六是附件，提供了部分常用环境违法行为的自由裁量参考基准及计算方法。①

但有关部门的自由裁量权权力过大，客观上也会损害公众参与的合法权利。"应通过专项立法的形式就公众参与政府环境管理事项的范围、参与公众的范围、参与方式与程序、参与的救济与保障等作出明确规定。"②

（二）谁能代表自然界——环境公益诉讼主体的拓展

生态民主与传统民主的重大差别在于生态民主包含非人类自然物的"主体"地位问题。无论是西方生态中心主义者将非人类自然物作为主体，还是中国特色生态民主将"尊重自然顺应自然"作为人类的义务，都涉及"谁能代表自然界"这个难以回避的问题。在司法实践中，"谁能代表自然界"的本质是环境公益诉讼主体问题。环境公益诉讼主体资格涉及种际关系问题，也就是谁有资格代表自然界提起环境公益诉讼。环境公益诉讼主体资格还涉及代际关系问题，也就是谁有资格代表后代人提起环境公益诉讼。《中华人民共和国民事诉讼法》明确政府机关和有关组织具有提起环境领域公益诉讼的资格，这意味着法律规定的机关和组织具有代表自然界的合法资格。《中华人民共和国环境保护法》规定符合特定条件的社会组织也具有提起环境公益诉讼的资格，这意味着符合规定条件的社会

---

① 生态环境部出台《关于进一步规范适用环境行政处罚自由裁量权的指导意见》[J]. 城市规划通讯, 2019（12）：14.

② 曹昌伟. 政府环境管理公众参与的法规范构造[J]. 安徽大学学报（哲学社会科学版）, 2021（1）：100.

组织也具有代表自然界生态利益的合法资格。根据现行环境公益诉讼制度，上述法律所适用的场景是不同的。符合规定的环保社会组织有资格成为环境民事公益诉讼主体，可以理解为成为民事诉讼中的自然界代表。符合法律规定的政府机关和有关组织则适用于环境行政公益诉讼，是行政诉讼中的自然界生态利益代表。而在司法实践中，政府机关和有关组织的相关职能一般能够较好履行，而社会组织作为环境公益诉讼主体则缺乏足够的话语权，往往仅仅扮演诉讼程序发起者的角色。

生态民主与传统意义上民主的内涵不同，生态民主还包括种际和谐的内涵。人与自然关系中的种际冲突对生态环境相关法律提出了新的挑战。"谁能代表自然界"命题的本质是种际关系问题，种际关系的和谐需要进一步完善相关法律规定，更好发挥社会组织作为环境公益诉讼主体的功能。《中华人民共和国野生动物保护法》是生态民主实践中处理种际关系的直接依据。"现行法律规范不能完全解决种际冲突问题。从长远来看，只有超越野生动物的法律保护，进而在种际和谐的价值导向中逐步推进现代环境法的根本性变革，才能长远实现人类与地球生命共同体之间互惠、共融的种际和谐状态。"①目前在野生动物保护领域，公众参与也存在着一定的制度瓶颈，因而，环境权以及环境公益诉讼权的进一步完善是推动生态民主法治实践的重要方向。环境权是维护公众环境利益的法律基础和依据；损害作为公众共用物的环境，就是侵犯公众的环境利益，就是侵犯公众的环境权；环境公益诉讼是因侵犯环境权而引起的诉讼，是对受到侵犯的环境权进行救济的主要途径；公民为了维护其环境权而提起环境公益诉讼，就是为了保护作为公众共用物的环境而提起诉讼。赋予公民环境公益诉讼原告资格，意味着公民具备代表自然界的法律资格，将有助于推动生态民主中种际和谐的机制的建构。因而有些法学学者倡议赋予普通公民以环境公益诉讼原告资格："应在立法上明确公众的环境权，适度扩张原告诉讼资格，建立起司法保障机制，适度限制公众公益诉权，构建起公众提

---

① 党惠娟. 迈向种际和谐的环境法变革——对野生动物法律保护的超越[J]. 探索与争鸣, 2020（4）: 167.

起环境公益诉讼的制度体系和可行路径。"①

（三）生态协商的和解机制

法治与协商具有紧密的内在关联。依法协商体现了协商的法治原则，而法治如何为协商提供足够的制度空间则是二者兼容的关键。国外生态环境执法和解机制为中国特色生态民主机制中协商与法治的兼容提供了有益的视角。环境执法和解是生态民主协商功能的重要手段。1980年美国国会通过的《超级基金法》明确规定责任方承担污染的环境清理成本，推动了以协商方式解决生态环境争端的制度建构。美国环境执法和解制度对于以协商民主的方式化解行政执法制度困境提供了参考路径。行政执法过程中的执法和解多应用于关键事实及法律关系难以确定并且相关方同意协商解决的情况。在生态环境执法实践中，通过多方协商形成一致，不仅有利于降低行政执法成本，而且更有利于实现生态性和民主性的有机统一，进而实现社会关系和人与自然关系的双重和谐。执法和解机制为生态民主协商的法治化提供了可行性机制。美国《超级基金法》为以协商方式进行环境污染追责提供了法律依据。"《超级基金法》适用范围包括：（1）造成泄露或重大泄露危险的危险物质，以及（2）存在泄露或者重大泄露危险的，可能对人类健康造成紧急且重大危险的污染物质"。②

因为生态风险治理过程中科技应用后果的相对不确定性，因而生态风险中存在诸多潜在责任方。生态环境风险的潜在责任方一般包括：造成风险因素的生产者、应用者、处置者、转运者等。生态环境行政执法和解过程中协商的主要内容是生态环境风险后果的责任分配。美国环保署倾向鼓励潜在责任方达成和解并使其主动承担环境清理与恢复责任。美国2014年9月出台的《环保署鼓励公众参与超级基金执行活动的汇编》中规定鼓励："（1）寻找潜在责任方过程中的公众参与；（2）公开计划进行或者正在进行的协商和解，并且说明哪些可以公开、哪些不可以公开；（3）公开合意行政裁决或者行政协议的建议稿，并允许公众以评议或公开研讨会的形式参与建议稿的修改；（4）由区域检察官对污染区域的公众参与计划是否

①刘素芳. 公众作为环境公益诉讼原告资格的审视与思考[J]. 人民论坛, 2016（11）: 114.

②于泽瀚. 美国环境执法和解制度探究[J]. 行政法学研究, 2019（1）: 134.

准确执行进行审阅；（5）环保署应当公开污染区域的相关信息以便公益组织或者感兴趣的公众查阅。① "美国环境执法和解制度的成功，不仅在于通过立法授予行政机关执法和解权，更在于通过框架设计来限制、监督行政机关对执法和解权的使用，主要有三个方面：第一，限制和解范围。……第二，司法审查制度。……第三，公众参与制度。"② 环境执法和解制度具有鲜明的协商民主内涵，借鉴环境执法和解制度有助于实现生态协商机制中协商与法治的有机统一。

（四）反身法规制：科学与民主统一的法治化路径

生态民主之所以有别于其他民主形式的一个重要原因，是因为生态治理中科技应用后果有明显的不确定性特征。现有科学技术水平对不同生态空间风险状况往往无法得出普遍性结论。生态民主的根本目标在于风险的预防，而不仅仅在于对生态风险造成的危害进行追责与补偿。因而生态民主规制的内涵需要从传统民主的权利义务转向多元主体的协商共识。生态民主意味着从传统环境治理侧重的末端治理，转向协商共识及其实践的过程。生态协商规制的目标一方面体现为生态利益相关主体间充分的知识信息沟通；另一方面，通过多元主体间的充分协商形成共识实现生态利益与风险公平分配。生态民主相对于其他协商民主的不同之处在于知识性共识是协商的基本前提，回应型法律规制有助于推动协商主体知识性共识的实现。回应型法律规制有助于解决风险决策中多元知识参与的困境，为中国特色生态民主实践提供可行性路径。"回应型环境风险法律规制更易于回应社会需求确立可接受性的、符合合理性限度的环境风险法律规制体系，通过协商式环境民主规范体系、程序主义运作规范体系以及舆论话语媒介规范体系减少政府行政规制中的危险，摆脱环境风险规制的预判困境和权力滥用危机，更好地解决日渐复杂的环境风险。"③ 所谓回应型环境法律规制所强调的是在法规制定时为回应社会需求反馈和风险反馈留有足够的制度空间。回应型法律规制制定和执行的关键在于引入包括专家和公众在

---

① 于泽瀚.美国环境执法和解制度探究[J].行政法学研究，2019（1）：140.

② 于泽瀚.美国环境执法和解制度探究[J].行政法学研究，2019（1）：143.

③ 董正爱，王璐璐.迈向回应型环境风险法律规制的变革路径——环境治理多元规范体系的法治重构[J].社会科学研究，2015（4）：95.

内的多元主体，尤其是将公众社会需求和风险反馈引入机制的法律化和规制化。"将自治型法与回应型法理念有效融合，以此为基础，在立法体系上鼓励基层政府自我规范化，并结合备案审查与规范性文件附带审查制度，……在具体运作中，可尝试打破政府对决策权的垄断、引入科技专家和公众作为多元决策主体，参考重大行政决策程序制度建立科技决策程序机制，从而形成符合实际的回应型立法模式。"①

风险社会是一个复杂、多元的社会形态。环境风险的未知性和不确定性决定了环境风险规制只能是"决策于未知之中"，而传统的生态环境规制以命令控制理念为指导思想，执法成本较高的同时对不断涌现的新型生态环境问题的治理效果并不理想。生态问题的特殊性决定了其协商规制的机制有别于其他协商领域，有研究者在回应型立法思想的基础上进一步提出了将反身法理论应用于生态民主协商机制。"反身法认为，环境规制手段应当转变过多的强制性干预方式，转而培养被规制主体的自我反思意识"。②一般认为反身法理论有助于在协商过程中保障被规制主体的合法权利，实现多元协商共识的合法性。生态民主机制需要应对科技应用所带来的不确定性生态后果、生态风险发生的不确定性、生态治理相关法律的不完备与相对滞后性等诸多问题。生态民主之中，科学和民主的关系是区别于其他民主形态的特征，也是在法律机制上尚未完全解决的关键问题。生态治理中科技风险对生态治理的法规体系构成了挑战。在进入21世纪以来的生态环境治理模式中，一般以行政权调控的方式加以应对。但是这种模式并不能从根本上解决生态民主中科学与民主的内在冲突，而且有导致行政权滥用的潜在风险。因而有研究者在总结参照国外经验模式的基础上提出："应当在程序法治范式的指导下，推行科学系统对风险的自我规制。相比政府主导，自我规制具有妥适性、正当性以及与法治原则相协调的优势，其消极效应则可通过借助程序机制的再规制加以消除。实现对科技风险自我规制的规制，需要从组织安排、认证程序和司法控制方面建构相应

①胡若溟.迈向回应型法：我国科学技术决策立法的反思与完善[J].科技进步与对策，2018（15）：105.

②连浩琼.环境法律规制模式的反身法改良[J].合肥工业大学学报（社会科学版），2020（3）：67.

的法律制度。"①

（五）中国生态协商规制的反身法路径

目前在中国生态环境治理实践中存在着管制型规制、激励型规制这两种主要模式。行政权力所主导的管制型规制所依据的是统一的技术标准，其优势在于标准明确、行政效率高。但生态环境知识和信息的局限从根本上决定了行政管制模式治理的不足。生态治理中诸多技术应用后果的不确定性决定了行政执法中往往难以形成普遍性标准，僵化地依据实验室数据标准的执法可能造成不公正性后果。因而行政管制型规制并不能充分满足生态民主的实践要求。生态行政执法中激励规制模式基于社会主义市场经济规律，以环境税、许可权交易等经济手段实现生态环境利益和风险的分配。激励型规制模式有助于以技术创新降低生态环境治理成本。其典型代表是排污许可权交易制度，激励型规制模式有助于以市场手段推动多元主体参与。激励型规制模式存在着内在的局限，这主要由于不同生态空间差异造成污染修复成本难以量化。因而许可权交易的前提是生态环境污染后果的预估，而不同生态空间差异等多种因素造成了此类风险后果的不确定性。而且激励规制手段的内在局限存在于资本凌驾于公共生态利益之上的风险，有悖于生态公平的价值观。在我国当前的生态治理中，基本的治理模式是行政权力为主导的管制型模式。具体而言，行政权力为主导的管制型模式又可以分为技术管制和绩效管制两大规制体系。行政管制模式体现了生态民主的中国国情，系统分析行政权力主导管制模式的基本特征是建构中国特色生态民主理论的重要前提。行政权力主导的传统生态治理模式体现了较高的效率。但是实践证明，司法系统和行政系统本身对于科学技术不确定性问题的认知能力是有限的，对行政管制模式的过度依赖会阻碍其他社会子系统功能的发挥，继而阻碍生态民主机制的运行。生态治理与一般性社会治理不同，生态民主规制需要应对科技应用后果不确定性的困境，而该困境恰恰是传统治理规制失效的重要原因。

相对于高科技治理领域而言，生态民主因为生态产品的公共性而体现

---

① 张青波. 自我规制的规制：应对科技风险的法理与法制[J]. 华东政法大学学报, 2018（1）：98.

出极其广泛的社会性，因而相关规制需要最大限度地体现民主性。生态环境风险治理中科学技术应用后果的不确定性为公众地方性知识参与提供了契机，也生成了生态民主机制中鲜明的知识民主特色。生态环境相关领域技术标准的制定过程应该体现知识民主的内涵。生态环境技术标准具体体现为生态环境治理的正面清单即最佳可行性标准，以及生态环境治理的负面清单即强制禁止标准。生态环境技术标准规制在具体治理实践中效果不理想的原因是多方面的：首先，生态环境相关领域差异巨大，难以形成统一的行业标准。即使同一领域因为生态环境空间的地方性差异其技术标准也会存在着差异。其次，生态相关的技术标准制定不仅是科学技术问题，可能涉及经济社会发展等诸多问题，还可能涉及卫生健康等多方面问题。在相关技术标准制定过程中，实验室数据在特定生态空间的失真，或者相关数据不全面，乃至技术性方法的差异都会造成技术标准的最终偏差。在生态民主理论与实践中，公众作为生态环境技术标准的最终实践者具有发言权，其感性经验以地方性知识为话语体系参与到协商之中。以生态环境治理绩效标准规制为例，规制首先规定总体治理目标，然后以行政权力对设定目标进行监测，其根本目的在于使被规制者实现规制目标。生态环境治理绩效标准规制在实践中体现为污染排放数量、资源能源消耗定额等具体参数。绩效标准规制在实践中的主要问题在于规制制定本质上是一个复杂的动态的系统工程，政府相关规制制定部门难以全面把握高度复杂、数量庞大的信息并作出准确决策。生态环境治理绩效标准的落实需要对相关因素进行全面的监测评估，监测的高成本也会影响绩效标准规制的落实效果。

　　生态民主规制有效实践的基本前提是充分准确的信息和知识共识。生态环境治理中过度依靠行政司法力量，往往会忽视社会子系统各自独特的运行规律和逻辑。生态民主的法治化路径创新体现为两个基本的路径：第一种路径是将基于群众路线的协商机制上升为法律规制。在生态治理过程中，行政管制和市场激励模式两种模式呈现出明显的不足，协商民主成为重要的路径选择。国内学者一般认为生态协商是中国特色协商民主在生态治理领域的运用。这种论证逻辑强调了党在生态民主中的领导地位，同时也为生态民主中的法治化提供了有别于西方的生成路径。中国特色生态民主生成的基本逻辑可以概述为：党代表人民的根本生态利益，党的相关意志上升为法律规制，也就生成了生态治理规制，继而形成了党领导下的生态民主。第二种路径是借鉴反身法理论推动生态民主规制创新，以协商为手段将生态民主纳入法治体系中。反身法理论的提出者德国学者贡塔·托依布纳认为，"作为一种新型的自我规制，法律不对其他社会子系统进行直接干涉，而是通过系统间的结构耦合、信息交互以及商谈沟通进行间接干涉，法律不负责规制后果，而是促使其他社会子系统建立起一套交涉民主的自我规制系统。"①反身法所强调的不是强制性规范的制定，而是通过社会子系统的协调机制弥合社会孤立子系统内在的功能缺陷。

　　学术界一般认为，反身法有利于调动提升社会主体参与生态治理的积极性、创造性，有助于不同主体充分形成知识共识，尤其是引入第三方主体以弥补规制制定者信息和知识不足。由于生态风险的不确定性以及生态利益主体对知识和信息掌控的局限性，因而在诸如司法、行政等封闭系统内不具有完全化解生态治理风险的可能性。反身法理论为不同社会系统间的融合沟通提供了路径选择。在生态治理和公众参与的规制方面，西方国家所进行的反身法实践也取得了一定的效果。目前国内已有研究者对反身法对环境规制的影响进行了初步理论探讨。反身法的支持者认为，传统生态环境规制受限的重要原因之一在于忽视了法律和行政系统的封闭性，以及其在知识信息认知方面的局限性。反身法理论体现了治理方式从政府行政权力管制模式向多元主体参与社会共治模式的转变。在生态民主法治化过程中，反身法理论为中国特色生态协商规制的创新发展提供了路径参照。反身法规制的对象是生态环境协商程序。生态民主诸多特性可能会导致协商过程中司法、行政系统与其他社会子系统间的冲突，乃至不同生态空间社会子系统间的冲突。反身法理论对于中国特色生态民主的意义在于构建规制者与被规制者之间的沟通体制，建构社会空间、生态环境空间等诸多子系统间的协商机制。虽然中国生态环境法律文件中没有使用反身法这一概念，但第三方监管、自律环境协议环保约谈等相关规制都在一定程度上体现了反身法规制的特征。生态环境治理中的邻避冲突的解决可以理

---

① 李巍. 应对环境风险的反身规制研究[J]. 中国环境管理, 2019（3）: 116.

解为一种社会子系统内的共识。因而在中国特色生态协商机制中，反身法规制也可以理解为对协商的一种法律赋权形式。反身法理论的发展完善有助于进一步拓展中国特色生态协商机制的内涵与实践路径。

第六章　生态文明保障体系
的协商参与机制

　　在我国生态治理模式从行政权力主导的一元化模式到多元民主参与模式转变的过程中，各地在生态文明实践中创造出了多种符合我国国情的协商参与模式，全过程人民民主机制将公众参与纳入生态环境治理的全过程。就我国生态协商的经验模式而言，获得党和政府充分肯定和联合国认可的模式主要有以下四种：安吉模式、嘉兴模式、蚂蚁森林模式和塞罕坝模式。上述模式一方面体现了治理的生态性原则，另一方面体现了公众参与的典型特征，因而也可以看作是中国生态协商参与的代表性模式。此外，蒲韩模式的影响虽然不如上述四种模式，但是作为具有鲜明生态民主特色的乡村生态治理模式，蒲韩模式中的公众参与体现出与众不同的特点。公众生态环境行为及生态行政等因素直接影响生态协商模式的建构。提升生态协商的治理效率是替代运动式治理模式的关键因素，体现了生态文明保障体系参与机制的发展趋向。

一、生态文明的参与模式

（一）安吉模式

　　浙江省湖州市安吉县创造的安吉模式是中国乡村生态治理模式的代表。安吉模式肇始于2003年开始倡导的以"千村示范、万村整治"为主要内容的"千万工程"。2005年8月15日习近平总书记考察安吉期间首次提出了"绿水青山就是金山银山"的理念。2008年安吉县委提出以农村人居环境建设为重点，将生态文明建设和新农村建设有机结合，最终形成生态治理的安吉模式。2015年国家质检总局、国家标准委联合农业农村部、财政部发布了以安吉县政府为第一起草单位的《美丽乡村建设指南》国家标准。2018年中国浙江"千村示范、万村整治"工程获得了联合国环境规划署颁发的"地球卫士·激励与行动奖"。

安吉模式的基本特征体现在以村党委（支部）为核心，将群众性生态环境人居建设工程纳入乡村基层民主自治全过程。安吉模式的生态民主内涵集中体现在以安吉经验为蓝本的《美丽乡村建设指南》的相关内容之中。《美丽乡村建设指南》总则部分规定了村民主体的原则。村民作为主体参与相关治理的具体权利包括知情权、建议权、决定权。基层组织部分规定：遵循民主决策、民主管理、民主选举、民主监督原则，制定村民自治章程、村民议事规则、村务公开、重大事项决策、财务管理等制度，并有效实施。上述内容充分体现了安吉模式的民主内涵，通过乡村基层治理原则的制度化推进乡村基层民主治理实践。

安吉模式的生态民主内涵还体现在将生态治理内嵌于乡村现代化进程之中。"浙江省安吉县通过创新和政策的调整实现生态经济发展的理念和方式。通过规划导向的发展模式，在生产与消费之间能够互补的产业链的基础上，一个新的、具有地方特征的生态经济模式终于形成。……住区基础设施的建设，可再生能源和循环竹产业的发展，农业食品供给链，以及生态旅游（农家乐）。这种模式代表了中国一种新的、内生型的城乡协调发展模式。"[①]有研究者通过实证研究提出："安吉的发展是一种内生型的生态发展，其生态发展模式是在探索一条生态保护和经济发展相结合的范式。生态发展模式在城镇化的中观和宏观层面政策上，以及在农业和乡村重组过程中，体现了重新本地化的过程，以求减少碳的排放和资源的消耗。生态发展模式显示了一个具有领先意义的、新型的、以社区为基础的网络的自我组织形式。"[②]安吉模式作为中国乡村生态环境民主治理的典型代表，具有如下特点：首先，安吉模式更多地体现出环境民主治理的内涵，人居环境建设是村民参与的主要目标。其次，以基层自治民主为制度依据，可以视为基层自治民主在人居环境领域中的运用。再次，安吉模式是一种以生态经济为基础的乡村生态民主类型。

---

①于立, Terry Marsden, 那鲲鹏. 以新兴的乡村生态发展模式解决中国城乡协调发展, 探讨可持续性的发展模式: 安吉案例[J]. 城市发展研究, 2011（1）: 60.

②于立. 创立一个中国式的生态发展模式: 安吉研究[J]. 城市发展研究, 2009（10）: 86.

（二）塞罕坝模式

塞罕坝机械林场是位于河北省北部的国营林场，三代塞罕坝林场建设者将沙地荒原建设为百万亩人工林海。"塞罕坝林场55年的发展历程，就是一部建设生态文明、实现人与自然和谐的历史。"[①]2017年12月5日，中国塞罕坝机械林场获得了联合国环保最高荣誉——"地球卫士奖"。习近平总书记对河北塞罕坝林场建设者的感人事迹作出重要指示，"全党全社会要坚持绿色发展理念，弘扬塞罕坝精神，持之以恒推进生态文明建设"，强调要"把我们伟大的祖国建设得更加美丽"。[②]习近平总书记勉励塞罕坝林场职工："要传承好塞罕坝精神，深刻理解和落实生态文明理念，再接再厉、二次创业，在实现第二个百年奋斗目标新征程上再建功立业。"[③]塞罕坝精神体现了公有制企业在生态治理中的鲜明特色，塞罕坝的经验形成了代表性塞罕坝模式。塞罕坝模式的主要特点在于：第一，塞罕坝模式体现出更加鲜明的生态内涵，塞罕坝模式所创造的价值直接体现为生态效益。第二，塞罕坝模式中公众（公有制企业职工）参与体现为红色精神的传承与创新。塞罕坝林场三代建设者把个人理想与林业建设事业、个人事业与国家利益紧密结合起来，创造出新时代的塞罕坝精神。第三，塞罕坝林场作为国有林场，社会主义公有制企业的制度优势是塞罕坝模式的制度保障。第四，塞罕坝模式还体现在作为经验的地方性知识的创新。"塞罕坝人始终依靠科学技术，……将林学理论同塞罕坝实际相结合，不断开展科技攻关、技术引导，摸索总结出全光育苗、'三锹半'植苗、困难立地造林等一套在高寒地区科学造林育林、改善生态环境的成功经验和先进理念"。[④]塞罕坝模式所体现的是中国高寒荒漠造林的科技进步史。

---

①中共国家林业局党组. 一代接着一代干 终把荒山变青山——塞罕坝林场建设的经验与启示[J]. 求是, 2017（16）: 32.

②弘扬塞罕坝精神，把我们伟大的祖国建设得更加美丽——论中国共产党人的精神谱系之三十八[N]. 人民日报, 2021-11-16: 1.

③同上。

④秋石. 绿色奇迹 可贵范例——塞罕坝林场生态文明建设的启示[J]. 求是, 2017（17）: 24.

（三）蚂蚁森林模式

"蚂蚁森林"项目由蚂蚁金融服务集团于2016年8月在支付宝平台推出，参与用户以日常低碳环境行为积蓄的"绿色能量"用于"种树"。环保项目"蚂蚁森林"荣获2019年联合国环境规划署"2019地球卫士奖"。联合国环境规划署执行主任英厄·安诺生表示："'蚂蚁森林'展示了如何通过技术，激发全球用户的正能量和创新行动。虽然我们面临的环境挑战很严峻，但是我们有技术和知识可以克服这些挑战并且从根本上重塑我们与地球互动的方式。这样的项目充分调动了人类的聪明才智，激发创新行动，助力我们创造一个更美好的世界。"[1]

蚂蚁森林模式具有与其他模式显著不同的特色：第一，"蚂蚁森林"所关注的是生态问题，而不是与参与者直接相关的身处其中的环境问题。因而蚂蚁森林模式超越了以往的环境参与局限，体现了更加鲜明的生态参与特征。第二，蚂蚁森林模式是基于互联网平台的虚拟参与模式。"互联网+"作为融合了多种高新科技的经济社会发展新形态，可以找到资源存量"开源节流"的突破口：以全程监控、精准栽培和高效生产等方式减少自然资源的消耗量，并通过虚拟技术提高公众的认知度和参与度，增加社会资源的增量。蚂蚁金服公司的"蚂蚁森林"应用程序是当前"互联网+"沙漠治理工作的成熟案例，它充分发挥了互联网平台和大数据技术的优势，促进了植物种植、植物管护、项目监督等过程中社会资源的增加，是互联网时代沙漠治理工作发展的有益探索。"互联网+"时代，公众生态治理参与与互联网技术相结合成为一种趋势，网络平台及技术为生态民主治理参与模式带来了创新性的变革。"以支付宝平台推出的'蚂蚁森林'为例，研究发现其借助游戏化的创新策略，探索出的'互联网+环保公益'助推机制，不仅是传播低碳环保理念的一种创新实践，也为践行低碳行动提供了新的途径。"[2]第三，"蚂蚁森林"所涉及的个人碳账户，以及对于公众生态行为的培育，拓展了中国特色生态民主的全新领域。"'蚂蚁森林'

---

[1]夏宾.带动5亿人参与低碳生活 蚂蚁森林获联合国"地球卫士奖"[EB/OL].中国新闻网,https://www.chinanews.com.cn/cj/2019/09-19/8960397.shtml.

[2]张萌."互联网+环保公益"助推低碳生活的创新模式研究——以支付宝蚂蚁森林为例[J].经济研究导刊,2021（13）:113.

是支付宝平台推出的一种个人碳账户，它的行为主体包括了企业组织、政府、用户、环境。"①"支付宝蚂蚁森林的推出让更多人意识到环境保护的重要性。……公众蚂蚁森林使用意愿会受到公益性、互动性和社会生态环境的影响，使用意愿对环保意识有影响作用，环保意识最终又对用户的环保行为产生影响。"②

（四）嘉兴模式

2016年嘉兴模式入选中国推动环境保护多元共治典范案例。2022年6月30日，嘉兴市环保联合会发布了《2010—2021嘉兴环境治理公众参与白皮书》，这是中国首次由环保社会组织发布的白皮书。嘉兴模式以"大环保、圆桌会、陪审员、道歉书、点单式、联动化"为特征推动环境治理进程中的公众参与。嘉兴模式的组织结构体现为"一会三团一中心"："一会"指环保联合会，"三团"指市民环保检查团、环保专家服务团、生态文明宣讲团，"一中心"指环境权益维护中心。2016年"嘉兴模式"被联合国环境规划署写入《绿水青山就是金山银山：中国生态文明战略与行动》报告。在报告"推动环境保护多元共治"部分，专题介绍了嘉兴模式的特点和经验："嘉兴模式始于浙江省嘉兴市，成功示范了城市公众参与模式。"③嘉兴模式相对于其他模式而言，具有更加鲜明的民主色彩。嘉兴模式成功的关键在于政府向公众的赋权，尤其是赋予公众环保否决权，政府赋权机制是其得以推广实践的重要原因。

（五）蒲韩模式

1998年以来山西省运城市永济市蒲州、韩阳两镇成立多家合作社组织，蒲韩乡村协会是联系多家合作社组织的机构。蒲州、韩阳两镇的合作组织在社区生态农业方面具有鲜明特色，因而被称为蒲韩模式。蒲韩模式是一种具有生态民主特色的小规模社会化生产模式。蒲韩社区建立千亩生

---

① 吕靖烨, 范欣雅. 个人碳账户建设的三方演化博弈分析——以"蚂蚁森林"为例[J].技术与创新管理, 2021（2）: 198.

② 颜烨, 周昀茜, 陈岩. 支付宝"蚂蚁森林"对用户环保意识和行为的影响调查研究[J]. 中国林业经济, 2020（5）: 7.

③ 李鹏. 浙江"嘉兴模式"登上联合国报告: 不让公众参与环保走过场[EB/OL]. 浙江在线, https://zjnews. zjol. com. cn/gdxw/ycxw_zxtf/201606/t20160605_1606075. shtml.

态园，将种植产业发展为生态化多元化种植产业，并形成以手工作坊为特色的加工体系。蒲韩模式克服了资本控制下农业生产的弊端，逐步发展出小规模社会化生产的生态农业特色。小规模社会化生产不等于传统农业的小生产，而是社会化生产前提下的以农民自耕自种为特点的小规模农业生产。适度规模耕作有助于较少大型农机及柴油的使用，有助于生态保护。蒲韩模式建议每户农民耕种面积以三十亩为宜，强调农户自耕自种基础上的合作农业。蒲韩社区将生产、生活融入生态建设之中，将生态民主参与构建于农业生产生态化的基础之上。"蒲韩模式的本质是生态社区建设"。[①]蒲韩模式可以理解为一种乡村生态社区生产模式，有效应对了资本所主导的工业化农业生产对乡村社群体系的瓦解，形成了社区成员生产生活的全过程参与模式。蒲韩模式作为农村社区生态农业的典型案例具有鲜明的生态民主内涵，其核心体现为农民参与生态农业的主体性。国内媒体指出："越来越多的人正强调将生态农业、合作经济与社区服务结合，让生态成为一股真正'团结'的力量：它一面呼吁城市的消费者一同参与到农业合作化之中，将消费者教育融入单纯的经济关系，促进消费者与生产者的同盟意识；另一面则期望通过'劳动'和'服务'重塑农民的自我认知与合作关系，为乡村注入崭新的、内生的活力——国内如蒲韩乡村、绿耕城乡互助社，都格外注重在以合作农业增强农民抗风险能力的同时，通过社区组织与社区生活增强农民对公共事务的参与意识和对乡村价值的坚定信心。"[②]

二、生态协商机制中的公众参与

（一）生态环境行为对公众参与的影响

公众的生态环境行为是多种因素作用下的结果。有研究者以多元变量对公众环境行为进行了综合调查。研究结果表明："环境态度、性别因素、年龄因素、公民责任感对居民私人、公共领域环境行为均有着较显著

[①]黄毅，王治河. 建设性后现代主义生态观视域下的生态社区建设[J]. 鄱阳湖学刊，2022（1）：15.

[②]黄蕙昭. 他们为何抗拒市场化与全球化：乡村的另一种可能[EB/OL]. 澎湃新闻，2018-11-24, https://www.thepaper.cn/newsDetail_forward_2651286.

影响。环境知识、当地政府环境治理状况分别对私人、公共领域的环境行为作用明显。受教育程度变量的作用在两个领域中部分显著。当地环境状况、收入和政治面貌变量的影响均不显著。"①调查数据表明教育程度、环境风险认知对公众环境行为的影响较大。"我国居民环境行为意愿总体水平中等偏上，个体差异性较大。在物质层面上，居民受教育程度越高，环境信息获得越多，生活消费水平越高，环境行为意愿越强；在观念层面上，居民对当地环境状况认知越差，环境风险感知越强，环境信念越强，社会信任感越高；在实践层面上，居民的政治参与越多，环境行为意愿越强。"②实证研究表明城乡居民环境行为存在着较大差异，这种差异在一定程度上体现了生态环境资源、利益以及风险分配的城乡差异。"城乡居民的环境关心水平存在显著差异，城市居民在诸多方面都较乡村居民表现出更多的环境关心。……环境知识和媒体使用在城乡居民环境关心差异形成过程中具有重要的中介作用"。③"公众环保参与主要集中于私人领域……农村居民极少参与公共领域环保行动……政府特别是地方政府的环境治理工作认可度较低……环境问题认知、地方政府环保成效，对私人领域环保行为影响更大；环境污染程度、经济地位、中央政府的环保成效则对公共领域环保行为影响更为显著。"④调查结果显示，大众传媒对公众环境行为能够产生较大影响。"大众媒介通过信息传播和社会动员两种机制作用于居民的环境行为。在日常生活领域，……大众媒介通过传播知识对居民的环保行为发挥一定的正向影响；而公共领域人们参与环保事务的数据分析显示，大众媒介的动员机制是决定性的。"⑤

①王薪喜，钟杨. 中国城市居民环境行为影响因素研究——基于2013年全国民调数据的实证分析[J]. 上海交通大学学报（哲学社会科学版），2016（1）：69.

②王晓楠，瞿小敏. 生态对话视阈下的中国居民环境行为意愿影响因素研究——基于2013年CSS数据的实证分析[J]. 学术研究，2017（3）：62.

③范叶超，洪大用. 差别暴露、差别职业和差别体验——中国城乡居民环境关心差异的实证分析[J]. 社会，2015（03）：141.

④舒欢，李云燕. 我国公众公私领域环保行为比较研究——基于2013年中国综合社会调查数据的实证分析[J]. 环境保护，2018（10）：52.

⑤张萍，晋英杰. 大众媒介对我国城乡居民环保行为的影响——基于2013年中国综合社会调查数据[J]. 中国人民大学学报，2016（4）：122.

环境风险感知是影响公众的环境行为的重要因素。"风险暴露和环境风险感知既能够对居民的抗争行为倾向产生直接影响，也能够通过系统信任这一中介变量产生间接影响；利益感知、程序公正通过系统信任间接作用于居民的抗争行为倾向。"①中国综合社会调查数据显示："居民感知的居住地环境污染严重程度损害居民对政府的信任度，但不会抑制居民的政治参与行为。"②公众风险认知更容易引发体制外的参与。中国综合社会调查的微观调查数据表明："居民对环境污染的感知并不会对居民的制度化政治参与行为产生显著影响，但却显著提高了居民非制度化政治参与的概率"。③

（二）生态环境行为的消费主义困境

生态环境行为是指国家、企业事业单位、社会组织以及公民等主体对生态环境施加影响活动的总称。生态环境部等五部门联合发布的《公民生态环境行为规范（试行）》中明确了生态环境行为的基本内容："关注生态环境、节约能源资源、践行绿色消费、选择低碳出行、分类投放垃圾、减少污染产生、呵护自然生态、参加环保实践、参与监督举报、共建美丽中国"。④生态环境风险和责任在不同社会阶层群体间的公平分配是生态民主需要面对的重要现实问题。"由于风险分配机制、风险感知能力、风险分配程序和风险表述方式等问题，……由此会加剧社会阶层分化、滋生社会越轨行为、诱发社会风险冲突。为此，必须正视当代中国财富分配与风险分配的叠加性，恪守分配正义理念，创建科学的风险分配和化解机制，满足不同群体风险诉求，坚持全球风险正义，共同化解风险危机。"⑤随着

---

① 方学梅, 张璐艺, 俞莉莉. 谈"化"色变：环境公正、系统信任与抗争行为倾向——基于上海化工园区周边居民的实证分析[J]. 风险灾害危机研究, 2019（2）：185.

② 王晓红, 胡士磊, 张奔. 环境污染对居民的政府信任和政治参与行为的影响[J]. 北京理工大学学报（社会科学版）, 2020（2）：31.

③ 邓明, 林莹. 环境污染如何影响了居民的政治参与？——基于"中国式分权"视角的研究[J]. 制度经济学研究, 2019（2）：31.

④ 史卫燕, 高敬. 生态环境部等五部门联合发布《公民生态环境行为规范（试行）》[N]. 当代生活报, 2018-06-06: 008.

⑤ 冯志宏. 社会正义视阈下的当代中国风险分配[J]. 马克思主义与现实, 2015（1）：167.

社会阶层的分化和整合，不同社会阶层事实上面临着生态环境利益、责任以及风险分配不公正的问题。不同阶层所获得的生态环境利益、责任与承担的风险不对等。造成生态环境利益和风险分配差异化的原因，学术界一般认为是贫富差距及消费能力差异造成的。相对富裕阶层有能力消耗更多资源的同时规避其所造成的风险，而造成的生态环境风险则更多由相对贫困阶层承担。"个体拥有的社会结构地位决定其拥有不同环境风险应对能力，导致暴露风险呈现阶层化。……个体受教育程度越高，空气污染暴露风险防范意识和风险规避能力越强，环境污染暴露风险越低；高收入群体不仅对高环境质量更具偏好而且具备风险规避的经济基础，承受的空气污染暴露风险较低；公有单位就业个体承受的空气污染风险暴露低于私有单位就业个体"。①公众环境风险感知在一定程度上是生态环境风险分配的结果。"公众对垃圾处理场的接受度是影响垃圾处理场建设与运营的重要标尺。……其决策行为也会受到程序公正（风险沟通、选址程序公正观）的影响，参与风险沟通越多，对垃圾处理场接受度越高；……同时，环境公正还会通过系统信任间接影响垃圾处理场接受度。"②

实证分析数据表明阶层分化与环境行为之间有着比较密切的关系。"环境行为的结构制约模型大体得以验证，……城市差异假设得以验证而区域差异假设未获支持则反映出污染驱动论解释的局限性；环境信息获取直接影响环境行为的同时，亦起着较为重要的中介作用"。③虽然阶层因素在环境行为中具有重要作用，但并不是唯一重要因素，不同社会阶层的差异在一定程度上决定了其生态环境行为以及参与方式。"不同阶层在环境行为方面存在显著差异。具体而言，职业阶层地位、教育阶层地位和经济收入阶层地位均与居民环境行为水平具有正相关关系。"④社会调查数据表

---

① 张文晓, 穆怀中, 范洪敏. 空气污染暴露风险的社会结构地位差异分析——基于辽宁省的实证调查[J]. 环境污染与防治, 2017（4）: 444.

② 聂伟. 环境公正、系统信任与垃圾处理场接受度[J]. 中国地质大学学报（社会科学版）, 2016（4）: 62.

③ 彭远春. 城市居民环境行为的结构制约[J]. 社会学评论, 2013（1）: 29.

④ 时立荣, 常亮, 闫昊. 对环境行为的阶层差异分析——基于2010年中国综合社会调查的实证分析[J]. 上海行政学院学报, 2016（6）: 78.

明不同社会阶层之间的环境行为的差异较大，尤其是改革开放以来兴起的中间阶层的环境行为与其他阶层存在较大差异。"中间阶层环境行为水平显著高于其他阶级阶层，且在不同社会人口特征上有显著差异。"①"旧中间阶层和新社会阶层对环境不友好行为的反感程度明显高于个体户和劳动阶层，新社会阶层对环境不友好行为的反感程度高于旧中间阶层。"②

消费是衡量不同阶层的环境行为的重要变量。社会主义市场经济推动了社会整体消费水平的提高。与此同时，不平衡不充分的发展在不同阶层的消费能力方面也有所体现。消费能力不足与过度消费的消费主义同时存在，消费主义是造成生态环境负面影响的重要社会因素。经济收入中间及以上阶层的负面生态环境行为主要体现为消费主义的负面影响。"作为一种社会主流文化观念的价值体系和生活态度，消费主义成为消费社会的意识形态。这种意识形态正在成为资源匮乏、环境危机的催化剂，严重威胁着人类的可持续生存。"③消费方式的变化加速了生态环境危机，但是需要辩证看待消费与生态环境之间的关系。"消费主义成为被大众所接受的文化及生活方式是有着历史必然性的。而重新审视并找出它与生态和解的关节点成为至关重要的问题。"④资本逻辑下的消费异化是造成生态危机的重要原因。法国左翼思想家安德列·高兹对于资本与异化消费的关系进行了精辟的论述："消费社会是'商品制造消费者'的社会，提出资本主义的经济增长反而制造匮乏，探讨异化消费与异化劳动之间的紧密联系，揭示异化消费与虚假需求的共生关系，说明异化消费对生态危机的影响，批判目前西方社会盛行的消费主义，寻找异化消费及生态危机的根源——资本主义制度。"⑤社会阶层生态环境行为差异对生态民主治理的负面影响需要

---

① 卢春天，李一飞. 中国中间阶层环境行为探究——基于2013年中国综合社会调查数据[J]. 中国研究，2021（1）：249.

② 邢朝国，时立荣. 环境态度的阶层差异——基于2005年中国综合社会调查的实证分析[J]. 西北师大学报（社会科学版），2012（6）：6.

③ 刘福森，郭玲玲. 消费主义霸权统治的生存论代价[J]. 人文杂志，2005（4）：34.

④ 李凡. 消费文化的兴起与生态问题[J]. 社会科学辑刊，2012（6）：49.

⑤ 吴宁. 消费异化·生态危机·制度批判——高兹的消费社会理论析评[J]. 马克思主义研究，2009（4）：122.

从两方面进行化解：一方面，消费主义困境的化解需要以社会主义民主驾驭超越资本逻辑制度属性实现；另一方面，需要在对新的社会阶层整合吸纳过程中，对其生态环境价值观及行为加以引导。

（三）生态协商机制中的公众参与状况

生态民主的制度属性决定了中国生态协商中公众参与模式与西方国家存在本质差异。"美国环境运动与环境治理变化的历史可以分为三个阶段，环境运动呈现出从精英参与到大众参与和政社合作的转变，将大众社会运动与利益集团政治融合的特点，从而推动了环境保护中政府管理体系的建立健全，呈现了治理方式从行政主导到多元参与，以及治理内容从资源保护的单一主题到污染防治、环境正义等多主题综合的特点。"①在生态文明建设的过程中，我们需要构建起政府、企业、环保NGO、媒体、社区以及公众等多元行动者共同承担环境治理历史使命的合作治理模式。"②多元主体参与的合作治理模式有助于打破"中心—边缘"的线性治理结构，赋予生态民主以全过程人民民主的丰富内涵。

影响公众参与生态环境治理的因素是多方面的："环保行动成本与收益、个人资源禀赋以及公众对政府信任与环境治理评价对于公众选择积极的环境治理参与均具有显著的影响。"③目前学术界对环境治理公众参与问题的研究主要应用以下理论工具：环境意识论、社会资本论、权力分配论、市场经济论等。但上述理论都存在一定的理论局限，并不能在有足够解释力的同时提出有效的应对方案。有研究者提出了"环境关联度"的概念，用以揭示公众参与的动因。"环境关联度是一个地区的居民与其生活的地方自然环境的关系强度，可以分为利益关联、责任关联和情感关联三种类型。弱环境参与包括低利益关联—弱环境参与、低责任关联—弱环

①赵琦,朱常海.社会参与及治理转型:美国环境运动的发展特点及其启示[J].暨南学报（哲学社会科学版）,2020（3）:57.

②刘佩.环境参与治理.刚论及走向[J].学海,2020（2）:62.

③丁太平,刘新胜,刘桂英.中国公众环境治理参与群体的分类及其影响因素[J].上海行政学院学报,2021（1）:69.

境参与、低情感关联—弱环境参与三种类型。①增强关联度的举措有助于改善公众环境参与不足的状况。有研究者基于2011—2015年中国省际平衡面板数据进行分析的数据表明："在'政府—企业—公众'三元主体环境治理体系中，公众参与一方面依赖于政府的环境执法迫使企业污染环境的外部成本内部化，进而间接地参与环境治理；另一方面其本身对污染企业的震慑作用也会产生与政府环境执法类似的效果，进而直接地参与环境治理。……公众参与环境治理主要体现在以投诉上访为主要形式的后端治理层面，以建言献策为主要形式的前端治理效应不显著。"②对于公众参与对生态环境治理效果的影响，有研究者以减排效应为主体基于2000—2017年省级面板数据研究发现："（1）总体上公众参与度的提高能够显著抑制污染排放，但却存在地区差异，公众参与仅对东部地区降低环境污染起促进作用，对中、西部地区尚未表现出显著影响。（2）公众参与能够通过政府正式环境规制对污染排放产生影响，但通过影响政府环境立法、环境执法的作用尚不明显"。③上述分析表明，公众参与本身并不会必然对生态环境治理产生显著影响。有研究者指出了公众参与影响生态环境治理效果的机制："公众参与是企业改变短视行为、进行前瞻性创新的关键因素"。④"企业的稳态条件则需考虑公众举报对企业声誉带来的影响，其是企业进行绿色技术创新行为决策的重要参考因素……不同类型的政府行为与公众参与均会对绿色技术创新有显著促进作用。"⑤

实证研究数据表明，公众参与虽然是生态民主的重要手段，但是受到多重因素的影响和制约。生态环境治理中的公众参与机制既包括社会结构

①耿言虎. 冷漠的大多数：基层环境治理中居民弱参与现象研究——基于"环境关联度"的视角[J]. 内蒙古社会科学, 2022（2）: 25.

②郭进, 徐盈之. 公众参与环境治理的逻辑、路径与效应[J]. 资源科学, 2020（7）: 1372.

③屈文波, 李淑玲. 中国环境污染治理中的公众参与问题——基于动态空间面板模型的实证研究[J]. 北京理工大学学报（社会科学版）, 2020（6）: 1.

④徐乐, 马永刚, 王小飞. 基于演化博弈的绿色技术创新环境政策选择研究：政府行为VS. 公众参与[J]. 中国管理科学, 2022（3）: 30.

⑤同上。

与制度的客观因素，也包括公民生态环境知识、生态环境意识和行为等主观因素。有研究者通过环保举报热线相关数据的分析得出结论："环境保护公共参与意愿具有明显的空间特质；环境举报的形式对环境保护的公共参与（环境举报）有显著的影响；户籍人口和地区生产总值也对环境举报有明显正向作用"。[①]生态环境治理效果是衡量生态民主模式的重要标准，生态民主治理中的公众参与同治理效果存在正向关联。治理效果体现了生态民主的工具性特征。在中国特色生态民主价值体系中，工具性服从于生态性和民主性原则。如何在生态性和民主性原则前提下将生态环境治理效果作为公众参与模式建构的重要标准，是中国特色生态民主模式建构的重要目标。

三、生态环境治理转型中的协商机制

（一）生态环境运动式治理中的协商机制

运动式治理具有动员整合效率高、治理周期短、成效显著等明显优势，已经成为生态环境治理实践中长期存在的典型模式。行政权力主导的环境治理模式一般被称为环境权威主义，而公众广泛参与的民主化治理模式被称为环境民主主义。"环境问题的复杂性和环境治理的专业性使世界各国的环境行政受到理性主义思维及其实践模式的主导，中国的环境行政也奉行理性主义治理模式。这种环境行政的理性主义，在动用政府权威性的组织与政策力量以及专家的技术知识上显示出一定的有效性"。[②]通过党和政府的权威进行生态环境治理，其中最典型的环境权威主义（环境理性主义）是以河长制为代表的治理模式。河长制的具体内容和特点集中体现在中共中央办公厅、国务院办公厅印发的《关于全面推行河长制的意见》中的规定："坚持党政领导、部门联动。建立健全以党政领导负责制为核心的责任体系，明确各级河长职责，强化工作措施，协调各方力量，形成一级抓一级、层层抓落实的工作格局。……营造全社会共同关心和保护河

---

①李兵华, 朱德米. 环境保护公共参与的影响因素研究——基于环保举报热线相关数据的分析[J]. 上海大学学报（社会科学版）, 2020（1）: 118.

②虞崇胜, 张继兰. 环境理性主义抑或环境民主主义——对中国环境治理价值取向的反思[J]. 行政论坛, 2014（5）: 21.

湖的良好氛围。"①

对于在依法治国的大背景下使用运动式治理方式非常规化的原因，学术界提出了四种阐释："社会资源有限说，治理工具有限说，科层官僚制局限说和社会动员能力下降说。作为特定历史阶段的产物，运动式治理有其存在的合理性。我们在理论研究和实际运作过程中必须……不断创新和丰富其内涵和形式。"②运动式治理之所以长期存在，其根本原因在于其能够在短期内取得成效。"相对有效性是运动式治理长期存在的绩效合法性。这种有效性不仅表现为问题导向的有效性，还表现为结构导向的有效性。可替代性治理工具供给不足是运动式治理长期的现实合理性。只要供给不足的现状依然存在，运动式治理就将有存在空间。与本土治理生态天然契合是运动式治理长期存在的源生动力。"③"推动运动式治理转向长效治理是国家治理体系和治理能力现代化的必然要求。"④运动式治理成为常规治理模式的根源在于党政系统自上而下的压力型治理体制。"源起于运动式治理的河长制通过'两块牌子、一套人马'的机制建立起自身的科层系统，实现了运动式治理的常规化。"⑤有研究者将环保督察制度也纳入运动型治理机制之中。《中央生态环境保护督察工作规定》提出："中央生态环境保护督察包括例行督察、专项督察和'回头看'等。……针对突出生态环境问题，视情组织开展专项督察。"⑥中央环保督察制度"通过自上而下的政治动员方式来开展环境督察，行使一系列非常规权力来实现特定

---

①中共中央办公厅 国务院办公厅印发《关于全面推行河长制的意见》[J]. 水资源开发与管理, 2017（1）: 5.

②王连伟，刘太刚. 中国运动式治理缘何发生？何以持续？——基于相关文献的述评[J]. 上海行政学院学报, 2015（3）: 106.

③李辉. "运动式治理"缘何长期存在？——一个本源性分析[J]. 行政论坛, 2017（5）: 138.

④王辉. 运动式治理转向长效治理的制度变迁机制研究——以川东T区"活禽禁宰"运动为个例[J]. 公共管理学报, 2018（1）: 71.

⑤宋维志. 运动式治理的常规化: 方式，困境与出路——以河长制为例[J]. 华东理工大学学报（社会科学版）, 2021（4）: 136.

⑥中共中央办公厅 国务院办公厅印发《中央生态环境保护督察工作规定》[J]. 中华人民共和国国务院公报, 2019（18）: 25.

任务，……在功能上依然属于运动型环境治理机制的制度。"①

运动式治理是当前中国生态环境治理的基本方式，是中国国情下具有一定合理性的现实选择。以河长制为代表的运动式生态环境治理取得显著效果的同时，也存在着一定的问题。生态环境的运动式治理体现了现阶段中国特殊的国情。生态环境民主治理模式的动员能力不足是运动式治理长期存在的现实原因。因而虽然具有诸多弊端，但是运动式治理仍然具有一定的现实合理性。生态民主在治理中的动员能力是制约其推广实践的重要因素。如果生态环境民主不能充分满足生态行政的效率要求，其在实践中就会受到诸多因素的限制。在现实生态行政中，生态环境治理目标以压力型政治机制通过自上而下进行贯彻，通过运动式治理模式能够短时间内高效完成治理目标。生态环境运动型治理模式之中也存在一定民主参与形式，即以群众路线为载体的群众性参与。中国特色生态民主模式需要兼容于党和政府的生态管理体制。中央环保督察制度是用以强化治理效率的重要手段，将环保督察制度内嵌于生态民主制度机制之中体现了党领导下中国特色生态民主的鲜明特色。

有研究者通过实证方法阐明了运动式环境治理的机制过程。"中央通过控制—激励—谈判三重路径开展自上而下的资源动员，为地方采取运动式治理提供了初始动力。"②不同维度，运动式治理具有不同的运行规律和特征："在宏观政治维度，运动式治理要符合……专断性权力向建制性权力转变的内在要求；在中观平台维度，运动式治理体现出央地关系中的压力型政治特征和执行方式上的目标责任与项目推动特点；在微观行动维度，运动式治理表现为诱致性制度变迁下作为一种有效政策工具选择的效用实质；在合法性基础维度，运动式治理服务于散布性支持与特定支持相互平衡以促进国家治理绩效提升和模式优化的发展要求。"③运动式治理并

---

①戚建刚，余海洋.论作为运动型治理机制之"中央环保督察制度"——兼与陈海嵩教授商榷[J].理论探讨，2018（2）：157.

②赵聚军，王智睿.职责同构视角下运动式环境治理常规化的形成与转型——以S市大气污染防治为案例[J].经济社会体制比较，2020（1）：93.

③杨志军.三观政治与合法性基础：一项关于运动式治理的四维框架解释[J].浙江社会科学，2016（11）：28.

不是单纯的政府相关部门作为主体的治理，其中蕴含着多元主体参与的可能性因而也能够体现一定程度的民主内涵："运动式治理的实质是政府、民众、社会等多元主体的多重逻辑及行为的互动过程，其治理结果受多重逻辑互动的影响"。①河长制中，"以民间组织为中介的公众参与，需要建立在地方政府的信任与需求、民间环保组织的社会资本积累、精确的身份定位以及利益表达的集中与理性化的基础上。同时，公众参与在一定程度上能弥补'河长制'实施过程中的社会动员不足、短暂化与形式化、治理成本高、合法性与有效性不足等'运动式治理'弊端。"②中央环保督察制度具有一定的生态民主内涵，具体体现为在强调党和政府在治理中的主体地位的同时，倡导多元治理主体的参与合作。这在一定程度上体现了党的十九大报告中提出的"党委领导、政府负责、社会协同、公众参与"的生态治理原则。有研究者提出，"中央环保督察制度的生成逻辑包括'对常规型环保治理机制的矫正纠偏'和'对环境问责制度的弥补与强化'。前者与中央环保督察制运行下产生的动员压力一起指向'社会协同，公众参与'的特征；后者与中央环保督察制度组织架构下产生的问责压力一起指向'党委领导，政府负责'的特征。"③虽然中央环保督察制度具有一定的生态民主的内涵，但是在实践中也存在着与生态民主价值的内在冲突，具体体现在对行政权力过度依赖、多元治理长效机制不完善等方面。上述解释框架为运动式治理中的生态民主参与模式建构提供了理论空间。"中国运动式治理对民主政治的发展带来了双重影响，体现出民主进程的二律背反定律。中国政治民主化的进程必然要求治理模式实现从'运动中的民主'到'民主中的运动'的转型。'民主中的运动'模式综合'运动式治理'和'制度式治理'的优点，实现了政府治理有效性和合法性的有机结

---

① 翟文康，徐国冲. 运动式治理缘何失败：一个多重逻辑的解释框架——以周口平坟为例[J]. 复旦公共行政评论，2018（1）：128.

② 王园妮，曹海林."河长制"推行中的公众参与：何以可能与何以可为——以湘潭市"河长助手"为例[J]. 社会科学研究，2019（5）：129.

③ 李媛媛，郑恩. 元治理视阈下中央环保督察制度的省思与完善[J]. 治理研究，2022（1）：50.

合"。①

（二）生态行政过程中的协商机制

生态行政是实现生态民主治理的基本途径。生态行政是指："政府按照统筹人与自然全面、协调、可持续发展的要求，遵循生态规律与经济社会规律，依法行使对生态环境的管理权力，全面确立政府加强生态建设、维持生态平衡、保护生态安全的职能，并实施综合管理的行政行为。"②"生态行政是连接社会各个层面生态诉求的中坚力量，……包括生态保护行政处理、生态行政许可、生态行政监管、生态行政处罚、生态行政强制执行等环节和手段。"③"长远来看，运动式治理有待于通过'确权'与'确责'等形式完善政府职责体系，进而从'强控制—负激励—弱谈判'式的动员模式向'间接控制—正向激励—合理谈判'的新路径转型。"④2021年3月16日，中国林业生态发展促进会与社会科学文献出版社联合发布了《生态治理蓝皮书：中国生态治理发展报告（2020~2021）》。该书比较全面地总结了我国生态行政的基本状况。值得注意的是，近年来相关政策文件在强调环境治理的同时，逐步关注并强调生态治理，这体现了环境民主向生态民主的内涵式发展趋向。该书也可以看作是生态治理进程中生态民主新状况的全面总结。2020—2021年期间，中国生态治理进程中，企业、社会组织以及公众等多元主体参与生态治理的主动性逐渐提升。社会组织及公众在参与生态治理过程中的作用日益凸显：一方面体现为社会组织及公众参与生态治理的意愿增强，另一方面体现为其参与的有效渠道逐步拓宽。随着社会主义民主机制不断完善以及全面依法治国实践的不断推进，公众对生态环境相关部门决策的影响力也逐步增强。公众依据生态环境法规政策条例在生态环境决策、生

①冯志峰.中国政治发展：从运动中的民主到民主中的运动：一项对建国以来110次运动式治理的研究报告[C].公共管理与地方政府创新研讨会，2009-11-25.

②高小平.落实科学发展观　加强生态行政管理[J].中国行政管理，2004（5）：46.

③郭珉媛.生态政府：生态社会建设中政府改革的新向度[J].湖北社会科学，2010（10）：46.

④赵聚军，王智睿.职责同构视角下运动式环境治理常规化的形成与转型——以S市大气污染防治为案例[J].经济社会体制比较，2020（01）：93.

态环境行政过程中提出意见、建议及反馈，依法对生态环境行政执行情况进行监督和评价，同时通过投诉、举报、信访、诉讼等多种途径有效实现监督。该蓝皮书表明生态环境治理已经初步实现了公众的事前、事中以及事后的全过程参与。《生态治理蓝皮书：中国生态治理发展报告（2020～2021）》指出，全国性生态信息反馈及监督网络基本建成，从中央到地方、从党内到党外的全方位全过程的社会性生态环境监督体系日益完备。多项与生态民主密切相关的指标纳入评价考核之中。该蓝皮书所强调的公众对生态治理的事前、事中和事后的全过程参与，充分体现了生态民主的全过程人民民主的特征。《生态治理蓝皮书：中国生态治理发展报告（2020～2021）》表明，生态民主发展成就体现为公众生态民主意识的增强，生态民主参与渠道的拓宽，生态民主参与的全过程特征逐步显现。中国特色生态行政不仅体现为公众参与，而且体现为民主党派以及无党派人士的参与和监督。2022年，时任全国政协主席汪洋在长江生态环境保护民主监督工作座谈会上强调："开展长江生态环境保护民主监督，是中共中央交付给各民主党派中央、无党派人士的重要政治任务。"①开放式环保督察机制是中国特色生态行政的有机组成部分，内在地包含了党领导下的群众性参与。

公众参与权是公众依法参与生态环境治理相关事务的基本法律依据。公众参与权的核心问题是公众界定、公众参与范围、公众参与的相关权利关系。就生态环境治理领域而言，公众参与的相关权利需要"在宪法和环境基本法中确立实体性环境权，以环境信息知情权为前提，以环境救济权为保障，真正确立……环境事务公众参与权。"②中国特色生态民主机制的完善需要以立法明确规定参与公众的范围、参与方式与程序、参与保障机制等具体事项。依照法律，"谁有资格进行参与"是明确公众参与主体资格首先需要解决的问题。"美国环境影响评价中的'公众'被界定为'感兴趣和受影响'的人，其背后的制度逻辑是通过信息规制来提升环境决策

---

①汪洋在长江生态环境保护民主监督工作座谈会上强调 发挥好专项民主监督独特优势 助力长江流域天更蓝、水更清、景更美[N].光明日报,2022-04-02:3.

②王迪.环境事务公众参与权探赜[J].北京行政学院学报,2020（5）:81.

的理性和正当性。"①中国国情下的生态环境民主治理中，"应当以'感兴趣'和'受影响'作为公众界定的核心要素，明确各类公众特别是邻近居民和特殊群体、不同类型的专家以及环保组织的地位和作用。"②生态民主视域下生态行政在体现民主化原则的同时，需要实现行政立法的生态化。"行政立法的生态化要求行政立法必须以生态文明观和可持续发展观为指导，行政立法的依法立法原则、协调统一原则必须赋予新的内涵，立法民主原则应当转化为公众参与原则，同时吸收比例原则、公平原则，尤其要注重代际公平。"③行政立法的生态化是生态民主的核心要求，具体体现为将生态民主核心价值贯穿于行政立法全过程。生态行政立法中的民主原则体现为：保障生态环境政策法规制定执行中公民的参与权、知情权、补偿权等相关权利，完善信息公开、环境影响评价参与等制度体系。

四、中国特色生态协商机制的完善路径

协商民主是生态文明保障体系的主要机制，基层民主是全过程人民民主的重要体现。"党的二十大报告指出协商民主是实践全过程人民民主的重要形式，并以此为基础将全面发展协商民主作为新时代发展全过程人民民主的重要战略布局和要求。"④协商民主的政策依据还包括《关于加强人民政协协商民主建设的实施意见》《关于加强城乡社区协商的意见》《关于加强政党协商的实施意见》《中国共产党政治协商工作条例》等。党的相关政策文件为生态文明保障体系协商模式的完善提供了基本原则和实践依据。

（一）党领导下的基层生态协商模式

生态协商就其特征而言，更适合于小范围基层社会性协商。这一方面

①张晏. "公众"的界定、识别和选择——以美国环境影响评价中公众参与的经验与问题为镜鉴[J]. 华中科技大学学报（社会科学版），2020（5）：83.

②张晏. 环境影响评价公众的界定和识别——兼评《环境影响评价公众参与办法》的相关规定[J]. 北京理工大学学报（社会科学版），2021（1）：127.

③曾祥华. 行政立法原则：生态化的新内涵[J]. 中国海洋大学学报（社会科学版），2004（2）. 74.

④程竹汝. 论协商民主是实践全过程人民民主的重要形式[J]. 广州社会主义学院学报，2024（1）：5.

是由协商的时间成本、物质成本以及人力成本所决定的，另一方面是由于生态民主协商取决于所处生态环境空间本身的特性。超出了特定的生态空间范围，协商的议题就失去了特定生态空间特性，进而造成群众地方性知识参与的合理性不足。日常生活中绝大多数协商的起因是"邻避"等生态环境利益的矛盾冲突，其协商议题往往具体而细微。协商过程中参与的普通公众普遍缺乏相关专业知识，因而其协商的技术性门槛不能过高。如果将普通公众隔离于协商之外，就会从根本上削弱协商的民主性。

课题组问卷调查数据（参见第二章附件相关内容）对于选择适合中国国情的生态民主参与模式具有一定的参考意义。就中国特色生态民主参与而言，目前有以下两种主要模式。第一种以温岭模式为代表，其特点是创新型协商机制在生态环境治理中的运用。温岭模式的成功案例有：温岭松门镇礁山港海洋环境污染整治民主恳谈会、台州市生态环境局温岭分局专题民主恳谈会等。温岭模式的核心特征是在党组织领导下政府部门将各界相关代表、普通公众以及相关领域专家学者等作为主体，进行专题性民主协商。该模式的创新机制一方面体现为代表选取机制的创新。例如，作为协商主体的杭州市余杭区街道民主协商议事会由固定代表、自由代表以及特邀代表组成。另一方面体现为协商形式的创新，例如温岭模式的民主恳谈会以及嘉兴环境行政处罚公众陪审团制度等。第二种生态协商参与模式是将生态环境议题嵌入既有协商机制之中。基于政治协商机制的生态民主参与模式具有充分的政策依据。基于政协系统的生态民主参与模式的优势在于：一方面作为社会精英的各界代表具有丰富的参政经验和社会资源调动能力，有助于所协商生态问题的高效解决；另一方面，基于政协体系的生态协商参与也更容易实现制度化。基于政协系统的生态协商参与案例有浙江省政协围绕绿色发展等议题举办的"民生协商论坛"等。协商机制加生态主题的模式在实践中暴露出一些问题。各级政协组织的生态相关问题协商主体一般包括政协委员、专家学者、相关部门领导以及部分公众代表。政协协商程序决定了协商的专业性和严格的程序性，这导致了公众代表参与程度不高、话语权不足等问题。课题组问卷调查数据（参见第二章附件相关内容）统计结果显示，综合不同年龄群体的知识能力及主观参与意愿等因素，以温岭模式为代表的协商参与模式的统计结果与调查问卷的统计结果最为一致。这种协商参与模式能够体现所有被调研群体的基本状况和参与协商知识能力状况，使协商主体具有比较充分的代表性。该模式下，党能够通过群众路线为群众参与进行赋权，有利于在现有法律规制下推动生态民主参与模式的调适和创新。

（二）党组织高位推动：生态协商机制运行的动力来源

课题组问卷调查结果（参见第二章附件相关内容）表明，现有协商模式均在不同程度上存在强化专家话语权的潜在风险。在协商民主参与模式中，精英和大众是协商主体的两极，这在生态民主实践中体现为专家和非专业公众的关系。科学性（生态性）是生态民主的基本前提。即使参与主体通过协商平等形成了多数派的意见，但是如果该共识违背生态科学规律也会造成生态风险。而公众或者专家任何一方控制了协商的过程，都有可能会造成参与协商主体间实质上的不平等。一旦资本或权力与知识精英群体相结合，专家也可能会失去中立的立场成为特定利益群体的辩护者，继而造成协商的失败。因而在生态民主参与模式中，如何处理普通公众非专业知识的地位问题成为重要因素。生态民主可以理解为生态利益偏好及知识能力不同的主体平等参与协商的过程。生态民主的目的是在尊重客观生态规律的前提下实现各协商主体间的共识和妥协。协商过程中某些群体作出一定的利益妥协是协商共识能够得以落实的前提。在生态民主过程中，生态科学知识是各相关主体主张权利或者作出妥协的首要依据。而在协商—妥协的过程中，掌握更多社会资源的群体的专业知识的话语权会远大于相对弱势的普通公众群体，这个过程所体现的是生态协商主体地位的异化。造成生态协商主体地位异化的根本原因在于参与协商主体间政治经济及社会地位差异所造成的生态风险和利益分配不平等。在协商过程中主体地位异化会造成社会群体间的两极化对抗，其中既有相关知识体系及风险认知的差异，也有生态利益的冲突。生态民主虽然有助于提升生态相关决策的科学性和民主性，但是协商的共识并不能从根本上避免决策的失误。在生态民主协商的过程中，不排除参与主体共谋以牺牲生态环境为代价谋取群体私利的可能性。问卷调查结果显示，生态协商过程中存在着资本介入以及普通公众知识话语权不足等风险。

课题组问卷调查结果（参见第二章附件相关内容）显示，当前公众参与生态民主的能力普遍不足，各级党组织的高位推动是基层生态民主参与模式建构的现实途径。就实践层面而言，地方党委、政府更倾向于嵌入式生态环境协商模式，以生态环境主题的结构性嵌入和功能性嵌入强化各级政协组织对于生态环境治理的干预能力。地方党委和政府是生态民主参与的主导力量，而党的领导是生态民主的核心特征。生态治理中的民主协商体现出鲜明的工具性，既体现了化解冲突维护社会稳定的工作目标诉求，也体现了生态治理效果的目标要求。各级党组织在实践中有效制约生态协商的工具性，是党组织高位推动生态协商参与的重要任务。

（三）生态协商的赋权机制

有研究者提出多中心人文主义模式与参与型环境治理的关系，总结出单中心科学主义模式、多中心科学主义模式、单中心人文主义模式与多中心人文主义模式等4种环境治理理想类型，并提出与其分别相对应的运动型、市场型、抗争型与参与型环境治理模式。政府主导与科学主义是其中的核心特征。"中国环境治理经历了新中国成立初期的运动式治理、运动发展时期的治理倒退、世界影响下的应激开拓式治理、体制结构制约下的背离式治理与公众参与下的倒逼式治理五个阶段。"[1]新中国成立后生态环境治理模式从运动式治理、项目化治理到合作式治理的演变对动员机制产生深刻影响，继而影响了公众参与的模式。有研究者从科层化—社会化和控制—激励两个维度分析不同模式的依次转换源于资源动员机制。"改革开放以来，项目化治理已经替代运动式治理，成为我国国家治理的重要手段。但是项目化治理面临多种困境，由项目化治理向合作式治理转变，是实现国家治理体系和治理能力现代化的突破路径。"[2]还有研究者强调了赋权对于公众参与的重要意义："从影响行为意向的三个关键因素'态度、社会规范、知觉行为控制'入手分析了公众参与环境治理的可行性和困

---

[1]董海军，郭岩升.中国社会变迁背景下的环境治理流变[J].学习与探索，2017（7）：27.

[2]彭勃，张振洋.国家治理的模式转换与逻辑演变——以环境卫生整治为例[J].浙江社会科学，2015（3）：27.

境，并且构建了'赋权-认同-合作'的参与机制"。[①]在此过程中，赋权成为公众参与的关键因素。

当前国内公众参与治理模式主要体现为政府与社会主体多元网络化共治结构。目前在实践中该模式的主要问题在于政府向社会组织及公众赋权机制不健全，继而造成社会参与不足。政府与社会主体多元共治模式的理论体系主要包括治理理论、协商民主理论以及博弈理论等，其中协商民主理论是生态民主的主要理论依据。创新中国特色生态民主参与机制需要实现政府有效治理和社会主体参与的良性互动，需要优化公众参与生态治理相关权利要素的配置及运行机制，以党领导下的赋权机制推动实现公众与政府、企业等主体的平等协商。生态环境治理实践中行政权力的主导地位是造成其他社会性参与主体参与不足的客观原因之一。学术界一般主张通过完善赋权机制化解普通公众参与不足带来的问题。公众赋权一般有法律赋权、行政赋权等形式，在中国政治体制下还存在着党的组织赋权模式。其中党的组织赋权是中国特色生态民主参与机制有别于西方生态民主机制的鲜明特征。在中国特色生态民主诸多案例中，嘉兴模式中的公众赋权机制具有一定的代表性。2013年联合国环境规划署发布题为《绿水青山就是金山银山：中国生态文明战略与行动》的报告，该报告在"推动环境保护多元共治"部分中将嘉兴市公众参与环境保护的经验称之为"嘉兴模式"。嘉兴模式是比较典型的党领导下政府部门赋权公众及社会组织的实践模式。嘉兴模式赋权机制的主要特点是：构建政府、企业、公众三方大环保治理平台；赋权社会组织形成与环保部门以及其他相关政府部门联动机制；利益相关方通过圆桌会议开放式讨论形成共识；招募并赋权公众代表以陪审员身份对环境行政处罚进行评议；赋权公众参与环境执法并提出督办整改意见。嘉兴模式的特点是政府推动的同时给予了社会组织和公众很大的空间平台，形成了公众行使的社会监督建议权与政府掌握的行政权之间互相配合的共治体系。相对完善的赋权机制是嘉兴模式中公众广泛有效参与的成功经验之一。社会组织在环境行动中往往会因为缺乏其所具有

①曾粤兴，魏思婧．构建公众参与环境治理的"赋权-认同-合作"机制——基于计划行为理论的研究[J]．福建论坛（人文社会科学版），2017（10）：169．

的相应赋权，故无法进行环境治理的决策或参与决策过程。这就要求政府部门对非政府组织予以赋权，使他们的参与能够达成成效，而这一成效正是激励非政府组织持续参与的动力。

学术界一般认为赋权是破解公众参与生态环境治理困境的现实途径，提出了诸如行政赋权、法律赋权、技术民主化自我赋权等多种赋权模式。"一些地方政府通过行政赋权发展参与式治理创新，既改善了治理又亲近了政民关系。但是，行政赋权推动的参与式治理创新却因其内在的弊端而难以持续和扩散。因此，应该适时转变地方政府参与式治理机制，从行政赋权转变成为法律赋权，使参与式治理创新既于法有据又可持续发展。"① "政民互动平台对公众的赋权充分程度决定了公众参与的互动性；政民互动平台设置的参与议题与公众诉求的匹配程度决定了公众参与的获得感；二者的交互效应影响着公众参与有效性，并表现出四种不同类型间的差异。加强平台赋权的制度建设、构建议题设置的协商机制，是政民互动平台提升公众参与有效性的决定因素。"②基层协商民主是中国特色生态民主的重要形式，而赋权机制的完善是化解基层协商民主困境的重要手段。"枫桥经验"作为基层民主治理的典型，其核心要素之一是赋权机制。新时代"枫桥经验"之一是完善群众参与安全治理的机制，以制度化的形式促进政府向民众赋权。完善公众赋权机制已经成为当前中国特色生态民主实践中亟待解决的问题，社区协商中民议民行的双重赋权模式为生态民主的赋权机制提供了有益借鉴。"民事民议的单一赋权和民议民行的双重赋权的协商机制差异，与协商民主的绩效差异，特别是在民众参与方面，具有相当的关联性。从社区的经验看，……当居民拥有议决权和行动权时，其不仅充分表达意愿和偏好，而且形成集体行动的共识并组织化地执行社区公共决议，居民的社区主体地位和角色将更加凸显。提升协商民主的制度绩效，需要进一步从事务项目化、主体组织化和机制制度化的角

---

① 张紧跟. 从行政赋权到法律赋权：参与式治理创新及其调适[J]. 四川大学学报（哲学社会科学版），2016（6）：20.

② 韩万渠. 政民互动平台推动公众有效参与的运行机制研究——基于平台赋权和议题匹配的比较案例分析[J]. 探索，2020（2）：149.

度推动单一赋权向双重赋权的转变。"①议决权和行动权的双重赋权是完善生态民主机制的可行性方向。

除了传统意义上的赋权机制外，有学者将网络等新媒介为公众参与创造条件的行为称为新媒介赋权。新媒介赋权与传统政府赋权的依据和形式虽然不同，但是也实质上提升了公众参与的机会和能力。新媒介赋权理论的主要依据是美国学者芬伯格的自我赋权理论，其目的是实现技术设计的民主化。"芬伯格认为，技术设计是权力斗争的舞台，通过民主干预，人们可以在技术设计中改变现有的'技术代码'，从而实现'技术民主化'的转变。以福柯的'自我技术'为参照，技术民主化设计可以被看作是一种'自我赋权'的方式，它不仅指明了一条将技术进行内在转化的研究进路，而且为社会个体提供了在技术领域中表达自我主张的机会"。②以新媒介平台拓展了协商的领域，创造了数字协商的新协商形式。生态环境议题已经成为数字协商的重要主题。"数字协商民主成为调和政府与社会、专家与民众、技术与民主关系的有效路径。新媒介赋权重塑了国家与社会之间的关系，打破了传统协商民主的科层化权力格局，催生了数字协商民主这一新兴事物。"③数字协商民主因为参与主体技术能力不对等，所以存在着诸如群体极化、精英民主、智能极化等有悖于公平的负面风险。网络技术及平台一方面赋权公众参与，另一方面也会导致无序参与继而造成民粹主义风险。"网络信息技术的发展为公民环境行为提供了新的平台和资源，一定程度上是对原本碎片化、草根化的公民环境主义的政治赋权。但由于网络在使用门槛、组织逻辑等方面有着自身的缺陷，使其可能成为管制方或商业利益方的有力工具，这些因素会影响网络公民环境行动的有序性和有效性，成为公民环境行为的困境和难题。"④

①袁方成，侯亚丽. 赋权的协商民主：绩效及其差异性——来自社区的经验分析[J]. 江汉论坛，2018（11）：41.

②许腾，张卫. 技术民主化设计何以可能？——基于芬伯格"自我赋权"的思路[J]. 自然辩证法研究，2022（1）：37.

③赵爱霞，王岩. 新媒介赋权与数字协商民主实践[J]. 内蒙古社会科学，2020（3）：50.

④黄晗. 网络赋权与公民环境行动——以PM2.5公民环境异议为例[J]. 学习与探索，2014（4）：51.

在众多赋权机制之中，党组织通过高位推动完善群众路线赋权机制是增强公众参与话语权的现实路径。保障弱势群体的权利，是中国特色生态协商参与模式建构的重要目标。党的领导是中国特色协商民主有别于西方生态民主的本质特征。中国特色生态民主参与模式的发展趋势是从形式参与到全过程参与，从运动式参与到协商民主与群众路线相结合的多元参与。赋权机制不完善是普通公众参与生态民主协商的制度性障碍。生态民主参与模式中的赋权体现为对群众非专业地方性知识参与合理性的认可。

（四）生态（环境）民粹主义的防范机制

生态协商实践中的公众无序参与可能会导致民粹主义风险，中国特色生态协商机制实践需要全过程防范生态（环境）民粹主义的影响。"环保传播中的民粹主义具有多重风险，它虽能调动更多民众参与环保传播，却会迫使政府作出超常规环境决策，进而诱发政府公信力下降等次生新危机，同时引发公众反技术倾向，阻碍社会生产力发展。"[1]生态（环境）民粹主义对生态民主参与的负面影响主要体现为反科学、反精英、反体制的思想与实践。反科学体现为对生态科学知识及相关专家的不信任，甚至偏激地认为替政府或企业进行技术性辩护的专家为资本和权力所收买；反精英则体现为偏激地认为社会精英阶层的参与生态治理和协商出于私利，是对普通公众利益的侵占。生态（环境）民粹主义反体制、反科学与反精英的民粹主义观点认为，现有生态环境相关制度体系维护拥有权力和资本的社会精英的利益，而专家则为资本或权力所控制。中国生态环境领域民粹主义形态主要体现为网络生态（环境）民粹主义。网络生态（环境）民粹主义以网络为平台，认为基层群众的生态利益诉求具有合理性，倾向于以群体性事件为手段发动体制外的抗争运动。生态（环境）民粹主义看似能够广泛动员社会大众参与，实则对生态民主实践造成巨大风险。对于生态民主而言，民粹主义往往曲解生态民主的核心价值，歪曲公众的生态环境诉求乃至煽动引发群体性公众事件。因而生态民主无论是在理论还是在实践中都需要规避生态（环境）民粹主义的负面影响。

---

[1]吴静怡. 环保传播中的民粹主义风险及规避[J]. 南京林业大学学报（人文社会科学版），2020（5）：105.

我国目前的网络民粹主义是民粹主义的形式之一，尚不存在典型意义上的民粹主义生态环境思潮与运动。"邻避"等生态环境冲突所引发的不满情绪在网络平台的汇集是生态（环境）民粹主义的准备阶段。当基层群众正当的生态环境利益诉求不能通过合法渠道得以满足，网络平台的不满情绪就会从诉求转化为激化抗争，网络生态（环境）民粹主义随之形成。在实践中，基层群众的民粹化诉求或抗争往往呈现出碎片化、情绪化的形态，所谓的"意见领袖""网络大V"等往往成为生态（环境）民粹主义话语建构的推手。网络平台更有利于生态（环境）民粹主义情绪和诉求聚合为群体性网络意见。网络匿名参与的形式更容易导致公众情绪和态度的极端发展，使网络群体性共识愈发偏激。就中国特色生态民主而言，生态（环境）民粹主义固然不能充分代表民意，但是导致其发生的公众诉求却应当得到充分重视。就环境民粹主义的生成而言，虽然民粹主义在形式上反对资本，但不能忽视资本因素对生态（环境）民粹主义的推动。资本影响下的生态（环境）民粹主义具有更为强大的内生动力。资本权力向生态环境领域的扩张极大地影响了人们的价值判断和生活方式，资本驱动的网络推手出于利益对公众不满情绪推波助澜。而资本对网络平台的控制不仅推动生态（环境）民粹主义的形成，更有可能以此实现资本增殖，谋取经济利益。生态（环境）民粹主义的本质是生态文明发展的不平衡和不充分造成的。生态环境问题具有公共性，往往是社会转型时期最易激化社会矛盾的因素之一。以生态民主参与模式应对防范民粹主义的根本路径在于完善"以人民为中心"的生态民主制度建设，建立普遍化的生态民生服务体系和生态民生社会服务机制，向公众提供具有均等性的生态公共产品服务，与此同时提升生态民主参与模式中行政主体的回应能力和沟通能力。生态民主参与模式中，需要教育引导社会精英承担应有的社会责任，成为社会稳定器。

第七章　生态文明保障体系
协商机制的创新发展

英国学者安东尼·吉登斯在《气候变化的政治》中提出了著名的吉登斯悖论："无论全球气候变化带来的风险有多么可怕，这些风险在人们的日常生活中并非是有形的，因此，很多人难以为应对全球气候变化而采取实际行动，而一旦气候变化的后果变得严重、可见和具体，迫使人们采取实际行动的时候，一切都为时已晚。"[①]生态民主实践中同样存在着吉登斯悖论现象，生态民主理论、机制建构及其实践需要化解吉登斯悖论。吉登斯悖论在中国生态民主理论和机制中体现为民主性与生态性结合时的困顿：首先，如何将生态议题融入全过程人民民主机制之中，拓展生态民主的理论空间以推进前瞻性治理；其次，如何将生态议题根植于公众生活世界中，创新公众及社会组织参与机制，为公众参与生态危机预警创造条件。生态民主之所以成为一种新的民主形式产生的重要原因是传统民主机制在生态空间治理失灵。中国特色生态民主理论与机制突破"吉登斯悖论"的前提是以"人与自然生命共同体"理念超越狭隘人类中心主义或唯经济论的狭隘眼界。西方传统意义上的自由主义民主机制应对生态危机失灵，相当程度上是因为政客出于选举考虑对选民短期利益急功近利地迎合，忽视了社会整体性生态利益以及生态空间的前瞻性治理。传统治理模式中因为科技应用后果的确定性，往往授权相关领域专家制定专业性技术方案。当代社会风险治理中，科技应用后果的不确定性造成了生态民主过程中专家和公众的二元对立。生态问题的复杂性需要综合性的解决方案，需要依靠多元参与通过知识民主化解不确定性困境。协商民主作为全

[①]冉冉，阎甜. 协商民主与全球气候治理的"吉登斯悖论"[J]. 当代世界与社会主义，2016（4）：175.

过程人民民主的重要形式其对于生态民主机制的作用得到了学术界的普遍认可，协商机制有助于形成相关共识。生态正义的实现则要求充分体现包容性、代表性，维护不在场主体（例如后代人类、非人类生物）的生态利益。公众在相关政策制定中的话语权以及在政策执行中的有效参与是中国特色生态民主协商机制的核心要素之一。全过程人民民主机制和群众路线虽然具有丰富的协商民主内涵，但并不能直接满足生态民主核心价值和多元目标，仍然需要拓展全过程人民民主和群众路线的生态性内涵。

一、中国特色生态协商机制的理论创新

（一）生态民主的理论困境及其化解

1. 生态民主的理论困境

生态民主指的是："运用协商民主的方法来解决生态问题。有关生态协商民主的争论揭示了生态民主的内在悖论，即生态主义与协商民主在程序、主体、价值、实效四个方面的矛盾之处。"[1]生态民主可以理解为以协商的方式解决生态问题，将生态问题作为协商的主题。西方生态民主理论所面临的困境是：首先，虽然以协商民主机制拓展参与主体有助于生态价值和因素的介入，进而推动生态问题的解决。但是非人类主体不能成为中国特色生态民主的参与主体，所以通过协商主体的拓展实现生态性原则至多是一种理论探讨。其次，协商民主过程中并不能确保生态性原则的实现。换而言之，协商民主并不会必然产生生态性后果。因为协商结果并不会必然体现生态性，所以生态民主存在蜕变为环境协商民主的可能性。环境协商民主以协商为手段，基于协商共识实现环境相关利益的分配。环境协商民主虽然体现了参与协商主体的利益，但是有可能会损害不在场相关主体的生态环境利益，甚至有可能造成生态环境的长期性潜在性风险。如果不能确保协商的生态性原则，则虽然协商程序是合法的，但是其产生的结果可能存在着损害公正和生态的双重风险。因而中国特色生态民主不能简单地构建于协商民主的基础之上。

西方学者以协商民主理论所构建的生态民主面临着内在困境。西方

---

①佟德志,郭瑞雁. 生态民主的内在悖论[J]. 天津社会科学, 2018（6）：65.

学者通过拓展哈贝马斯的协商理论，以协商民主理论论证生态民主理论逻辑。西方生态民主理论认为，生态民主的合法性来源于协商民主程序以及协商主题的合法性。这种证成逻辑的内在困境在于，传统协商民主机制难以兼容生态议题中的不确定性知识因素。传统意义上的协商民主议题一般不会对相关科学技术知识的理解产生歧义，因而参与协商的主体能够就相关知识的理解达成一致，或就专家意见形成共识。而生态问题作为协商民主的主体面临着科学不确定性背景下公众参与的知识民主困境。西方学者认为协商民主更有助于打破传统民主的困境以解决生态问题，并对协商民主的机制形成了修正，以应对上述困境。例如，澳大利亚学者罗宾·埃克斯利认为生态治理的最佳模式在于事前防范，而协商民主有助于从源头上防范生态环境风险。协商过程中充分的知识和信息交流也就成为协商民主向生态领域拓展的重要因素。

　　西方学者基于协商民主理论论证生态民主，生态民主理论体系中的民主与生态两个核心概念也就成为逻辑证成的关键。西方学者也正是从这个角度质疑生态民主的合法性。生态民主理论的反对者认为，协商程序虽然为生态性因素介入协商民主机制提供了可能性，但并不能确保输出生态性的共识和决策。生态民主理论中，生态性应体现为首要价值。但是将生态性因素介入协商民主机制中意味着协商程序所赋予的是生态性价值与其他属性价值在形式上有平等协商的机会。在实践层面可以将协商民主过程理解为开放性的多元价值博弈过程，在此博弈过程中如何确保生态性价值的优先性是亟待解决的问题。生态民主理论支持者的修正方案是，将环境权纳入法律体系以确保协商民主程序中生态性优先的原则。

　　非人类主体利益及其代表机制是生态民主理论的另一困境。非人类生物自身利益就生态价值观而言具有一定的合理性，对生态民主的质疑主要来自非人类主体参与及其代表形式。西方学者基于代议制理论提出，因为非人类生物不能作为协商主体真正参与协商，因而在生态民主的实践过程中必然需要解决谁来代表非人类主体进行协商的问题。不仅非人类主体面临委托代表的问题，生态民主中代际参与也存在着同样问题。即使委托代表能够参与协商民主过程，如何确保所委托的代表能够超越其自身的经济理性和私利也是需要解决的问题。虽然支持西方生态民主论者提出了多种主张，但是都具有难以克服的内在局限，并没有得到普遍的认同。

2. 生态民主理论困境的化解

生态民主理论的建构中，协商民主与生态主义的契合成为生态民主得以证成的关键。生态主义与协商民主具有一定内在的相关性，但是同时也存在着内在冲突。西方协商民主兼容生态主义的基本路径是扩大协商参与主体的范围。中国特色生态民主的主体只能是人类，虽然以道德和法律责任的方式体现非人类自然界主体的价值和利益，但协商形式本身并不必然产生生态性结果。中国特色社会主义民主中，以协商的方式实现民主价值与生态价值的统一是破解协商民主与生态主义契合困境的关键。中国特色社会主义生态民主同样需要回应西方生态民主所必须直面的问题：如何在理论和实践中将生态价值内化为协商民主过程；如何以协商民主为手段实现生态正义原则；生态主体在协商民主中的代表性以何种形式实现；如何真正维护自然界本身的价值。协商民主是中国特色社会主义民主的特色，但不可否认生态问题并不是协商民主的核心主题。中国特色社会主义生态民主中，党作为中国特色社会主义事业的领导核心和各族人民根本利益的代表，有助于实现生态民主生态性优先原则，有助于解决自然界利益和代际生态利益的代表机制问题。首先，中国特色生态民主以马克思主义为指导，以人民至上的根本立场排除了生态中心主义原则；其次，中国特色社会主义民主制度决定了中国特色生态民主的形式也必然与西方截然不同。中国特色社会主义生态民主的理论前提是生态文明，自然界不仅具有自身价值，而且体现了各族人民的根本利益所在。中国特色生态民主证成逻辑的依据是"三个代表"重要思想，中国共产党作为中国各族人民根本利益的代表具有了代表自然界利益的主体资格，具有了代表后代人生态利益的主体资格。党的意志上升为法律规范，也就使中国特色社会主义生态民主制度化。党领导下的生态民主从根本上化解了西方生态协商理论的内在困境。

（二）中国特色生态协商的场域及机制

场域是一个社会学概念，原意指具有不同客观关系网络的独立社会空间。中国特色生态协商场域所体现的是不同生态空间的社会关系网络及其特征。生态民主具有鲜明的交叉学科特征，从不同的学科范畴可以揭示生态民主不同层面的特征。生态民主理论与生态（环境）政治学科具有密切的关系。例如，生态文明政治建设也可以理解为中国特色生态民主机制构建进程。中国特色的生态（环境）政治是："在中国共产党的领导下主动构建政府、企业、社会、公众与媒体等角色之间的良性政治互动关系，从而形成一种更加有利于生态环境保护的政治合力或'正能量'"。[①]大力推进生态文明建设的基本政治要求就是在中国共产党的领导下创建一个社会主义的"环境国家"或"生态文明国家"。协商民主是党领导下多元主体间的协商："按照协商民主发生的逻辑、场域和议题，将之分为三个层次：政治协商、政策协商、社会协商。政治协商主要以多党合作制度和中国政治协商会议制度作为实施载体，……政策协商是就政府部门的公共行政、公共政策、公共议题与群众展开协商，……社会协商是指在城市和农村的基层自治范围内社区居民或村民就本社区或本村公共事务进行协商和协调以实现自我管理、自我教育和自我服务。"[②]中国生态民主制度从生态文明发展的阶段性国情出发，是全过程人民民主在生态空间的创新性发展。基于生态民主机制运行的逻辑、场域及协商主题，中国特色生态民主协商机制可以分为生态政治协商、生态政策协商、生态社会协商等三个层面。生态政治协商是指以多党合作和政治协商制度为依据，以各级政协平台作为载体，各民主党派人士和社会各界人士就重大生态议题展开的广泛协商。生态政策协商指的是生态环境主管部门组织社会多元主体就生态环境行政公共议题展开协商，其目的在于以协商共识实现决策的科学化和民主化。生态社会协商是指在各级党组织领导下在社区等基层自治范围内，就基层自治区域内生态环境公共事务进行协商。上述三个层面的生态民主互动融合构成了中国特色生态民主体系。

　　社会主义协商民主存在着狭义和广义两个层面的理解。狭义的协商民主体现为政治协商，是以各级政治协商会议为依托的多党合作和政治协商。狭义的协商民主对生态问题而言具有内在的局限性。生态问题虽然具有丰富的政治内涵，但是并不是所有生态问题都能够上升为政治议题，更

---

①郇庆治．环境政治视角下的生态文明体制改革[J]．探索，2015（3）：41
②李修科，燕继荣．中国协商民主的层次性——基于逻辑、场域和议题分析[J]．国家行政学院学报，2018（5）：23.

多相关议题属于基层社会治理中的问题。广义的协商民主理论拓展了协商的主体，将协商的主体从政党拓展为公众及其他社会性主体。生态民主的空间差异决定了生态民主机制实践中的差异性。不同的生态空间特征决定了生态民主实践的场域、主体、议题及影响都有所不同，就其范畴而言可以区分为宏观场域的生态政治协商、中观场域的生态政策协商以及微观场域的生态社会协商。

1. 生态政治协商机制

生态政治协商是中国特色生态民主实践的宏观场域。生态民主的科学化与民主化内涵需要在中国特色社会主义民主的框架中实现统一。传统的代议民主基于代表票决机制来实现社会偏好和利益的聚集，继而进行方案的选择，但生态治理中的票决民主存在损害生态性的非理性风险。实现多数原则与生态原则的统一，实现民主的科学化（生态化）成为生态民主的核心问题。协商手段有助于实现决策的科学化以化解传统代议制民主在生态问题决策中的局限。在生态民主中代议制民主与协商民主并不冲突，代议制民主是实现生态民主的制度基础。代议制民主所体现的是最广大人民的根本生态利益偏好，所体现的是最广大多数的价值选择。而生态政治协商是政治协商制度在生态治理领域中的应用，是各级政协组织就国家及地方生态政策制度等宏观层面问题所展开的协商。党的领导是中国特色生态民主的核心特征。党对生态民主实践的领导首先体现在党的政治权威。生态民主实践中，党的领导一方面体现在团结动员广大群众，以群众路线为社会主体参与生态治理提供合法性。另一方面，体现为将政治协商机构改革完善以适应生态文明建设的需要。党以各级政协组织为平台将各个党派、阶层、界别的代表性生态利益和诉求进行整合，实现生态政策法规制定中的民主化。生态政治协商主要围绕相关法规等重大议题，以及涉及党和国家生态治理中基本权力结构等议题进行协商。

2. 生态政策协商机制

生态政策协商是中国特色生态民主实践的中观场域。在生态治理实践中，协商民主主要集中于生态公共政策领域，生态民主主要体现为生态行政政策制定与执行中的公众参与。改革开放以来，政策所主导的渐进式改革体现了中国特色生态民主发展的基本规律。面对高度复杂不确定性的当代生态风险治理问题，科学化（生态化）和民主化成为生态公共政策制定和执行的基本要求。生态治理具有高度专业技术性，协商过程中需要平衡民主性和科学性价值、协调专家与公众之间的关系。生态政策协商机制有助于多元主体围绕生态公共政策决策平等地进行协商对话，就相关利益以及基于不同知识体系的风险认同形成最大限度的共识。生态政策协商机制需要将多元主体参与贯穿于政策全过程，从主题设置、协商参与主体的确定、协商程序直至生态政策实施过程中的反馈都囊括其中。生态政策协商机制建构需要应对协商效率的问题，在充分发扬民主的同时避免议而不决、议而不行。并不是所有生态政策议题都适合协商，涉及国家生态安全等生态公共政策一般不适合大规模生态政策协商。

3. 生态社会协商机制

生态社会协商是中国特色生态民主实践的微观场域。公民基层自治的程度对生态民主协商的实现程度具有决定性影响。基层生态民主是公众直接参与的协商民主，公众的生态知识与生态利益成为影响协商成效的核心因素。改革开放以来城乡基层民主自治机制不断完善，社区已经成为城乡居民自我管理的基础性社会自治机构。实践中形成的诸多基层社区协商的创新经验与机制可以作为生态社会协商机制的实践依据。生态社会协商机制具有直接民主的鲜明特征。生态社会协商的议题直接与社区居民生产生活密切相关，其所涉及的生态环境问题中既有社区内部不同居民个体及群体间的生态利益冲突，也有例如邻避问题等居民整体与社区外部的生态利益冲突。因而生态社会协商机制中存在着社区内部生态社会协商，不同社区间的生态社会协商，也包括社区作为主体与企业、社会组织所进行的生态社会协商等多种协商类型。

（三）中国特色生态协商机制的模式选择

就中国特色生态协商机制而言，目前主要有以下两种模式。第一种是以温岭模式为代表，其特点是创新基层民主协商机制并将其运用于生态环境治理过程中。温岭模式的第一个特点是以民主恳谈会等协商民主形式作为基层生态民主平台。其中的成功案例有：温岭松门镇礁山港海洋环境污染整治民主恳谈会、台州市生态环境局温岭分局组织召开专题民主恳谈会等。同属于温岭模式的还有浙江嘉兴环境行政处罚公众陪审团模式。温岭模式的第二个特点是创新集体代表制并将其应用于生态民主过程中。党领导下的生态民主进程中对于参与公众的选择体现了鲜明的集体代表制的特色。集体代表的选择与参与机制体现了中国特色生态民主与西方生态民主背后深刻的理念差别。西方生态民主协商的制度设计基于自由主义民主制度，所强调是公民个体作为主体。而中国协商民主集体代表制的理论及实践依据体现在两个方面：一方面来源于群众路线中党领导下群众性集体参与机制；另一方面来源于中国政治协商机制中的界别集体代表制。不同界别成员的文化教育程度、生产生活方式、社会地位及社会资源调动能力、收入消费水平等往往有很大差别，这些都是形成不同生态利益群体的基本要素。将政治协商民主机制拓展为社会协商民主机制过程中，基于界别理论的集体代表制也随之发展完善，并在实践中逐步形成了生态民主机制中的集体代表制。中国特色生态民主机制中的集体代表制所更多强调的是不同社会群体在协商中平等地位的实现。现有模式中，地方党组织和政府往往将社会精英、普通公众以及代理或委托代表作为划分集体代表群体的依据。

中国特色生态民主机制的第二种模式是将生态议题嵌入现有协商民主体系之中。基于现有协商民主体系的生态协商在实践中具有明显优势：一方面由于现有协商民主体系中的各界代表具有丰富的参政经验和社会资源调动组织能力，有助于所协商问题的高效率解决；另一方面，基于现有党政协商民主体系也有助于生态民主的合法化和制度化，有助于为生态民主机制运行提供充分的法律政策依据。生态议题嵌入现有党政协商民主体系的典型案例有浙江省政协围绕绿色发展等议题举办的"民生协商论坛"，以及浙江省各级政协通过多元化协商平台所进行的重大环境协商等。在生态民主实践中，一般认为基于现有协商民主体系将生态问题作为议题，就可以实现协商的民主性与生态性的结合，进而实现生态民主。实践表明，现有党政协商民主体系加生态议题的模式虽然是现实可行的形式，也取得了一定的成效，但在推行过程中也存在一定的问题。现有党政协商民主体系中参与协商的主体是代表、委员、专家学者、相关部门领导以及部分公众代表等。现有党政协商民主体系虽然体现了协商的专业性，但公众直接参与的参与程度并不高，在一定程度上导致普通公众及社会组织话语权不足。高位推动是地方党委政府领导生态民主实践的基本特征。地方党委政府更倾向于嵌入式生态协商模式，生态问题的结构性嵌入和功能性嵌入有助于强化现有党政协商民主体系对于生态环境治理的干预能力。地方党委和政府是生态民主机制的主导力量，党的领导是生态民主机制的核心特征，这体现了中国特色社会主义民主的制度性特征。生态议题嵌入现有党政协商民主体系模式体现了鲜明的工具性特征，解决生态利益冲突、维护社会稳定是各级党委政府的工作目标诉求。其工具性体现在一定程度上削弱了生态性及民主性的特征。

　　无论哪种协商机制模式，其协商机制程序的设定都需要符合生态民主的基本价值。中国特色生态民主需要确定协商议题的边界。可协商性是确定议题边界的基本条件。在生态民主进程中，不能将所有的生态相关问题付诸协商。依据相关规定有明确判断标准的问题，需要付诸法律党规和行政法规的依照法律程序解决。如果就此类问题进行协商，可能会削弱党和政府、法律部门的权威性乃至造成有法不依的潜在风险。生态民主机制就其特征而言，更适合于特色生态空间内小范围基层生态——社会性协商。生态民主需要充分考虑时间成本、物质成本以及人力成本等决定性因素。协商议题的边界还取决于该议题所处的生态空间的特性。不同生态环境的地域性差异决定了协商的地域性范围。超出了特定的地域性范围，协商的议题就失去了其特定的生态环境特性，继而造成群众地方性知识参与的合理性不足。其次，中国特色生态民主需要确定协商的参与主体范围。生态民主实践中绝大多数协商议题与生态环境利益矛盾冲突相关，具体议题往往直接影响到人民群众的切身利益。这也就意味着参与协商的主体中需要包括相当多有直接相关利益但是缺乏相关专业知识及治理经验的普通公众，因而其协商的技术性门槛不能过高。如果因为程序性原因将有直接相关利益的普通公众排除于协商之外，则会损害其民主性的基本价值。

二、生态文明保障体系中的党规国法共生机制

　　生态文明等系列理念是中国共产党提出的，就其产生及实践而言先于生态环境相关法规。党的政策先于法规并决定其后相关法规的基本内容，是中国特色生态民主理论与实践的基本特点。在应对不断出现的新的生态

环境风险的过程中，党的政策的前瞻性与实效性在实践中弥补了相关法规制定的相对滞后性。虽然第二代环境法相当程度上克服了第一代环境法的局限，但是仍然存在功能瓶颈，不能及时为生态民主提供足够充分的法律依据。与此同时，党内生态文明建设的政策规制逐步完善，在生态民主协商机制中呈现出党规和国法共生的情况。生态环境法治体系中党规国法共生应当遵循的理念是保持共生个体相互对等，维护共生环境健康良好和谋求共生系统总体发展；遵循的行为模式应当从非对称互惠共生发展为对称互惠共生，组织模式应当从间歇共生发展为一体化共生；遵循的规则是法律保留原则和党务保留原则；追求的目标状态是在形成稳定生态环境法治架构的基础上实现立法兼容和责任衔接。

（一）生态文明保障体系中党规国法共生的基本原则

"1979年9月颁布的《环境保护法（试行）》标志着中国环境保护法制化工作的全面启动。40多年来，我国出台30多部生态环境法律，40多部生态环境行政法规，近90部生态环境行政规章。生态环境法律体系已经建成"。①党的十八大以后，相关部门制定了一系列生态环境法律法规：包括《中华人民共和国环境保护法》《中华人民共和国环境保护税法》《中华人民共和国土壤污染防治法》《中华人民共和国海洋环境保护法》《中华人民共和国水污染防治法》《中华人民共和国大气污染防治法》《中华人民共和国野生动物保护法》等一系列相关法律法规。但是法律法规的制定具有相对滞后性，并不能及时应对生态治理中不断出现的新问题并作出前瞻性规定。迫于日益严重的生态环境治理形势，相关党内规制陆续出台并在生态环境治理中取得了较为理想的成效。与生态环境治理相关的党内规制日益完善。生态民主机制中，党内规制一方面体现为原则性党规党法在生态环境治理领域的应用，另一方面体现为生态环境治理领域专项规定的党内文件。指导生态民主的原则性文件包括：《关于加强社会主义协商民主建设的意见》《中共中央关于加强党的执政能力建设的决定》《中共中央关于构建社会主义和谐社会若干重大问题的决定》等。生态治理领域的专项党内文件往往由中共中央办公厅和国务院办公厅联合印发，主要包

---

① 程雨燕. 生态环境法治体系中党规国法共生路径研究[J]. 岭南学刊, 2020（3）：100.

括：《关于在国土空间规划中统筹划定落实三条控制线的指导意见》《天
然林保护修复制度方案》《关于建立以国家公园为主体的自然保护地体系
的指导意见》《中央生态环境保护督察工作规定》《农村人居环境整治三
年行动方案》《关于统筹推进自然资源资产产权制度改革的指导意见》
《关于在湖泊实施湖长制的指导意见》《生态环境损害赔偿制度改革方
案》《领导干部自然资源资产离任审计规定（试行）》《关于深化环境监
测改革提高环境监测数据质量的意见》《关于建立资源环境承载能力监测
预警长效机制的若干意见》《关于全面推行河长制的意见》《关于加强城
乡社区协商的意见》《关于深入推进城乡社区协商工作的通知》《生态文
明建设目标评价考核办法》《党政领导干部生态环境损害责任追究办法
（试行）》等。2015年《党政领导干部生态环境损害责任追究办法（试
行）》的出台标志着党规党法开始在生态环境治理中起到日益重要的实质
性作用，标志着生态治理领域的法治内涵与广度的拓展。中国生态环境治
理相关领域呈现出党内规制和国家法律体系共生的局面。如何理解生态民
主机制中党规国法共生的现象？如何实现法治原则下的党规国法在生态民
主中的共生？这是中国特色生态协商机制需要回答的问题。

　　虽然当前生态文明保障体系中党规国法共生，但党规国法共生机制
并不是必然会推动生态民主的发展。因为党规国法共生机制的现实目标是
为了提高实现生态治理既定目标的效率，其本质是以党的组织力量强化各
级政府部门行政权力。2015年发布的《环境保护督察方案（试行）》以及
2019年发布的《中央生态环境保护工作规定》集中体现了党政合力共
同推动的生态治理模式。因而有国内研究者将这种模式看作是一种特殊形
态的"运动型治理"模式，即通过党政合力以政治动员方式在短期内调动
体制内资源和力量完成生态环境治理任务目标。无论就治理目标还是程序
而言，生态民主并不是原生性党规国法共生机制的必然要求。

　　运动型治理的短期效率毋庸置疑，但就长期持续的结果而言极有可能
会阻碍公众的生态民主参与，甚至在一定程度上存在有悖于生态性原则的
潜在风险。如何使党规国法共生机制在确保高效治理的前提下，最大限度
地体现生态民主内涵成为亟待解决的问题。

　　生态文明保障体系中党规国法共生的良性发展需要满足三个条件：

实现党规国法生态空间内依法共生，党规国法在全过程人民民主机制内的共生互补，党规国法共生机制生态性前提下的效率优势。首先，中国特色生态协商机制的实现以党规国法依法共生为前提。党规和国法在生态协商机制中属于不同性质的规制体系，体现不同主体的意志，所规范的对象也不同，二者不能相互替代。党规在生态协商机制中所规范的是党员，尤其是规范了党的干部在生态空间的权利义务；而国法所体现的是生态空间内的行政部门职能以及公民之间的权利义务。二者适用对象也不同，党规的主体是各级党组织和党员，强调通过基层党组织领导动员群众以调整政府、企业等主体以及群众之间的生态利益关系，党规体系中公众在党的领导下以群众的身份进行参与。党规是党领导生态协商机制的政策依据，基本工作方法是党的群众工作方法，是群众路线在生态民主实践中的体现。党规对普通群众不具有直接强制性。生态协商进程中，环保督察、自然资源资产离任审计的党内法规、湖长制、河长制等诸多党内规范性文件在相当程度上具有强制性效力。党内规范性文件虽然也能对生态民主权利作出规定，但是其规定不具有与法律同等的效力。党内规范性文件对党员具有直接强制性的效力，对党员之外的普通群众所产生的影响是间接性的，对于基于人身权利的强制措施必须依据相关法律。中国共产党具有先进性，因而党内规范性可以对党员的责任义务作出更加严格的规定，但是对党员基本人身权利的规定必须与法律规定相一致。党规国法共生机制需要符合全面依法治国总目标，生态民主协商机制需要在全面依法治国的框架下运行。

其次，党规国法良性互动是生态协商机制运行的前提。党的二十大报告中指出全过程人民民主是社会主义民主政治的本质属性，是最广泛、最真实、最管用的民主。必须坚定不移走中国特色社会主义政治发展道路，坚持党的领导、人民当家作主、依法治国有机统一，坚持人民主体地位，充分体现人民意志、保障人民权益、激发人民创造活力。党是全过程人民民主的领导核心，党规是党领导全过程人民民主的制度依据；法律法规是公民依法参与的基本依据和保障。就中国特色生态民主机制而言，生态文明是党的基本执政理念，党的意志与国家意志高度一致。党通过党组织以及党员干部协调社会群体之间、政府与群众之间的生态利益冲突是中国特色生态民主机制的应然选择。以党规推动生态协商为充分挖掘群众路线的协商民主内涵提供了制度前提。而在应对不断涌现的新的生态问题过程中，党规尤其是相关政策文件相对于法律制定的反应速度更快，更有利于前瞻性治理与公众参与相结合，更有利于在风险治理背景下实现生态民主。党规国法共生的民主机制，是生态民主生成和发展的重要因素。党规国法共生民主机制的核心在于党的领导。在遵守宪法和法律的前提下，各级党委统筹个人利益与集体生态利益，局部利益与整体利益、近期与远期生态利益、经济利益与生态利益等维度的利益关系。

再次，生态化前提下的效率优势是党规国法共生机制的现实依据。中国特色生态协商机制之所以在生态治理实践中无法替代行政权力主导模式，其根本原因在于现有生态协商机制的效率不能充分满足生态治理的要求。党规国法共生机制的根本目标是进一步提高行政权力的效率。将党规国法共生机制融入中国特色生态协商机制之中，要确保在决策符合生态性价值的前提下保持其原有的效率优势。党规国法共生机制的生态性原则有着明确的内涵。"人与自然生命共同体"理念是中国特色生态协商机制的核心价值，也是生态空间党规国法的基本价值遵循。生态治理中，党规国法共生机制治理效率高是其长期存在的客观原因。但是短期内，特定区域内主要治理指标的完成并不必然等同于治理的生态性结果，其治理结果有可能会造成新的跨区域生态问题，乃至造成长期性、潜在性生态风险。法律体系中，公民和法人为主体，党组织并不具有凌驾于法律之上的权力。在生态民主机制中，党规的时效性优势能够更加有效地应对突发性生态问题，并通过试点总结经验为相关部门立法提供依据。在相关法规没有对特定生态问题作出具体规定的情况下，党规和政策可以作为生态民主机制运行的依据。生态民主机制中党规主要体现为党内规范性文件。党内规范性文件针对的往往是矛盾突出的风险治理领域。党内规范性文件是效力相对较弱的党内规范，这恰恰适应了其所涉及领域风险治理的不确定性。生态治理的风险性适于以党内规范性文件加以规范，具有一定的试点性质，有助于及时总结经验、纠正偏差。

（二）生态协商机制中党内规制的效力位阶

生态协商机制中党内规制功能的发挥需要坚持以下基本原则：党的

规制效力位阶原则、党内责任与法律责任不可替代、纪在法先党纪严于国法。在党领导生态民主的进程中，有诸多党内规制与之直接和间接相关。厘清诸多相关党内规制的效力位阶是正确适用的基本前提。厘清与生态民主机制相关党内法规的效力位阶需要依据党内的有关规定。党领导下的生态民主机制首先必须符合党章的规定，所制定的相关法规及规定也必须与党章相一致。《中国共产党党内法规制定条例》明确指出："准则对全党政治生活、组织生活和全体党员行为作出基本规定。条例对党的某一领域重要关系或者某一方面重要工作作出全面规定。规则、规定、办法、细则对党的某一方面重要工作或者事项作出具体规定。"①

党内规制中与生态协商机制直接相关的大多属于党内规范性文件，例如《中共中央　国务院关于全面加强生态环境保护坚决打好污染防治攻坚战的意见》等。《中国共产党党内法规和规范性文件备案审查规定》明确："规范性文件是指党组织在履行职责过程中形成的具有普遍约束力、在一定时期内可以反复适用的文件"。②一般使用决议、决定、意见、通知等名称，用段落形式表述。对规范性文件而言，可以名称为决议、决定、意见、通知等；也可以名称为规定、办法、规则、细则等。没有制定党内法规权限的各级党组织也可以根据实际需要制定党内规范性文件，这为党组织领导基层生态民主创造了制度条件。党内规范性文件是党领导生态民主的重要依据，有助于在立法条件不成熟情况下为生态协商机制的运行提供合法性依据。《中国共产党党内法规制定条例》明确了上位规定优先、新规定优先、特别规定优先三项原则。以制定主体为标准，党内法规可以分为中央党内法规、部门党内法规、地方党内法规与军队党内法规，并形成了与之相对应的效力位阶顺次。《中国共产党党内法规制定条例》第三十一条明确规定制定党内法规，应当严格遵循效力位阶要求。

---

① 中共中央办公厅法规局. 中国共产党党内法规制定条例及相关规定释义[M]. 北京: 法律出版社, 2020: 18.

② 杨恒祥. 地市级党委规范性文件草案应注意的常见问题[J]. 秘书工作, 2022（3）: 33.

三、中国特色生态协商机制的权力维度

马克思将社会权力置于社会关系中加以分析,批判了资本权力对于生态和社会的统治。马克思主义视域下,生态社会权力可以从强制、报偿和信仰三重维度加以审视分析。强化生态道德对法治的支撑作用,坚持依法治国和以德治国相结合,体现了中国特色生态民主权利机制的基本原则。信仰复合型生态社会权力以生态文明核心价值为信仰,辅之以生态社会报偿,以强制权力为底线维护自然界新陈代谢。信仰复合型生态社会权力是中国特色生态协商机制中理想的权力模式。

(一)生态社会权力的三重维度

中国特色生态民主权利的核心概念是生态社会权力。生态社会权力主要侧重权力的生态社会管理职能,其根本目的是维护特定的生态社会关系秩序,将生态社会冲突控制在一定的范围内。马克思并没有对生态社会权力的直接论述,但是马克思将生态问题置于社会关系之中加以分析,马克思主义社会权力思想是生态社会权力的基本理论来源。马克思认为资本的权力属性体现在人与资本的关系中。"资本是对劳动及其产品的支配权力。""资本家拥有这种权力并不是由于他的个人的特性或人的特性,而只是由于他是资本的所有者。他的权力就是他的资本的那种不可抗拒的购买的权力。"[①]对资本进行批判的同时,马克思主义也认为资本权力对社会有一定的整合性作用。在《资本论》中,马克思提出:"工人本身不断地把客观财富当作资本,当作同他相异己的、统治他和剥削他的权力来生产,而资本家同样不断地把劳动力当作……雇佣工人来生产。工人的这种不断再生产或永久化是资本主义生产必不可少的条件。"[②]资本权力一方面剥削无产阶级实现增殖,另一方面行使维持生产共同体的整合职能。资本主义生产是由资本作为权力来组织和整合社会的过程。马克思主义理论方法在社会关系中理解社会权力,马克思主义对资本权力的批判的核心目的

---

① 中共中央马克思恩格斯列宁斯大林著作编译局. 马克思恩格斯文集(第1卷)[M]. 北京:人民出版社,2009:130.

② 中共中央马克思恩格斯列宁斯大林著作编译局. 马克思恩格斯文集(第5卷)[M]. 北京:人民出版社,2009:659.

是消解资本权力对生态和社会的统治。生态社会权力的行使并不能从生态环境本身出发，而应该从一定历史阶段的物质经济条件，也就是生产方式来考虑。马克思主义视域下生态社会权力的目的在于最大程度上克服劳动和生态的双重异化，满足作为类存在物的人的共同生活，为人的自由全面发展创造更好的条件。生态社会权力的具体形式体现在社会关系的地位功能和机制之中，其根本价值在于实现人的自由全面发展的社会目标。依照马克思主义理论，生态社会权力的最基本功能是维持自然界新陈代谢，生态社会权力的最终目标是实现人与自然的解放。

有国内学者将权力分为"强制型权力、报偿型权力和信仰型权力三种类型。"[①]生态社会权力是具有多重内涵的复合型权力，具有强制、报偿与信仰三重内涵，因而也需要从这三重维度对生态社会权力进行审视探讨。权力强制维度的功能是破除资本对生态社会关系的统治，以国家机器的强制型权力防止自然——社会物质变换的断裂，维持自然界新陈代谢。马克思将劳动作为分析社会生产的核心概念，这同样适用于生态社会生产。在生态社会生产中，劳动同样是生态社会权力管理和调节的核心要素。"劳动首先是人和自然之间的过程，是人以自身的活动来中介、调整和控制人和自然之间的物质变换过程。"[②]马克思用物质变换概念阐释了劳动的生态意蕴。

权力报偿功能体现了对劳动者正向生态劳动的回报补偿以及价值引领，劳动者享有生态报偿权。马克思指出："分配的方式会随着社会生产有机体本身的特殊方式和随着生产者的相应的历史发展程度而改变。"[③]分配的标准体现为："每个生产者在生活资料中得到的份额"是"由他的劳动时间决定的。……另一方面，劳动时间又是计量生产者在共同劳动中个人所占份额的尺度，因而也是计量生产者在共同产品的个人消费部分中

---

①周光辉，张贤明. 三种权力类型及效用的理论分析[J]. 社会科学战线，1996（3）：52.

②中共中央马克思恩格斯列宁斯大林著作编译局. 马克思恩格斯文集（第5卷）[M]. 北京：人民出版社，2009: 207-208.

③中共中央马克思恩格斯列宁斯大林著作编译局. 马克思恩格斯文集（第5卷）[M]. 北京：人民出版社，2009: 96.

所占份额的尺度。"①马克思主义反对资本权力对自然的控制。劳动创造了生态产品的价值和使用价值，劳动者为生态社会生产直接或间接付出的劳动可以称为生态劳动。生态劳动是生态产品价值的根本源泉，是一系列相关权利和义务的源泉，也是生态社会价值实现的最基本马克思主义理论依据。基于生态劳动形成了劳动者对于生态——社会产品使用和分配的优先权，这首先体现为生态报偿权。对生态产品的享用是一种公共产品的福利权利，而生态劳动者除此福利权之外，还享有生态报偿权利。付出生态劳动使劳动者有了生态产品选择和管理的权利，生态劳动是其生态权的根本来源。劳动者报偿权是生态权利的核心内容之一，付出的生态劳动是个人主张生态产品优先权的基本依据。生态报偿体现为社会对生态劳动价值的回报和补偿。生态产品具有公共性，原则上享受生态产品是一种社会福利，社会成员具有同等的权利。但是在特定地区，因为付出的生态劳动不同，所以在相关问题决策的过程中也体现为享有不同的权利。付出生态劳动质和量有所不同，其在生态产品决策和分配过程中的优先权也有所不同。生态劳动使劳动者在生态产品的选择和分配方面具有优先权，以及获得生态报偿的权利。在相对应的生态产品价值不能从市场获得补偿的情况下，参与生态产品生产过程的劳动者享有以报偿的形式获得回报的权利。生态社会权力的报偿功能体现了对生态社会行为的价值引领，具有丰富的道德内涵。

权力信仰功能体现了生态社会权力的核心道德内涵，是生态社会权力正当性的最终依据。马克思的生态价值观与共产主义联系在一起，因而具有丰富的信仰内涵。马克思强调从生产关系、社会关系角度理解生态社会生产，将二者统一于促进人与自然统一。"社会化的人，联合起来的生产者，将合理地调节他们和自然之间的物质变换，把它置于他们的共同控制之下，而不让它作为一种盲目的力量来统治自己；靠消耗最小的理论，在最无愧于和最适合于他们的人类本性的条件下来进行物质变换。"②生态社

①中共中央马克思恩格斯列宁斯大林著作编译局.马克思恩格斯文集（第5卷）[M].北京：人民出版社，2009：96

②中共中央马克思恩格斯列宁斯大林著作编译局.马克思恩格斯文集（第7卷）[M].北京：人民出版社，2009：928-929.

会权力的历史使命是实现人与自然的双重解放。

（二）中国特色生态协商机制中的生态——社会权力

将生态社会权力置于中国特色生态协商机制中，需要以强制、报偿和信仰三重维度建构中国特色的生态社会权力体系。中国特色生态民主视域下权力运用需要考虑到中国的政治文化传统、社会主义市场经济、依法治国以及生态文明、美丽中国建设等特定语境。就中国的政治文化传统而言，中国社会对于生态资源的管理首先经历了权力制度。权力制度是农业社会典型的社会治理模式，这在中国传统社会集中体现为权力对水资源等相对稀缺生态资源的控制和调整。传统的强制性权力社会中，作为权力的手段和辅助，法律和道德必须服从权力。传统生态社会权力的强制性特征体现为：权力是生态治理中的基本关系，权力制度是对一切冲突所做的终极裁判。传统生态社会权力制度的思想基础是民本思想天人合一的生态理念，其根本目的是将生态社会矛盾冲突控制在一定的范围内，维护既有的生态社会秩序。权力体现为个人或特定阶级集团维护自身生态利益的工具。但中国传统社会中权力对生态利益的分配调节，往往带有浓厚的道德甚至伦理色彩，具有明显的强制——信仰型权力的特征。中国传统社会的以德治国、德主刑辅本质上所体现的是封建统治阶级的意志，不可能真正形成符合劳动人民利益的社会普遍认同的信仰型权力。传统政治文化中的德治虽然在一定程度上弥补了强制性权力的内在缺陷，虽然有利于维护传统社会的稳定，在农耕时代也对生态资源的分配和保护有正面作用，但本质上封建伦理与封建专制权力相结合，所维护的是农业文明小牛产方式下的生态社会关系。强制性权力与伦理道德以及天人合一生态理念相结合是中国传统生态社会权力的特色。

马克思主义视域下生态社会权力的三重维度是生态民主权利机制建构的重要视角。社会主义制度下，生态社会公共权力的目的是维护合理公正的生态社会关系秩序。社会主义初级阶段生产力水平仍然相对落后，某些地区和领域政府行政权力仍然在生态社会生产中处于核心地位。在社会主义市场经济条件下，消除资本对生态社会关系的统治，破除资本对生态社会权力整合的负面影响是生态民主的重要使命。强制维度的功能是防止物质断裂，是维持新陈代谢正常运行。尤其是通过强制权力防止资本对生态的统治，以防止资本权力的滥用。报偿性权力以报偿调节生产关系、社会关系，通过经济利益进行生态社会关系的调节。在社会主义市场经济条件下，权力的报偿功能具有价值引导色彩的利益调节，有利于破除资本对生态社会关系的统治。信仰维度体现马克思生态理想价值的引领，实现人与自然的双重解放的道德内涵。生态社会权力的三重维度之中，强制维度是底线，报偿维度所体现的是价值回报，信仰维度所体现的是价值引领。

　　社会主义市场经济条件下，生态报偿是生态社会公共权力行使的必要手段。所谓生态报偿，就是对创造生态产品的劳动进行的回报和补偿。社会主义市场经济条件下的生态产品，可以分为福利型生态产品与复合型生态产品。福利型生态产品一般具有普遍性社会福利的性质，最典型代表为洁净的空气。复合型生态产品体现了商品性和生态公共产品的双重属性。复合型生态产品商品性价值回报通过市场化机制得以充分体现。而劳动者投入到生态公共产品中的劳动价值则需要通过生态报偿的形式得以体现。无法通过商品价值体现在为福利型生态产品所付出的劳动中，报偿应该成为其劳动价值的主要体现形式。劳动者享有生态报偿权，实现劳动者生态报偿权的公共权力通过生态社会权力的报偿维度体现出来。生态社会报偿的核心依据是投入生态产品生产过程中劳动的质和量。生态报偿概念坚持了马克思主义生态产品的基本原则，弥补了西方生态补偿将自然视为商品的弊端，而且兼顾了社会主义市场经济的国情特征。生态报偿是生态社会权力维护特定生态社会关系，进行生态社会价值引领的重要手段。发挥生态社会权力的经济社会报偿功能的作用，是中国特色生态民主权利机制的重要内涵。

　　生态社会权力是社会主义法治下的公共权力。法律强调的是人与人之间的契约关系，法律可以有效地限制公共权力的随意性和偶然性，但是法治也存在着其自身的历史局限性。生态问题是一个新的社会发展问题，法律目前尚不能对所有生态相关问题做出非常明确的规定。对目前高度复杂的生态社会问题，解决问题的出路在于依法治国和以德治国在生态社会权力中的结合。当权力与道德结合，权力就向权威转化。强化道德对法治的支撑作用，将法律和道德在中国特色生态民主中有机结合，是中国特色生态民主权利运行的根本路径。

（三）信仰复合型生态社会权力的内涵与特征

以上述三种维度审视生态社会权力，就其权力的正当性而言，强制和报偿功能的生态社会效用是有限的。难以获得权力客体普遍持久的支持，因而在生态治理和生态社会生产中的作用也是有限的。权力的信仰功能基于权力客体在生态社会价值观层面对权力主体正当性的认可，能够获得权力客体普遍长期的支持。但是在生态社会权力行使过程中，信仰功能不可能离开强制和报偿功能而单独行使。强制、报偿和信仰仅仅是分析权力的维度，体现了生态社会权力不同层面的功能。在具体权力行使层面，生态社会权力往往都是兼具强制、报偿和信仰功能的复合型权力。信仰复合型生态社会权力以生态文明核心价值为信仰，辅之以生态报偿，以强制为底线维护自然界新陈代谢。中国特色信仰复合型生态社会权力具有德治与法治的双重属性。信仰复合型生态社会权力深刻体现了德治和法治的辩证关系，有利于不断提高生态治理体系和治理能力的现代化。当道德与法律紧密结合时，道德上升为法律，法律体现着道德，生态社会权力就会上升为权威，就会形成信仰型权力。生态社会权力的报偿功能是以价值和利益引导，是形成信仰型权力的过渡形态。报偿功能体现了道德内涵，是社会主义市场经济条件下生态文明的价值体现形式。而报偿维度和强制维度，体现了信仰复合型生态社会权力社会功能的不同方面，即引导和惩戒。

信仰复合型生态社会权力的复合型特征体现在其兼具信仰、报偿和强制方面功能；信仰复合型生态社会权力的强制和报偿功能中也具有充分的道德信仰内涵。中国特色信仰复合型生态社会权力的基本特征是以生态文明价值观为核心，以生态报偿为经济社会价值观引导手段，以强制维护生态社会新陈代谢过程。中国特色信仰复合型生态社会权力的复合型体现其内在地包含了信仰、报偿、强制三重功能。虽然信仰复合型生态社会权力中，强制和报偿功能也具有道德信仰内涵。但是因为强制和报偿功能具有内在的局限性，所以在其权力结构层次中只能位于次要地位。强制功能是生态治理过程中维护社会生态关系的底线。但强制功能并不意味对权力客体的随意性支配。强制功能在生态治理中的效用是有限的。强制功能不是出于客体某种程度满足或信仰的追求，而仅仅是出于对惩罚的恐惧。信仰复合型权力中强制功能只能维持生态底线，而不能对社会生态关系进行正向的引领推动。同时对于生态治理而言，单纯依靠强制暴力是低效而高成本的生态和社会控制手段。对反生态行为的惩罚的作用需要对反生态行为的权力客体产生足够的社会震慑，这也就意味着维持机构和相关人员必须付出巨大的成本。如果权力主体行使权力的正当性没有得到社会公众的普遍认同，频繁过度使用强制力维护生态社会关系，必然会激起经常性的反抗，继而从根本上瓦解对生态社会关系底线的维护。信仰复合型生态社会权力强制功能的行使必须以法治的手段实现。信仰复合型生态社会权力强制功能的道德信仰内涵体现为，以国家社会强制型权力对社会认同的生态社会关系秩序的维护。具体体现为在生态文明建设中破除资本对生态社会关系的统治，以国家机器的强制功能防止自然—社会物质变换的断裂，维持自然界的新陈代谢。

信仰复合型生态社会权力的报偿功能具有部分的信仰内涵，这体现在以经济社会报偿对生态社会行为进行价值引导。报偿功能的前提是权力主体拥有对客体正向生态行为进行回报的物质或精神文化资源，报偿功能虽然以报偿为条件，以权力客体服从于权力主体，但这种服从仍然具有迫使的性质，因为在一定程度上权力客体是以物质或精神文化报偿为条件，放弃了自身的追求偏好。报偿功能并不是单纯的强迫—服从关系，而且体现为一种交换关系。报偿是对某种生态劳动的肯定，同时也是对继续进行这种行为的激励。报偿型权力还具有一定的道德属性，所报偿的生态劳动行为具有道德内涵，虽然权力客体在一定程度上是出于利益回报从事道德行为，但也有利于道德行为的养成和认同，同时也有利于权力客体的自我肯定和自尊。报偿型权力作为生态社会控制手段，更容易满足权力客体的某种程度的需要，因而获得权力客体的支持和服从。在社会主义市场经济条件下，生态报偿也是信仰型权力形成的重要途径。生态报偿包含回报和补偿双重内涵，报偿的依据是劳动所创造的生态产品使用价值。回报具有道德内涵，补偿具有经济内涵，所以生态报偿并不仅仅以经济价值衡量，也包含道德褒奖的内涵，而并不仅仅是一种货币补偿。对生态产品的报偿具有补偿和回报的双重属性，具有经济和道德的双重属性，这恰恰体现了马克思所提出的自然不是商品的基本内涵。劳动创造的商品价值由市场回报，而劳动创造的生态价值则由政府、社会报偿。绿色产品的市场价格在一定程度上能够补偿生态产品的劳动价值，但不是全部。绿水青山就是金山银山的前提之一是生态劳动报偿权的实现。只有在生态报偿权得到社会普遍认可并得以实现的前提下，才能实现绿水青山就是金山银山。

报偿功能相对于强制功能而言，具有高效率，同时也具有高成本的特点。利益报偿是报偿功能的主要手段，但权力主体所掌控的有限资源必然不能充分满足权力客体的利益需要，所以依靠报偿获得社会成员的普遍支持必然是不可持续的。公共权力主体所掌握的可供报偿的资源与社会报偿期望具有内在矛盾。二者的矛盾决定了单纯依靠生态报偿并不能达到生态治理和生态建设的根本目的。而且报偿功能关系的维系还取决于报偿的额度。如果权力主体对客体报偿的额度大于权力主体所能获得的收益，或者权力主体所能提供的报偿远低于权力客体的期望值，这种报偿型权力关系必然就不能长期维系。报偿数量递增的边际效用呈现出递减的趋势，生态报偿对公众的满足没有固定的点，期望的无限性与资源的有限性是报偿型权力难以解决的内在矛盾。公共权力所面对的客体不是一个同质的群体，而是一个多样异质的个体。不同的职业收入阶层决定了其生态需求是多层次的，甚至其对于生态报偿的种类和量级有着内在的冲突。这也就决定了生态报偿能够满足社会特定群体甚至是多数群体的需要，但是很难满足所有人的报偿型愿望。虽然与强制功能相比，报偿功能可以频繁使用，但是并不能保证权力的长期持续，更不能满足社会成员日益增长的报偿需求。而且在报偿过程中由于社会群体对生态报偿的不同需求，还可能激化社会群体之间的矛盾，继而影响权力的正当性和效用。

信仰复合型权力通过培育信仰，形成权力客体对权力支配的内心服从。信仰型权力并不排斥强制和报偿，而是以信仰作为权力行使的最基本依据和社会认同，是权力获得社会成员认同的最基本因素。报偿通过利益或利益许诺获得服从，虽然报偿也具有一定的道德内涵，但报偿的基本手段是利益回报。以三种不同的维度审视生态社会权力，会发现权力主体对权力客体使其服从的手段、条件、理念都有所不同，其对个人社会和生态环境之间的关系也会产生不同的影响。信仰型功能是为了替代资本对权力的统治，将权力上升为权威，将生态社会权力的主体上升为生态社会权威。生态价值观的信仰是在特定生产方式下，在社会成员中逐步形成，并在社会化和制度化的过程中实现代际传承。虽然就个人而言，信仰与报偿在社会成员间也会存在分歧甚至冲突，但个人在维护社会和生态共同体的问题上必须做出妥协，继而形成共同的生态价值观。这种信仰并不是从个人的意志出发，而是基于生态社会共同体的生存和维系。获得社会普遍认同是生态价值观确立的前提，通过社会主流生态社会价值观的基本信仰融入个人行为中，实现生态社会价值观社会化。社会成员的生态社会行为不再是由于对惩罚的畏惧和对利益报偿的渴望，而是出于对生态社会价值观的信仰，是生态社会共同体成员的道德义务。国家权力与生态社会价值观相结合，就会将其价值观上升为意识形态，同时将公共权力上升为信仰型权力。信仰型权力使公共权力具有社会认同的正当性，权力客体服从主体不是因为强迫或者物质利益，而是出于内在信仰的价值选择，可以保障权力关系的稳固和持续。西方社会虽然也宣传绿色生态平等的一系列价值观。但从本质上，其所体现的是资本对生态统治的权力。虽然借助国家机器和资本的宣传机器，其价值观也能够获得公众的部分认同，但是因为无法摆脱资本对生态的统治，所以无法从根本上解决生态问题。生态社会权力的最终目的是实现人与自然的解放，通过权力使客体服从于主体仅仅是必要的手段。信仰应该从根本上提供生态社会权力的合法性、正当性依据，信仰复合型生态社会权力是适合中国国情的权力形态。

综上所述，马克思主义视域下生态社会权力的核心是在社会关系中理解生态社会权力，破除资本对生态和权力的双重统治。信仰复合型权力具有强制、报偿和信仰三重功能。中国特色生态民主权利机制建构坚持马克思主义的原则立场，同时在中国特定的历史政治文化传统和中国国情下实现其中国化，最终形成中国特色的信仰复合型生态社会权力。在社会主义市场经济条件下，生态报偿具有丰富的道德内涵，与生态文化等生态文明社会化途径一起是形成生态价值观信仰的重要途径。全体社会成员对生态文明价值观的信仰和践行，是信仰复合型生态社会权力形成的关键因素。

四、中国特色生态协商机制的理论与模式创新

（一）作为治理工具的生态协商机制

生态协商机制未能完全取代行政权力主导的运动式治理机制的主要原

因在于生态协商机制效率相对较低。如何提升生态协商机制在生态治理中的效率是中国特色生态协商创新发展的核心问题。治理效率相对较低是协商民主的共性问题。学术界提出的协商民主理论模式主要有治理机制论和治理范式论。治理机制论强调："在治理实践中，党政治理结构兼具的治理'弹性'和功能机制的复杂性，成为国家治理优效的产生缘由。"[①]就治理机制而言，生态协商机制可以理解为协商政治民主机制在生态空间的运用。有学者指出："协商治理，是政治主体基于政治组织和公民的政治权利，以协商和对话的程序和形式达成共识或者协调分歧，以实现国家和公共治理利益目标的特定政治机制。"[②]治理范式论则强调地方公共事务治理实践中协商民主价值理念与技术方法的应用，基于此可以形成生态民主的治理范式论。就治理范式论而言，更加强调基于民主性和生态性价值的生态民主机制的创新发展。无论是治理机制论还是治理范式论都体现了协商民主作为治理工具的特征。

当前的国内学术界研究主要集中于环境协商民主，治理机制论对环境协商民主具有较强的解释力。但当前研究主要围绕环境协商的相关理论问题展开，而且以城市环境协商治理为主。环境协商民主机制并不能充分地将生态因素纳入协商过程中，生态性价值并没有在协商过程中得到充分体现。就研究方法而言，目前对环境协商主要以逻辑归纳方式进行类型学研究。例如以《中共中央关于加强社会主义协商民主建设的意见》为依据，将环境协商治理划分为回应型、自治型、咨询型和监督型。回应型环境协商，民众自下而上地就个体化、碎片化的环境议题进行协商；自治型环境协商，激活社会自我组织和自我治理能力，协商集体性环境事务。咨询型环境协商，将协商民主嵌入政府运作方式和公共政策制定过程，增强环境决策的科学性、民主性与合法性。[③]政协制度框架下的环境协商是典型的咨询型环境协商。监督型环境协商是公众、环保社会组织等主体以协商平台

①王浦劬，汤彬. 当代中国治理的党政结构与功能机制分析[J]. 中国社会科学，2019（9）：5.

②王浦劬. 中国协商治理的基本特点[J]. 求是，2013（10）：36.

③郎友兴，葛俊良. 作为工具性机制的协商治理——基于不同环境协商类型的分析[J]. 浙江社会科学，2020（1）：16.

为依托，通过协商制约公共权力运行。协商民主机制虽然体现了民主内涵但不会自发地形成生态性的结果，尤其是协商过程中可能会因效率低下导致出现议而不决等问题。协商主体达成的共识往往体现了多方利益的妥协而非最优的生态性方案。虽然协商程序本身体现了民主性，但是可能会将缺乏相关知识和协商能力的公众纳入协商过程。

中西语境下协商的含义存在着重大差别，这种差别体现了协商民主的制度属性。中国特色生态协商治理以马克思主义为指导，汲取了中华优秀传统文化中治理思想的精华、立足于中国特色社会主义理论体系与实践，是全过程人民民主理论及机制的有机组成部分。党领导生态治理进程中党政同责的模式，使党成为生态治理的核心主体，因而党内法规和规范性文件也就成为生态环境治理的重要依据。生态文明建设中公民生态环境意识兴起的同时，参与治理过程中也面临着诸多问题。公众参与的理论困境体现为：生态民主与环境权威主义之间的矛盾、专家知识与公众地方性知识体系之间的矛盾、社会主体物质利益与生态公共利益之间的矛盾、生态空间内种际关系之间的矛盾等。生态民主机制与传统协商民主机制的不同在于参与生态民主的多元主体不仅存在生态利益分歧，而且存在着知识体系及风险认知的差异。

中国特色生态民主的治理机制论体现在治理领域的工具性层面，其基本逻辑是将协商民主理解为一种中国特色的公共治理模式，将其应用于生态空间治理就会形成生态民主机制。有研究者认为："从推进国家治理体系现代化、推进协商民主广泛多层制度化发展、践行党的群众路线三者的关系来判定，中国特色的公共事务治理之道应是协商治理。"[①]"协商治理的理论与实践主要来源于协商民主理论及其在公共治理领域的应用以及一些原发性的民主治理创新，它遵循民主治理的理念，并追求公共治理中的民主真实性、更好的公共理性与公共政策的合法性等非效率性价值，因此协商治理的出现是一种治理的民主范式变革，并以此区分于其他公共治理范式。"[②]就工具层面而言，生态民主机制也可以理解为生态空间的民主治

①池忠军.中国特色的公共事务治理之道:协商治理[J].思想战线,2016（3）:93.
②张敏.协商治理:一个成长中的新公共治理范式[J].江海学刊,2012:137.

理的机制。传统民主机制的多数原则在处理生态利益冲突过程中，存在着以损害少数人生态利益或者以损害生态环境为代价满足绝大多数人利益的潜在风险。中国生态治理实践中逐步形成了以党权和行政权力为主导的运动式治理模式以及以协商民主为主要形式的生态民主机制两种不同的理论形态。也有研究者提出，将协商民主机制作为一种治理工具存在着弱化民主性的风险。在具体实践中，"协商民主对公共理性的价值追求在一定程度上被解决特定环境问题、规范公众参与秩序、维护社会和谐稳定、强化组织机构职能、提供环境政策咨询和推动环境政策落实等工具性协商动机所取代。"① 而工具性协商动机替代公共理性则会导致生态民主过程中民主性的弱化。

生态协商机制的实质是政府、企业、社会组织及公民等主体在尊重生态性原则前提下通过协商达成共识的一种机制。环境协商机制与生态协商机制有所不同。环境协商机制体现为参与协商主体间所达成的共识。生态协商相对于环境协商而言，更强调维护不在协商场域内相关主体的生态性价值和权益。生态协商机制可以为公众参与生态环境治理提供机制支撑，在协调不同主体间生态利益诉求的同时，以知识民主化解风险治理的技术应用后果不确定性困境。生态民主机制还可以为生态环境的监督评估提供机制保障，有助于通过公众参与对潜在生态风险进行动态性评估预警。此外，生态民主机制还有助于培育公众生态文明的价值观，提高公众的生态文明素养。

（二）中国特色生态协商机制的分析模式

如果将中国特色生态协商机制理解为一种治理工具，就需要进一步探讨运用该工具的理论模式。国内有研究者将管理学的CLEAR模式和基于中国国情的"WSR"模式应用于生态环境治理并探讨了公众参与等相关问题。虽然上述模式对中国特色生态民主治理都有一定的解释力，但同时也存在着一定的内在局限性。

---

① 郎友兴, 葛俊良. 作为工具性机制的协商治理——基于不同环境协商类型的分析[J]. 浙江社会科学, 2020（1）: 13.

1. CLEAR模式在生态协商机制中的应用

英国管理学者斯托克提出了CLEAR模型用以评估政府决策中的公众参与。"CLEAR模式是用于诊断和纠正政府参与方案的失败而建构的模型。'C''L''E''A'和'R'五个字母分别是'Can'（能够）、'Like'（喜欢）、'Enabled'（使可能）、'Asked'（被请求）和'Respond'（被回应）的首字母。"[①]还有研究者以CLEAR模型对乡村生态环境治理进行分析："将'零污染'村庄参与式治理的实现机制提炼为村民群众能够做（Can to）、自愿做（Like to）、使能够做（Enabled to）、被邀请做（Asked to）以及作为回应去做（Responded to），以此提升'零污染'村庄的治理绩效，最终实现乡村生态宜居目标。"[②]如果以CLEAR模型分析中国生态治理过程可以发现：公众参与生态治理的主动性仍然有待提高；生态环保社会组织的参与程度和效果仍然不尽理想；政府相关部门对公众意见反馈未必能及时有效地作出反应。以CLEAR模型分析生态民主机制存在一定的内在局限。CLEAR模型的核心是对公众参与过程的管理，能够比较充分地体现民主性内涵。但是CLEAR模型本身并不能体现生态民主机制的生态性内涵，更不能化解生态民主机制中的知识民主困境。

2. "WSR"方法论在生态协商机制中的应用

中国特色生态协商机制一方面体现参与主体基于不同知识体系的价值判断，与之密切相关的要素有：生态空间特征、生态事件的特点以及特定生态事件相关主体的特性等。另一方面，中国特色生态协商机制是特定的生态空间中的实践，特定生态空间社会文化因素是中国特色生态民主机制建构及运行的重要因素。"WSR"方法论是"物理（wuli）、事理（shili）、人理（renli）方法论"的简称，该理论模型是国内学者基于我国国情以及历史文化传统提出的应对复杂系统性问题的方法论。近年来国内研究者尝试将"WSR"方法论应用于生态环境治理以及相关群体性事件的分析中。实践证明，"WSR"方法论对中国国情及社会文化背景下的生态

---

① 周晓丽. 论社会公众参与生态环境治理的问题与对策[J]. 中国行政管理，2019（12）：148

② 沈费伟，陈晓玲. "零污染"村庄的参与式治理路径与实现机制[J]. 北京理工大学学报（社会科学版），2021（6）：41.

治理参与具有一定的解释力。"WSR"方法论应用于中国特色生态民主机制需要首先厘清"WSR"方法论的基本概念，以及其概念体系在生态民主中的具体内涵及应用路径。国内学者指出："WSR作为一种思路，其核心是在处理复杂问题时既要考虑对象的物的方面（物理，W），又要考虑这些物如何更好地被运用的事的方面（事理，S），最后，由于认识问题、处理问题和实施管理决策都离不开人的方面（人理，R），把W-S-R作为一个系统，达到知物理，明事理，通人理，从而系统、完整、分层次地来对复杂问题进行研究。"[1]WSR方法的提出目的是解决中国国情背景下的复杂性问题。以"WSR"方法分析，生态民主机制中的问题相当多数"物理"结构，乃至"事理"结构十分清楚。之所以协商结果及实践效果并不理想，其中一个重要的原因就是忽略了"人理"的因素，特定历史文化思维方式等因素使主体参与行为更加复杂。因而在生态民主机制中，人的因素往往成为解决问题的关键。

将"WSR"方法应用于生态协商机制之中，有助于构建中国特色的生态环境参与治理模式，化解中国国情和文化传统下科学与民主的内在紧张关系。以"WSR"方法论分析生态民主机制，生态环境科学层面所体现的是"物理"内涵。这主要体现为自然科学方法，所谓物理的"物"指的是自然界。生态协商机制中各相关主体之间的复杂关系所体现的是事理，所谓"事"，指的是生态空间事件。"WSR"中的事理具体体现为生态空间治理中各个相关主体间的动态关系。"人理"所体现的是生态协商机制中人的因素，包括特定生态空间中的地方性知识、生产生活方式、历史文化传统等因素。有研究者探讨了将"WSR"方法论应用于环境安全治理的基本路径："基于物理—事理—人理系统方法论（WSR方法论），建立环境安全的WSR三维分析模型，并对环境安全的物理（人—自然系统状态）、事理（环境安全预警）、人理（环境立法）进行深入探讨。"[2]在将"WSR"方法论应用于生态治理的过程中，学术界对于"物理"因素的理解基本上没有分歧，一般将其理解为自然界的生态科学规律。但是

---

[1]张彩江，孙东川. WSR方法论的一些概念和认识[J]. 系统工程, 2001（6）: 3.
[2]张强，薛惠锋. 基于WSR方法论的环境安全分析模型[J]. 中国软科学, 2010（1）: 165.

对于"事理"和"人理"具体内涵的理解则存在一定分歧。例如，有研究者将法律归类为"人理"，还有研究者将法律归类为"事理"，而将"人理"理解为参与主体的思想、行为等因素。PPP模式（public-private partnership）是政府与私人资本合作建设公共基础设施的运作模式。有研究者基于"WSR"方法论，"从物理、事理、人理三个维度构建水环境综合整治PPP项目的政府信用风险指标体系。"①其中，物理维度代表自然界的客观存在，研究引发政府信用风险的配套基础设施供应和土地获取等问题；事理维度主要针对有关PPP项目的法律法规、经济、合同体系以及政府管理技术进行探讨；以社会资本方的角度探讨政府信用风险的影响指标，人理维度主要研究政府方与社会公众的思想、行为、目的、价值取向对政府信用的影响。还有研究者从"最大支撑规模"角度研究水资源承载力体现着"生态、技术和社会经济"内涵。生态内涵指水资源综合效用具有生态极限，相对于水资源开发利用量超过可更新水资源量、水资源生态多样性等要素，水资源污染物状况与人类的活动密切相关，是影响水资源生态内涵的核心要素。技术内涵是指水资源承载力问题的解决与水平的提高有赖于科学技术和管理水平。社会经济内涵是指特定时期与区域的社会经济系统超过了水资源的最大利用量及废物最大排放量。②

"WSR"方法论作为分析中国国情和文化环境下的生态环境治理工具，在实践中体现出较强的解释力和建构能力。例如，有研究者应用"WSR"方法论构建了农村生活垃圾治理的模型："'物理'研究对象是当地农村地域地貌和气候特点等资源禀赋、垃圾类型，运用先进科学的垃圾污染控制技术，解决垃圾的分类、运输、处理和处置等，控制垃圾污染；'事理'涉及到垃圾治理方面的科学规划、宣传教育、政策扶持、源头分类、市场运作和奖惩机制等管理体制，……'人理'要求充分发挥垃圾治理相关主体的主导作用，尤其是要培养农村居民的环境卫生素养，遵

---

①陈佳，王大明. 基于IVHFSs-IFAHP的水环境综合整治PPP项目政府信用风险评价研究[J]. 中国农村水利水电，2018（5）：84

②王大本，冯石岗. 基于WSR方法论和熵值-耦合协调度的水资源承载力综合评价——以河北省水资源承载力研究为例[J]. 节水灌溉，2018（3）：50.

守社会公德意识，爱护环境意识，最终达到改变生活陋习的目的。"①也有研究者以"WSR"方法构建了喀斯特石漠化治理的三维分析模型，"提出了石漠化治理中的物理（喀斯特石漠化现状、成因等）、事理（石漠化治理的切入点）、人理（效益评价、政策法规等）的研究内容及工作步骤，为喀斯特石漠化治理研究提供了系统的理论框架和研究方法"。②还有研究者将"WSR"方法应用于环境质量评价。"提出WSR环境质量评价思想，强调环境系统功能的整体性。综合评价问题的本质是把评价对象的可测指标转换为较抽象的功能性指标。"③

综上所述，将"WSR"方法论应用于中国特色生态民主机制需要明确其中"物理""事理"和"人理"的基本内涵。就中国特色生态民主机制而言，"物理"指的是不同参与主体在生态协商过程中所涉及客观规律的总和，专业知识和群众地方性知识从不同维度体现了"物理"。"事理"是指生态协商过程中作为议题的事件及应对依据，相关的党规国法等体现了不同主体的"事理"。"人理"是指不同参与主体在生态民主过程中的相互关系及其动态变化过程，生态协商机制中的"人理"受到社会文化、风俗习惯以及社会心理等诸多因素的影响。

（三）中国特色生态协商机制的潜在风险及防范

1. 生态协商机制的潜在风险

中国特色生态协商机制建构于协商民主机制之上，因而协商民主机制本身的潜在性风险自然也会体现在生态协商机制之中。"协商民主具有内在、风险和潜在风险。内在风险表现为：异化民主的主体、背离民主的内容、伤及民主的价值、破坏民主的程序和扭曲民主的决策；潜在风险表现为强化精英主义民主、变成传统好人政治、导致网络暴民参与、降低政治

①徐鑫，陈如邦，何修明. WSR方法论在农村生活垃圾治理中的应用[J]. 湘南学院学报，2019（3）：32.

②王德光，胡宝清. 基于WSR方法的喀斯特石漠化小流域治理研究[J]. 地球与环境，2011（2）：257.

③许映军，宋中庆. 基于WSR的D-S环境系统质量综合评价法[J]. 大连海事大学学报，2001（4）：73.

运转效率和损害弱势群体利益。"[1]协商民主机制中的协商环节并不是传统代议制民主的法定程序，传统代议制民主实践中即使经过协商形成共识之后，仍然需要以多数原则票决方式进行方案的选择。就协商民主机制自身的风险而言，生态协商机制的潜在风险体现为参与主体异化所造成的价值目标、协商共识的扭曲等问题。生态治理中复杂的专业知识背景会强化知识精英群体的话语权，而相对削弱普通公众的话语权，造成协商过程中实际上的不平等。同时过于强调协商程序的正当性也可能会造成协商过程中协商效率低下，甚至会议而不决，难以形成共识并付诸实践。

生态民主既具有协商民主机制自身的风险，同时也体现了生态风险治理领域的科技应用后果的不确定性风险。在协商民主中，精英和大众是两个极端，而在生态协商机制中，更多体现为专家和非专业公众的关系。在生态协商机制中，以科学名义所体现的生态性原则是民主性价值实现的基本前提。也就是说，即使参与协商主体平等协商形成了一致性共识，但如果该共识违背生态科学规律也不可能付诸实施。但是，如果在协商过程中作为知识精英的专家以科学的名义主导了协商程序，则会造成参与协商主体实际上的不平等。而一旦资本和权力与知识精英群体相结合，专家也可能会失去中立的立场成为特定利益群体的辩护者，继而造成协商过程和结果的扭曲。因而在生态民主中，如何处理普通公众非专业知识体系的地位问题成为规避潜在性风险的重要因素。生态民主协商过程可以理解为生态利益偏好不同的群体平等参与决策的过程。生态民主运行的目标是在确保生态性价值的前提下实现各协商主体间的共识和妥协，以实现生态空间公共生态利益的最大化。利益妥协是协商达成共识的基本前提。在生态民主过程中，相关知识体系是各相关主体主张权利或者说服对方作出妥协的基本依据。政治组织或者利益集团指定代言的专家群体所掌握的知识话语权会远大于相对弱势的公众群体，可能会造成政治组织或利益集团控制生态协商的议题、过程并迫使普通公众群体作出让步。这也就造成了生态协商主体地位的异化。造成生态协商主体地位异化的根本原因在于，参与协商主体掌控社会资源的不对等所造成的生态风险与利益分配的不平等。协商

---

[1] 张爱军, 高勇泽. 协商民主的风险及其化解[J]. 学习与探索, 2009（3）: 74.

民主虽然有助于提升生态相关决策的科学性和民主性，但是协商的共识并不能从根本上避免决策的失误。而在协商过程中的主体地位异化可能会造成参与主体间的两极化对抗。这种对抗既有相关知识理解的差异，更体现为生态利益的冲突。而在生态协商的过程中，并不排除相关主体间共谋以牺牲公共生态利益为代价谋取群体私利的可能性。在生态文明和生态治理过程中，随着社会转型，生态协商参与能力和知识相对不足的弱势群体客观存在，造成了生态协商机制的结构性缺陷。保障相对弱势群体的生态权利，满足相对弱势群体的利益诉求是中国特色生态民主的价值目标。党的领导是中国特色生态协商的本质特征。加强改进党对生态协商的领导，在推进生态协商机制的制度化法治化的同时，实现群众路线等党的工作方法在生态空间的拓展创新是防范生态协商风险的有效路径。

2. 生态协商机制的风险防范

生态治理是典型的风险治理，协商民主与风险治理的关系也就成为生态协商机制运行的关键。生态风险具有不确定性、突发性、不可逆性等特点，因而不适用于事后责任机制，生态民主协商机制的相关规制需要涵盖风险预警及防范。"协商型环境风险规制具有缓解规制过程中的不确定性、推动规制主体合作、提升规制效率、促进环境正义的制度优势，具有开放性、程序性、民主性等价值目标。"[①]生态协商风险规制是指相关主体通过协商就生态风险达成共识，并基于共识所制定的风险预警及防范协议。生态风险协商规制对于生态民主实践的意义首先体现为，生态风险规制有利于化解生态治理中的诸多不确定性因素。相关主体通过协商机制从源头参与生态风险的监测、预警、评估等环节，尤其是广大普通公众通过基于实践经验的地方性知识对风险进行全过程监测预警，有助于将生态风险的不确定性转化为特定生态空间内的相对确定性。生态协商风险规制有助于实现生态公正原则。在生态民主实践中，参与主体间社会地位的差异会造成生态风险分配结构失衡的潜在性风险。风险分配的结构失衡一方面体现为参与主体经协商形成共识将风险转嫁给不在场的群体，例如将风险转嫁给其所在生态空间之外的人们，或将潜在性风险转嫁给后代人。风险

---

①张锋.协商型环境风险规制机制的建构[J].上海行政学院学报，2020（6）：90.

分配的结构失衡另一方面体现为协商过程中，掌握权力、资本、知识的强势群体以专家及专业知识为理由迫使弱势群体承担生态风险，继而导致群体性事件的发生。生态协商过程中风险分配结构失衡主要是由于协商过程中社会资源占有不对等的多元主体不规范博弈所造成的。党领导下的多元协商替代权力及资本主导的多元博弈，是中国特色生态协商机制有别于西方生态民主机制的鲜明特征。

中国特色生态协商的风险防范规制具有鲜明的开放性特征。传统风险治理模式一般认为，公众参与体现了协商过程的民主性，而相关领域专家参与体现了协商过程的科学性。专家治理模式的前提是假定专家的价值中立性以确保其知识立场的公正性，同时也实际上否定了公众非专业知识在协商中的合理地位。中国特色生态风险规制的开放性体现为打破专家对于话语权的垄断，群众路线机制下群众地方性知识的参与有助于化解生态风险治理的知识困境。生态风险防范规制的开放性有助于科学共同体内部形成专业性共识；同时有助于推动地方性知识与专业知识共识的形成。生态风险防范规制的开放性还有助于引入第三方机构参与确保协商共识的生态性。

（四）生态协商机制中群众路线的理论拓展

生态治理是典型的风险治理，生态协商机制中需要预见生态潜在性风险。党的二十大报告提出建立大安全大应急框架，完善公共安全体系，推动公共安全治理模式向事前预防转型。党的二十大报告提出："建立大安全大应急框架，完善公共安全体系，推动公共安全治理模式向事前预防转型。"[1]以群众路线推动公共安全风险治理不仅具有理论上的必然性，而且具有实践上的可行性。党的二十大报告指出"人民的创造性实践是理论创新的不竭源泉。"[2]"树牢群众观点，贯彻群众路线，尊重人民首创精

①习近平.高举中国特色社会主义伟大旗帜 为全面建设社会主义现代化国家而团结奋斗——在中国共产党第二十次全国代表大会上的报告[M].北京:人民出版社,2022:54.
②习近平.高举中国特色社会主义伟大旗帜 为全面建设社会主义现代化国家而团结奋斗——在中国共产党第二十次全国代表大会上的报告[M].北京:人民出版社,2022:19.

神。"①现代社会公共安全治理是风险治理。地方性知识在公共安全风险治理中的重要作用是群众路线理论拓展的实践依据；地方性知识的合理性是公共安全风险治理背景下群众路线理论拓展的重要内容。群众路线中的地方性知识的合理性体现在价值论、认识论等方面。以群众路线推动生态风险治理，就需要赋予地方性知识在其实践范围内的合理性；就需要适度应用地方性知识，推动地方性知识的创新发展；就需要重视群众实践中的首创性经验，以地方性知识创新实践推动生态协商机制创新。

1. 在实践范围内赋予地方性知识合理性地位

一切为了群众体现了群众路线的核心价值。任何路线方针政策的制定和实施都必须站在群众的立场上，从群众的根本利益出发。在生态风险治理中，群众的相关利益往往以地方性知识作为合理性依据，并以地方性知识语言进行表述，地方性知识往往成为维护群众合法利益的重要手段。因而在环境公共安全风险治理中，要从维护群众利益出发赋予地方性知识合理性地位，使群众基于地方性知识的话语权获得合理性地位。

但在赋予地方性知识合理性地位维护群众利益的过程中，需要充分考虑到地方性知识内在的局限性。特定的地方性知识是群众在特定地方范围内所从事实践的知识总结，只有在其实践地方范围内，地方性知识才具有群众路线意义上的合理性。作为地方性知识生产和实践主体的群众同样具有地方性特征。地方性知识的生产者和实践者是特定地方范围内的群众，超出特定的地方范围，地方性知识也就失去了作为维护群众利益手段的合理性。赋予地方性知识合理性地位需要强调其实践的地方范围，超出了特定的地方范围，特定的地方性知识也就失去了群众路线的合理性依据。在公共安全风险治理实践中，赋予地方性知识合理性地位，需要将地方性知识作为制定政策的合理性依据，需要将地方性知识作为维护群众利益的合理性手段，需要将地方性知识作为政策执行工具。专家的普遍性知识只有转化为地方性知识，才能为群众理解并解决地方性问题，才能实现专家与群众之间的有效协商，才能推动地方性知识的创新发展与实践。

---

① 习近平. 高举中国特色社会主义伟大旗帜 为全面建设社会主义现代化国家而团结奋斗——在中国共产党第二十次全国代表大会上的报告[M]. 北京: 人民出版社, 2022: 70.

2. 以群众路线推动地方性知识创新发展

赋予地方性知识在其实践范围内的合理性，意味着在以群众路线推动公共安全风险治理过程中，需要适度应用地方性知识。适度应用地方性知识的"度"，一方面体现在实践的地方性边界。地方性知识是对群众地方性实践的知识总结，因而其效用往往局限在实践的特定地方范围内。超出了特定的地方范围，其地方性知识也就失去了基于实践的合理性，因而也就失去了群众路线意义上的合理性。适度应用地方性知识的"度"，另一方面还体现在专业知识与地方性知识之间的适度转换。群众路线在其实践过程中，必然会推动地方性知识的创新发展，这是群众路线的教育引领功能所决定的。群众路线体现了向群众学习与教育群众的辩证统一。就地方性知识而言，群众路线的教育引领过程，就是先进科学技术被广大基层群众所运用的过程，就是先进发展理念被广大基层群众所接受的过程，就是先进的生产方式及更加合理的生活方式被广大群众接受并付诸实践的过程。地方性知识的创新发展在理论上是可能的，这是群众路线教育引领的功能所决定的。

地方性知识的创新发展在实践中也是可行的。群众在治理实践中所形成的地方性知识，有常规科学背景下的传统型地方性知识，也有应对后常规科学背景下环境风险问题的创新型地方性知识。创新型地方性知识是先进理念和技术等因素与传统型地方性知识融合创新的结果。而创新型地方性知识就其类型而言，又可以分为首创型地方性知识和引领型地方性知识。首创型地方性知识是基于群众首创精神和首创实践而实现的地方性知识创新，首创性是其基本特性。在群众路线的实践过程中，首创型地方性知识的形成过程更大程度上体现了向群众学习，"从群众中来"的丰富内涵。尊重群众首创精神，就是承认群众作为认识主体和实践主体的知识生产能力。引领型地方性知识，是指在群众路线的引领下，为传统型地方性知识注入创新性因素所实现的地方性知识创新发展，群众路线教育引领是其基本特征。在群众路线的实践过程中，引领型地方性知识创新的过程更大程度上体现了教育引领群众，"到群众中去"的丰富内涵。

以地方性知识拓展群众路线的理论空间是后常规科学背景下应对生态风险治理的客观需要，基于群众实践的地方性知识是产生于实验室的科学技术知识的必要补充，也是该科学知识在群众中推广落实的必要手段。群众的地方性知识是风险决策中群众利益的知识依据，赋予群众地方性知识的合理地位对于在相关决策中维护群众利益具有重要意义，体现了一切为了群众的宗旨；同时群众的地方性知识也是相关公共安全风险治理政策落实的重要手段，体现了一切依靠群众的基本原则。将从群众中来的理论内涵拓展为从群众的地方性知识中来，将群众地方性知识作为风险决策的知识依据；将到群众中去的理论内涵拓展为以更加先进的理念和科学技术推动群众地方性知识创新，作为相关风险决策落实的知识手段。在生态风险治理实践中需要以地方性知识的创新发展实践克服其内在局限性，使创新型地方性知识在维护群众利益、推动群众参与的前提下，更加有效地应对治理中的风险因素。

党的二十大报告提出了生态治理的目标："推进美丽中国建设，坚持山水林田湖草沙一体化保护和系统治理，统筹产业结构调整、污染治理、生态保护、应对气候变化，协同推进降碳、减污、扩绿、增长，推进生态优先、节约集约、绿色低碳发展。"[1]生态民主治理替代运动式治理的前提是生态民主转化为有效的治理工具并被广泛运用，实践中亟待解决的问题是群众路线的知识化、生态行政及生态民主的法治化。

群众路线是党的基本工作方法，具有丰富的民主内涵。拓展群众路线的理论空间，将地方性知识纳入群众路线理论体系之中是提升中国生态民主治理效率的重要任务。群众地方性知识概念的提出，其目的在于生态民主理论实践中以群众路线对地方性知识进行赋权，为公众的专业知识参与提供合法性依据。在众多赋权机制中，党组织通过高位推动完善群众路线赋权机制是增强公众参与话语权的现实路径。以群众路线对地方性知识赋权有助于化解生态民主中专家和群众的知识分歧，化解生态民主协商参与中的知识结构性困境。生态民主实践中的公众无序参与可能会导致民粹主义风险，中国特色生态协商机制需要全过程防范生态（环境）民粹主义的影响。中国特色生态风险规制的开放性体现为打破专家对于话语权的垄

---

① 习近平. 高举中国特色社会主义伟大旗帜 为全面建设社会主义现代化国家而团结奋斗——在中国共产党第二十次全国代表大会上的报告[M]. 北京：人民出版社，2022：50.

断，群众路线机制下群众地方性知识的参与有助于化解生态风险治理的知识困境。

党的二十大提出全面推进国家各方面工作法治化，生态民主的法治化是全面依法治国的必然要求。实现党规党法、环境法规与生态民主的契合成为实现生态民主法治化的重要前提。党规国法共生机制的根本目标是进一步强化行政权力的效率。将党规国法共生机制融入中国特色生态民主机制之中，需要在决策符合生态性价值的前提下保持其原有的效率优势。行政立法的生态化是生态民主的核心要求，具体体现为将生态民主核心价值贯穿于行政立法全过程。生态民主的法治化路径创新体现为两个基本的路径：一个是将基于群众路线的协商机制及党内规制上升为法律。另一个是借鉴反身法理论推动生态民主规制纳入法治体系中。反身法理论的发展完善有助于进一步拓展中国特色生态民主的内涵与实践路径。

第八章 结 论

协商是生态文明保障体系运行的基本机制。习近平总书记在2023年全国生态环境保护大会的讲话中强调：各级人大及其常委会要加强生态文明保护法治建设和法律实施监督，各级政协要加大生态文明建设专题协商和民主监督力度。

党的高位推动是完善生态文明保障体系协商机制的根本途径。党的高位推动，需要建构党领导下的中国特色生态民主理论体系。中国特色生态协商理论建构需要坚持守正创新，马克思主义的生态观、民主观及其他相关论述是中国特色生态协商机制的基本理论依据。马克思主义的生态观和科技观为中国特色生态协商机制建构提供了直接的理论依据。中国特色生态协商机制的形成与发展具有鲜明的中国特色。中国特色生态协商机制是从中国环境政治运动发展而来的。不同于西方环境政治产生于生态社会运动，新中国环境政治的历史源头是爱国卫生运动。以群众运动的方式推行的爱国卫生运动具有丰富的政治内涵和民主内涵，可以理解为中国特色生态（环境）民主实践的源头。"人与自然生命共同体"理念是中国特色生态协商机制的价值前提。中国特色生态协商机制的演进可以分为以下几个阶段：1949年至2001年是中国特色生态协商机制的萌芽期；2002年至2016年是中国特色生态协商机制的形成期；2017年至今，是中国特色生态协商机制的成熟发展期。中国特色生态协商机制体现了中国式现代化的本质要求。社会主义市场经济中公有资本逻辑从根本上决定的中国特色生态民主发展方向、进程及根本特征，是中国特色生态协商机制演进的决定性因素。以生态文明政治化推动实现全过程人民民主的生态化是中国特色生态协商理论建构的现实路径。

生态文明保障体系中的协商机制主要有以下四种模式：安吉模式、嘉兴模式、蚂蚁森林模式和塞罕坝模式。上述四种模式也可以看作是中国特色生态协商机制中公众参与的代表性模式。各级党组织的高位推动是基层生态民主参与模式建构的现实途径。基于机制运行的逻辑、场域及协商主体，中国特色生态协商机制可以分为生态政治协商、生态政策协商、生态社会协商这三个层面，三者从不同层面共同构建了中国特色生态协商机制。中国特色生态协商机制创新的关键在于提升生态民主治理的效率。当前阶段的中国特色生态协商机制建构需要兼容运动式治理，当前的我国生态环境运动式治理具有存在的现实合理性和原生动力。生态民主治理替代运动式治理的前提是生态民主转化为有效的治理工具并被广泛运用。

党的高位推动，需要进一步完善群众路线的赋权机制。党的领导是中国特色生态协商机制的核心特征，群众路线赋予了群众地方性知识在生态民主中的合法性地位。在知识论层面拓展群众路线的理论空间，为中国特色生态协商机制中实现民主和科学的内在统一提供了可行路径。群众地方性知识概念的提出，其目的在于以群众路线对地方性知识进行赋权。群众路线是党的基本工作方法，具有丰富的民主内涵。拓展群众路线的理论空间，将地方性知识融入群众路线理论体系之中是提升中国生态民主治理效率的重要路径。在众多赋权机制中，党组织通过高位推动完善群众路线赋权机制是增强公众知识话语权的现实路径。以群众路线对地方性知识赋权有助于化解生态民主中专家和群众的知识分歧，化解生态民主协商参与中的知识结构性问题。中国特色生态风险规制的开放性体现为打破专家对于话语权的垄断，群众路线机制下群众地方性知识的参与有助于化解生态风险治理的知识困境。中国特色生态协商机制需要全过程应对生态风险，生态风险防范规制是生态民主的有机组成部分。生态风险防范规制具有开放性特征，党组织通过群众路线的赋权有助于实现生态风险防范规制的开放性。生态风险防范规制的开放性增强了普通公众对政府相关部门权力运用的监督，有助于保障公众在生态空间中的知情权、参与权、监督权和诉讼权等相关权利。

以群众路线推动生态协商机制，就需要赋予地方性知识在其实践范围内的合理性；就需要适度应用地方性知识，推动地方性知识的创新发展；就需要重视群众实践中的首创性经验，以地方性知识创新实践推动环境公共安全风险治理。首先，在实践范围内赋予地方性知识合理性地位。群众的相关利益往往以地方性知识作为合理性依据，并以地方性知识语言进行表述，地方性知识往往成为维护群众合法利益的重要手段。在赋予地方性知识合理性地位、维护群众利益的过程中，需要充分考虑到地方性知识内在的局限性。赋予地方性知识合理性地位，需要将地方性知识作为制定政策的合理性依据；需要将地方性知识作为维护群众利益的合理性手段；需要将地方性知识作为政策执行工具。赋予地方性知识在其实践范围内的合理性地位，还需要构建由普遍性知识向地方性知识的转换机制。专家的普遍性知识只有转化为地方性知识，才能为群众理解并解决地方性问题；才能实现专家与群众之间的有效协商；才能推动地方性知识的创新发展与实践。其次，以群众路线推动地方性知识创新发展。赋予地方性知识在其实践范围内的合理性，意味着需要适度应用地方性知识。适度应用地方性知识的"度"，一方面体现在实践的地方性边界，另一方面还体现在专业知识与地方性知识之间的适度转换。适度应用地方性知识还需要处理好地方性知识和普遍性知识之间的关系。要在群众实践的基础上将科学知识的地方性和普遍性结合起来，推动地方性知识的创新发展。总之，地方性知识的合理性是其贯彻于群众路线实践的前提，群众地方性知识的实践性是其合理性的基本依据。将"从群众中来"的理论内涵拓展为从群众的地方性知识中来，将群众地方性知识作为生态民主决策的知识依据；将"到群众中去"的理论内涵拓展为以更加先进的理念和科学技术推动群众地方性知识创新，作为生态民主决策落实的知识手段。在生态民主实践中需要以地方性知识的创新发展实践克服其内在局限性，使创新型地方性知识在维护群众利益、推动群众参与的前提下，更加有效地应对治理中的风险因素。

党的高位推动，需要完善生态原则前提下的党规国法共生机制。中国特色生态协商机制中党规国法共生的良性发展需要满足三个条件：实现党规国法在生态空间内的依法共生，实现党规国法在全过程人民民主机制内的共生互补，实现党规国法共生机制在生态性前提下的效率优势。首先，中国特色生态协商机制的实现以党规国法依法共生为前提。法治是党规国法共生的基本原则，党内规制需要在宪法和法律的框架内运行。党规国法共生机制需要符合全面依法治国总目标，生态协商机制需要在全面依法治国的框架下运行。判断党规国法共生机制是否健康发展的核心标准，是其是否符合法治原则。其次，党规国法在全过程人民民主机制内的良性互动是生态协商机制运行的基本前提。党规是党领导全过程人民民主的制度依据；相关的法律法规是公民依法参与全过程人民民主的基本依据和保障。就中国特色生态协商机制而言，生态文明是党的基本执政理念，党的意志与国家意志高度一致。在应对不断涌现的新的生态问题过程中，党规尤其是相关政策文件相对于法律制定的反应速度更快，更有利于前瞻性治理与公众参与相结合在风险治理背景下实现生态民主。党中央集中统一领导有助于生态民主协商机制中的政令通畅、协调一致，同时有助于决策实施过程中以群众路线为方法基于反馈及时调整方案，有效地应对生态治理的不确定性因素。再次，生态性原则前提下的效率优势是党规国法共生机制的现实依据。中国特色生态协商机制具有充分的理论和政策法律依据，之所以在生态治理实践中无法替代行政权力主导模式，根本原因在于现有生态协商机制的效率不能充分满足生态治理的要求。党规国法共生机制一方面体现在党与政府的组织合力，另一方面体现在党内规范制定相对于法律制定的时效性优势。党规的时效性优势能够更加有效地应对突发性生态问题，并通过试点总结经验为相关部门立法提供依据。将中国特色生态民主融入党的运行机制中，提高生态民主治理的效率是其得以推广实践的关键因素。提升生态民主的治理效率，关键在党。生态民主治理替代运动式治理的前提是生态民主转化为有效的治理工具并被广泛运用，实践中亟待解决的问题是群众路线的知识化、生态行政及生态民主的法治化。

党的高位推动，需要完善中国特色生态协商机制的法治化路径，及时将成熟的党内规制上升为法律。党的二十大全面推进国家各方面工作法治化，生态民主的法治化是全面依法治国的必然要求。实现党规党法、环境法规与生态民主的契合成为实现生态民主法治化的重要前提。党规国法共生机制的根本目标是进一步强化行政权力的效率。将党规国法共生机制融入中国特色生态协商机制之中需在确保决策符合生态性价值的前提下保持其原有的效率优势。就效率而言，党规国法共生机制一方面体现在党与政府的组织合力，另一方面体现在党内规范制定相对于法律制定的时效性优势。生态治理的风险性适用于以党内规范性文件加以规范，具有一定的试点性质，有助于及时总结经验、纠正偏差。西方生态民主语境下动物权利的合理性内蕴，在中国特色生态协商理论中通过人类的道德和法律义务得以体现。生态行政立法中的民主原则具体体现为：以依法保障的生态环境政策法规制定执行中的公民参与权、知情权、补偿权，完善信息公开制度、环境影响评价参与等制度体系。生态民主的法治化路径创新体现为两个基本的路径：一个是将基于群众路线的协商机制及党内规制上升为法律。另一个是借鉴反身法理论推动生态民主规制的法律化。反身法理论的发展完善有助于进一步拓展中国特色生态协商机制法治化的内涵与实践路径。

生态治理是风险治理，因而生态文明保障体系建设需要以风险治理领域知识论为依据。打好生态文明建设保障体系的"组合拳"，需要充分考虑到生态环境科学、生态治理相关主体间的动态关系，以及相关主体历史文化背景等多种因素。生态协商分歧的核心是不同主体生态话语权的争夺。以群众路线拓展风险治理领域地方性知识理论，才能为生态文明保障体系的知识协商提供方法论依据。党的高位推动是完善包括法治、市场、科技、政策等多方主体协商机制的根本动力。

参考文献

[1] 彼得・S.温茨. 现代环境伦理[M]. 宋玉波，朱丹琼，译. 上海：上海人民出版社，2007.

[2] 曹昌伟. 政府环境管理公众参与的法规范构造[J]. 安徽大学学报（哲学社会科学版），2021（1）.

[3] 常纪文. 从欧盟立法看动物福利法的独立性[J]. 环球法律评论，2006（3）.

[4] 陈海嵩. 中国环境法治中的政党、国家与社会[J]. 法学研究，2018（3）.

[5] 陈佳，王大明. 基于IVHFSs-IFAHP的水环境综合整治PPP项目政府信用风险评价研究[J]. 中国农村水利水电，2018（5）.

[6] 陈学明. 资本逻辑与生态危机[J]. 中国社会科学，2012（11）.

[7] 陈永森. "控制自然"还是"顺应自然"——评生态马克思主义对马克思自然观的理解[J]. 马克思主义与现实，2017（1）.

[8] 陈晓景. 全球化背景下完善中国环境保护法律制度的若干思考[J]. 河南社会科学，2006（2）.

[9] 成协中. 风险社会中的决策科学与民主——以重大决策社会稳定风险评估为例的分析[J]. 法学论坛，2013（1）.

[10] 程广丽. 生态危机的根源究竟是生产还是资本——从生态马克思主义的资本批判路向说起[J]. 理论探讨，2018（5）.

[11] 程雨燕. 生态环境法治体系中党规国法共生路径研究[J]. 岭南学刊，2020（3）.

[12] 程竹汝. 论协商民主是实践全过程人民民主的重要形式[J]. 广州社会主义学院学报，2024（1）.

[13] 池忠军. 中国特色的公共事务治理之道：协商治理[J]. 思想战线，2016（3）.

[14] 崔晶. 从"后院"抗争到公众参与——对城市化进程中邻避抗争研究的反思[J]. 武汉大学学报（哲学社会科学版），2015（5）.

[15] 崔晶. 中国城市化进程中的邻避抗争：公民在区域治理中的集体行动与社会学习[J]. 经济社会体制比较，2013（3）.

[16] 崔岩. 当前我国不同阶层公众的政治社会参与研究[J]. 华中科技大学学报（社会科学版），2020（6）.

[17] 代金平. 超越资本逻辑：社会主义基本经济制度的创新与发展[J]. 马克思主义研究，2021（5）.

[18] 戴其文. 环境正义研究前沿及其启示[J]. 自然资源学报，2021（11）.

[19] 党惠娟. 迈向种际和谐的环境法变革——对野生动物法律保护的超越[J]. 探索与争鸣，2020（4）.

[20] 党文琦，奇斯·阿茨. 从环境抗议到公民环境治理：西方环境政治学发展与研究综述[J]. 国外社会科学，2016（6）.

[21] 邓明，林莹. 环境污染如何影响了居民的政治参与？——基于"中国式分权"视角的研究[J]. 制度经济学研究，2019（2）.

[22] 邓燕华. 社会建设视角下社会组织的情境合法性[J]. 中国社会科学，2019（6）.

[23] 丁太平，刘新胜，刘桂英. 中国公众环境治理参与群体的分类及其影响因素[J]. 上海行政学院学报，2021（1）.

[24] 董海军，郭岩升. 中国社会变迁背景下的环境治理流变[J]. 学习与探索，2017（7）.

[25] 董正爱，王璐璐. 迈向回应型环境风险法律规制的变革路径——环境治理多元规范体系的法治重构[J]. 社会科学研究，2015（4）.

[26] 杜吉泽，李维香. 自然辩证法简明教程[M]. 北京：高等教育出版社，2007.

[27] 范叶超，洪大用. 差别暴露、差别职业和差别体验——中国城乡居民环境关心差异的实证分析[J]. 社会学（人大复印），2015（11）.

[28] 方世海. 建设人与自然和谐共生的现代化[J]. 理论视野，2018（2）.

[29] 方世南. 论恩格斯生态思想的鲜明政治导向[J]. 苏州大学学报（哲学社会科学版），2020（4）.

[30] 方学梅，张璐艺，俞莉莉. 谈"化"色变：环境公正、系统信任与抗争行为倾向——基于上海化工园区周边居民的实证分析[J]. 风险灾害危机研究，2019（2）.

[31] 冯镜. 探析毛泽东关于情报资料分析的方法[J]. 毛泽东思想研究，2008（1）.

[32] 冯永峰. 看新《环保法》三大突破——访环保部副部长潘岳[N]. 光明日报，2014-04-28.

[33] 冯志峰. 中国政治发展：从运动中的民主到民主中的运动：一项对建国以来110次运动式治理的研究报告[C]. 公共管理与地方政府创新研讨会，2009-11-25.

[34] 冯志宏. 社会正义视阈下的当代中国风险分配[J]. 马克思主义与现实，2015（1）.

[35] 高孟菲，于浩，郑晶. 环境知识、政府工作评价对公众环境友好行为的影响[J]. 中南林业科技大学学报（社会科学版），2020，14（2）.

[36] 高巍. 动物福利的正当性基础[J]. 思想战线，2010（2）.

[37] 高小平. 落实科学发展观　加强生态行政管理[J]. 中国行政管理，2004（5）.

[38] 高新宇. "政治过程"视域下邻避运动的发生逻辑及治理策略——基于双案例的比较研究[J]. 学海，2019（3）.

[39] 耿言虎. 冷漠的大多数：基层环境治理中居民弱参与现象研究——基于"环境关联度"的视角[J]. 内蒙古社会科学，2022（2）.

[40] 顾肃. 关于民主的若干基本理论问题辨析[J]. 中国人民大学学报，2004（4）.

[41] 顾益，陶迎春. 扩展的行动者网络——解决科林格里奇困境的新路径[J]. 科学学研究，2014（7）.

[42] 顾钰民. 以绿色理念引领建设社会主义生态文明——对刘顺老师《资本逻辑与生态危机根源》观点的回应[J]. 上海交通大学学报（哲学社会科学版），2017（3）.

[43] 郭道晖. 人权观念与人权入宪[J]. 法学，2004（4）.

[44] 郭广平. 群众路线与群众运动关系的历史考察（1921—1976）[J]. 黄河科技大学学报，2014（1）.

[45] 郭进，徐盈之. 公众参与环境治理的逻辑、路径与效应[J]. 资源科学，2020（7）.

[46] 郭珉媛. 生态政府：生态社会建设中政府改革的新向度[J]. 湖北社会科学，2010（10）.

[47] 郭瑞雁. 当代西方生态民主探析[J]. 国际政治研究，2020（5）.

[48] 郭苏建. 中国政治学科向何处去——政治学与中国政治研究现状评析[J]. 探索与争鸣，2018（5）.

[49] 郭武. 论中国第二代环境法的形成和发展趋势[J]. 法商研究，2017（1）.

[50] 郭晓虹. "生态"与"环境"的概念与性质[J]. 社会科学家，2019（2）.

[51] 郭忠义，侯亚楠. 生态人理念和生态化生存——马克思《1844年经济学哲学手稿》再解读[J]. 哲学动态，2014（7）.

[52] 韩大元. 宪法文本中的"人权条款"的规范分析[J]. 法学家，2004（4）.

[53] 韩万渠. 政民互动平台推动公众有效参与的运行机制研究——基于平台赋权和议题匹配的比较案例分析[J]. 探索，2020（2）.

[54] 韩志明. 寻找个人知识：现代国家治理的知识逻辑[J]. 南京社会科学，2019（3）.

[55] 韩志伟，陈治科. 论人与自然生命共同体的内在逻辑：从外在共存到和谐共生[J]. 理论探讨，2022（1）.

[56] 何跃军，陈琳琳. 人与自然是生命共同体——环境法中的法理学术研讨会暨法理研究行动计划第十三次例会述评[J]. 法制与社会发展，2020（2）.

[57] 何志武，吕永峰. 科学主导型公共政策的公众参与：逻辑、表征与机制[J]. 华中师范大学学报（人文社会科学版），2020（4）.

[58] 何中华. 现代性的政治与生态环境的危机——政治文明与生态文明关系的一个观察[J]. 理论学刊，2012（9）.

[59] 弘扬塞罕坝精神，把我们伟大的祖国建设得更加美丽——论中国共产党人的精神谱系之三十八[N]. 人民日报，2021-11-16.

[60] 胡锦涛. 在中国共产党第十八次全国代表大会上的报告[N]. 人民日

报，2012-11-19.

[61] 胡娟. 从政治介入到公众参与——知识生产动力学的进路考察[J]. 江西社会科学，2014（10）.

[62] 胡乐明. 规模、空间与权力：资本扩张的三重逻辑[J]. 经济学动态，2022（3）.

[63] 胡若溟. 迈向回应型法：我国科学技术决策立法的反思与完善[J]. 科技进步与对策，2018（15）.

[64] 黄爱宝. 政府作为"理性生态人"：内涵、结构与功能分析[J]. 社会科学家，2006（5）.

[65] 黄晗. 网络赋权与公民环境行动——以PM2.5公民环境异议为例[J]. 学习与探索，2014（4）.

[66] 黄雯怡. 生命共同体视域下动物伦理理论的构建[J]. 江苏社会科学，2022（4）.

[67] 黄毅，王治河. 建设性后现代主义生态观视域下的生态社区建设实践[J]. 鄱阳湖学刊，2022（1）.

[68] 黄振宣. 生态文明视野下"生态人"的要素构成[J]. 学术论坛，2015（10）.

[69] J. B. 福斯特，肖明文. 粮食生产，食品消费与新陈代谢断裂——马克思论资本主义食物体制[J]. 马克思主义与现实，2019（4）.

[70] 季健，沈菊琴，孙付华，徐立. 基于事理—人理（SR）的太湖蓝藻事件社会影响分析[J]. 华东经济管理，2011（9）.

[71] 贾鹤鹏，苗伟山. 公众参与科学模型与解决科技争议的原则[J]. 中国软科学，2015（5）.

[72] 贾如，郭红燕，李晓. 我国公众环境行为影响因素实证研究——基于2019年公民生态环境行为调查数据[J]. 环境与可持续发展，2020（01）.

[73] 姜明安. 现代国家治理有五大特征[J]. 党政干部参考，2014（23）.

[74] 蒋显荣，郭霞. 居民经验知识与城市绿色治理——基于迈亚的理论和芬兰的实践[J]. 自然辩证法研究，2017（2）.

[75] 卡尔·马克思，弗里德里希·恩格斯. 马克思恩格斯文集（第七卷）[M]. 北京：人民出版社，2009.

[76] 郎廷建. 何为生态正义——基于马克思主义哲学的思考[J]. 上海财

经大学学报，2014（5）.

[77] 郎友兴，葛俊良. 作为工具性机制的协商治理——基于不同环境协商类型的分析[J]. 浙江社会科学，2020（1）.

[78] 李兵华，朱德米. 环境保护公共参与的影响因素研究——基于环保举报热线相关数据的分析[J]. 上海大学学报（社会科学版），2020（1）.

[79] 李承宗. 从价值论看"生态人"的合法性[J]. 自然辩证法研究，2006（9）.

[80] 李凡. 消费文化的兴起与生态问题[J]. 社会科学辑刊，2012（6）.

[81] 李凡. "生态人"假设的当代困境及解决[J]. 学术界，2016（12）.

[82] 李华胤，王燕. "双碳"目标下乡村生态合作治理的机制与逻辑[J]. 现代经济探讨，2023（5）.

[83] 李辉. "运动式治理"缘何长期存在？——一个本源性分析[J]. 行政论坛，2017（5）.

[84] 李玲，江宇. 毛泽东医疗卫生思想和实践及其现实意义[J]. 现代哲学，2015（5）.

[85] 李思琪. 科技伦理与安全公众认识调查报告（2021）[J]. 国家治理，2022（7）.

[86] 李巍. 应对环境风险的反身规制研究[J]. 中国环境管理，2019（3）.

[87] 李修科，燕继荣. 中国协商民主的层次性——基于逻辑、场域和议题分析[J]. 国家行政学院学报，2018（5）.

[88] 李媛媛，郑偲. 元治理视阈下中央环保督察制度的省思与完善[J]. 治理研究，2022（1）.

[89] 李忠友，穆艳杰. "生态人"的发展定位及其当代价值——基于马克思主义人的全面发展理论的视角[J]. 理论导刊，2016（6）.

[90] 连浩琼. 环境法律规制模式的反身法改良[J]. 合肥工业大学学报（社会科学版），2020（3）.

[91] 联合国委员会通过加强农民种子权利的宣言[EB/OL]. 搜狐网，https://www. sohu. com/a/278864855_99941697.

[92] 梁木生. 论民主的市场建构——民主的经济学探源[J]. 开放时代，2001（5）.

[93] 林健，肖唐镖. 社会公平感是如何影响政治参与的？——基于

CSS2019全国抽样调查数据的分析[J]. 华中师范大学学报（人文社会科学版），2021（6）.

[94] 刘兵. 地方性知识、多元科学观与科学传播[N]. 晶报，2022-05-06.

[95] 刘芳. 社区作为"理性生态人"：内涵，结构和功能分析[J]. 社会工作，2008（14）.

[96] 刘福森，郭玲玲. 消费主义霸权统治的生存论代价[J]. 人文杂志，2005（4）.

[97] 刘桂英. 环境治理中的科学与民主：争论与关系建构[J]. 自然辩证法研究，2019（2）.

[98] 刘柯. 环境参与治理：悖论及走向[J]. 学海，2020（2）.

[99] 刘顺. 资本逻辑与生态危机根源——与顾钰民先生商榷[J]. 社会科学文摘，2016（2）.

[100] 刘素芳. 公众作为环境公益诉讼原告资格的审视与思考[J]. 人民论坛，2016（11）.

[101] 刘伟，肖舒婷，彭琪. 政治信任，主观绩效与政治参与——基于2019年"中国民众政治心态调查"的分析[J]. 华中师范大学学报（人文社会科学版），2021（6）.

[102] 刘卫先. 科学与民主在环境标准制定中的功能定位[J]. 中州学刊，2019（1）.

[103] 刘志洪. 驾驭与超越：当代中国应对资本权力的核心理念——基于马克思的资本权力思想[J]. 理论与改革，2018（1）.

[104] 刘子晴. 当代西方生态民主主义思想的流派分析[J]. 湖湘论坛，2015（5）.

[105] 卢春天，李一飞. 中国中间阶层环境行为探究——基于2013年中国综合社会调查数据[J]. 中国研究，2021（1）.

[106] 鲁品越，骆祖望. 资本与现代性的生成[J]. 中国社会科学[J]. 2005（3）.

[107] 鲁品越，王珊. 论资本逻辑的基本内涵[J]. 上海财经大学学报，2013（5）.

[108] 鲁品越. 全过程人民民主：人类民主政治的新形态[J]. 马克思主义研究，2021（1）.

[109] 陆群峰，肖显静.公众参与转基因技术评价的必要性研究[J].科学技术哲学研究，2016（2）.

[110] 罗宾·艾克斯利，郇庆治.生态民主的挑战性意蕴[J].南京林业大学学报（人文社会科学版），2011（4）.

[111] 罗朝远.《实践论》《矛盾论》：实践唯物主义辩证法与认识论[J].学术探索，2017（2）.

[112] 罗伊·莫里森，张甲秀.生态民主的发展与市民社会[J].国外理论动态，2016（4）.

[113] 吕靖烨，范欣雅.个人碳账户建设的三方演化博弈分析——以"蚂蚁森林"为例[J].技术与创新管理，2021（2）.

[114] 吕维霞，王超杰.动员方式、环境意识与居民垃圾分类行为研究——基于因果中介分析的实证研究[J].中国地质大学学报（社会科学版），2020（2）.

[115] 马克思.1844年经济学哲学手稿[M].北京：人民出版社，2004.

[116] 马克思.资本论（第1卷）[M].北京：人民出版社，2004.

[117] 马克思.资本论（第3卷）[M].北京：人民出版社，2004.

[118] 马克思恩格斯全集（第19卷）[M].人民出版社，1963.

[119] 马克思恩格斯全集（第2卷）[M].人民出版社，1957.

[120] 马克思恩格斯全集（第30卷）[M].北京：人民出版社，1995.

[121] 马克思恩格斯全集（第31卷）[M].北京：人民出版社，1998.

[122] 马克思恩格斯全集（第46卷）[M].北京：人民出版社，1961.

[123] 马克思恩格斯全集（第47卷）[M].北京：人民出版社，1979.

[124] 马克思恩格斯文集（第1卷）[M].北京：人民出版社，2009.

[125] 马克思恩格斯文集（第30卷）[M].北京:人民出版社，1995.

[126] 马克思恩格斯文集（第5卷）[M].北京：人民出版社，2009.

[127] 马克思恩格斯文集（第7卷）[M].北京：人民出版社，2009.

[128] 马克思恩格斯选集（第1卷）[M].北京：人民出版社，2012.

[129] 马克思恩格斯选集（第4卷）[M].北京：人民出版社，1995.

[130] 毛泽东文集（第8卷）[M].北京：人民出版社，1999.

[131] 毛泽东选集（第三卷）[M].北京：人民出版社，1991.

[132] 毛泽东选集（第一卷）[M].北京：人民出版社，1991.

[133] 蒙发俊，徐璐. 新时代背景下提高生态环境公众参与度的思考[J]. 环境保护，2019（5）.

[134] 孟天广，田栋. 群众路线与国家治理现代化——理论分析与经验发现[J]. 政治学研究，2016（3）.

[135] 穆艳杰，韩哲. 环境正义与生态正义之辨[J]. 中国地质大学学报（社会科学版），2021（4）.

[136] 穆艳杰，韩哲. 中国共产党生态治理模式的演进与启示[J]. 江西社会科学，2021（7）.

[137] 聂伟. 环境公正、系统信任与垃圾处理场接受度[J]. 中国地质大学学报（社会科学版），2016（4）.

[138] 聂玉梅，顾东辉. 增权理论在农村社会工作中的应用[J]. 理论探索，2011（3）.

[139] 宁清同. 生命共同体思想指导下的生态整体监管体制[J]. 社会科学家，2018（12）.

[140] 潘坤，王丹. 西方资本权力化背景下的政治异化. 科学社会主义，2016（3）.

[141] 彭勃，张振洋. 国家治理的模式转换与逻辑演变——以环境卫生整治为例[J]. 浙江社会科学，2015（3）.

[142] 彭峰. 论我国宪法中环境权的表达及其实施[J]. 政治与法律，2019（10）.

[143] 彭远春. 城市居民环境行为的结构制约[J]. 社会学评论，2013（4）.

[144] 戚建刚，余海洋. 论作为运动型治理机制之"中央环保督察制度"——兼与陈海嵩教授商榷[J]. 理论探讨，2018（2）.

[145] 戚建刚. "第三代"行政程序的学理解读[J]. 环球法律评论，2013（5）.

[146] 秦慧源. "美丽中国"何以可能？——基于资本逻辑语境的阐释[J]. 东南学术，2021（2）.

[147] 秋石. 绿色奇迹 可贵范例——塞罕坝林场生态文明建设的启示[J]. 求是，2017（17）.

[148] 屈文波，李淑玲. 中国环境污染治理中的公众参与问题——基于

动态空间面板模型的实证研究[J]. 北京理工大学学报（社会科学版），2020（6）.

[149] 全国卫生与健康大会19日至20日在京召开[N]. 人民日报，2016-08-20.

[150] 全面推进美丽中国建设，加快推进人与自然和谐共生的现代化[N].人民日报，2023-07-19.

[151] 冉冉，阎甜. 协商民主与全球气候治理的"吉登斯悖论"[J]. 当代世界与社会主义，2016（4）.

[152] 冉冉. 环境议题的政治建构与中国环境政治中的集权—分权悖论[J]. 马克思主义与现实，2014（4）.

[153] 任平. 生态的资本逻辑与资本的生态逻辑——"红绿对话"中的资本创新逻辑批判[J]. 马克思主义与现实，2015（5）.

[154] 荣兆梓，华德亚. 社会主义公有制与中国共产党领导[J]. 人文杂志，2021（7）.

[155] 尚智丛，章雁超. 科学民主化问题的哲学基础[J]. 科学技术哲学研究，2020（3）.

[156] 邵莉莉. 流域生态补偿的共同立法构建*——以京津冀流域治理为例[J].学海，2023（6）.

[157] 深刻领会内涵　全面贯彻实施——农业部副部长张宝文就《中华人民共和国畜牧法》的公布实施答记者问[J]. 山西农业（致富科技版），2006（8）.

[158] 沈费伟，陈晓玲. "零污染"村庄的参与式治理路径与实现机制[J]. 北京理工大学学报（社会科学版），2021（6）.

[159] 沈迁. 乡村治理现代化背景下复合型治理的生成逻辑——以"三元统合"为分析框架[J]. 南京农业大学学报（社会科学版），2023（5）.

[160] 生态环境部出台《关于进一步规范适用环境行政处罚自由裁量权的指导意见》[J]. 城市规划通讯，2019（12）.

[161] 生态环境部环境与经济政策研究中心发布《互联网平台背景下公众低碳生活方式研究报告》[J]. 环境与可持续发展，2019，44（6）.

[162] 时立荣，常亮，闫昊. 对环境行为的阶层差异分析——基于2010年中国综合社会调查的实证分析[J]. 上海行政学院学报，2016（6）.

[163] 史卫燕，高敬. 生态环境部等五部门联合发布《公民生态环境行为规范（试行）》[N]. 当代生活报，2018-06-06.

[164] 舒欢，李云燕. 我国公众公私领域环保行为比较研究——基于2013年中国综合社会调查数据的实证分析[J]. 环境保护，2018（10）.

[165] 宋维志. 运动式治理的常规化：方式，困境与出路——以河长制为例[J]. 华东理工大学学报（社会科学版），2021（4）.

[166] 孙静林，穆荣平，张超. 创新生态系统价值共创：概念内涵、行为模式与动力机制[J]. 科技进步与对策，2023（2）.

[167] 孙秋芬，周理乾. 走向有效的公众参与科学——论科学传播"民主模型"的困境与知识分工的解决方案[J]. 科学学研究，2018（11）.

[168] 汤剑波. 多元的生态正义[J]. 贵州社会科学，2022（2）.

[169] 汤姆·雷根，卡尔·科亨. 动物权利论争[M]. 杨通进，江娅，译. 北京：中国政法大学出版社，2005.

[170] 唐晓燕. 生活方式变迁视域下城市公共治理走向研究——以杭州为例[J]. 浙江学刊，2012（3）.

[171] 田甲乐. 论知识生产民主化对生态文明建设的影响[J]. 自然辩证法通讯，2020（2）.

[172] 佟德志，郭瑞雁. 当代西方生态民主的主体扩展及其逻辑[J]. 社会科学研究，2019（1）.

[173] 佟德志，郭瑞雁. 生态民主的内在悖论[J]. 天津社会科学，2018（6）.

[174] 王灿发.《环保法》应增公民环境权[N]. 人民日报，2013-9-14.

[175] 王大本，冯石岗. 基于WSR方法论和熵值-耦合协调度的水资源承载力综合评价——以河北省水资源承载力研究为例[J]. 节水灌溉，2018（3）.

[176] 王德光，胡宝清. 基于WSR方法的喀斯特石漠化小流域治理研究[J]. 地球与环境，2011（2）.

[177] 王迪. 环境事务公众参与权探赜[J]. 北京行政学院学报，2020（5）.

[178] 王辉. 运动式治理转向长效治理的制度变迁机制研究——以川东T区"活禽禁宰"运动为个例[J]. 公共管理学报，2018（1）.

[179] 王雷. 生命伦理学理念在我国民法典中的体现——以环境权为视角[J]. 法学评论，2016（2）.

[180] 王连伟，刘太刚. 中国运动式治理缘何发生？何以持续？——基于相关文献的述评[J]. 上海行政学院学报，2015（3）.

[181] 王南湜. 全球化时代生存逻辑与资本逻辑的博弈[J]. 哲学研究，2009（5）.

[182] 王浦劬. 中国协商治理的基本特点[J]. 求是，2013（10）.

[183] 王浦劬，汤彬. 当代中国治理的党政结构与功能机制分析[J]. 中国社会科学，2019（9）.

[184] 王庆华，张海柱. 决策科学化与公众参与：冲突与调和——知识视角的公共决策观念反思与重构[J]. 吉林大学社会科学学报，2013（3）.

[185] 王树义，皮里阳. 论第二代环境法及其基本特征[J]. 湖北社会科学，2013（11）.

[186] 王晓红，胡士磊，张奔. 环境污染对居民的政府信任和政治参与行为的影响[J]. 北京理工大学学报（社会科学版），2020（2）.

[187] 王晓楠，瞿小敏. 生态对话视阈下的中国居民环境行为意愿影响因素研究——基于2013年CSS数据的实证分析[J]. 学术研究，2017（3）.

[188] 王新生. 社会主义协商民主：中国民主政治的重要形式[N]. 光明日报，2013-10-29.

[189] 王薪喜，钟杨. 中国城市居民环境行为影响因素研究——基于2013年全国民调数据的实证分析[J]. 上海交通大学学报（哲学社会科学版），2016（1）.

[190] 王岩，魏崇辉. 协商治理的中国逻辑[J]. 中国社会科学，2016（7）.

[191] 汪洋在长江生态环境保护民主监督工作座谈会上强调 发挥好专项民主监督独特优势 助力长江流域天更蓝、水更清、景更美[N]. 光明日报，2022-04-02.

[192] 王雨辰. 论生态文明理论研究和建设实践中的环境正义维度[J]. 马克思主义哲学研究，2020（1）.

[193] 王雨辰. 生态文明的四个维度与社会主义生态文明建设[J]. 社会科学辑刊，2017（1）.

[194] 王园妮，曹海林."河长制"推行中的公众参与：何以可能与何以可为——以湘潭市"河长助手"为例[J]. 社会科学研究，2019（5）.

[195] 王云霞."生态正义"还是"环境正义"？——试论印度环境运动的正义向度[J]. 南京林业大学学报（人文社会科学版），2020（1）.

[196] 王治东，谭勇. 资本逻辑批判及其当代意蕴[J]. 马克思主义与现实，2018（4）.

[197] 沃特·阿赫特贝格，周战超. 民主、正义与风险社会:生态民主政治的形态与意义[J]. 马克思主义与现实，2003（3）.

[198] 吴静怡. 环保传播中的民粹主义风险及规避[J]. 南京林业大学学报（人文社会科学版），2020（5）.

[199] 吴宁. 消费异化·生态危机·制度批判——高兹的消费社会理论析评[J]. 马克思主义研究，2009（4）.

[200] 吴彤. 科学实践哲学视野中的科学实践——兼评劳斯等人的科学实践观[J]. 哲学研究，2006（6）.

[201] 吴旭. 中国食物主权的无声实践——基于对恩施州猪草猪的田野研究[J]. 青海民族研究，2020（3）.

[202] 习近平. 干到实处 走在前列[M]. 北京：中央党校出版社，2014.

[203] 习近平. 高举中国特色社会主义伟大旗帜为全面建设社会主义现代化国家而团结奋斗——在中国共产党第二十次全国代表大会上的报告[M]. 北京：人民出版社，2022.

[204] 习近平. 习近平谈治国理政[M]. 北京：外文出版社，2014.

[205] 肖爱树. 20世纪60—90年代爱国卫生运动初探[J]. 当代中国史研究，2005（3）.

[206] 肖巍，钱箭星. 人权与发展[J]. 复旦学报（社会科学版），2004（3）.

[207] 邢朝国，时立荣. 环境态度的阶层差异——基于2005年中国综合社会调查的实证分析[J]. 西北师大学报（社会科学版），2012（6）.

[208] 徐乐，马永刚，王小飞. 基于演化博弈的绿色技术创新环境政策选择研究：政府行为VS.公众参与[J]. 中国管理科学，2022（3）.

[209] 徐祥民. 环境权论——人权发展历史分期的视角[J]. 中国社会科学，2004（4）.

[210] 徐鑫，陈如邦，何修明. WSR方法论在农村生活垃圾治理中的应用[J]. 湘南学院学报，2019（3）.

[211] 许腾，张卫. 技术民主化设计何以可能？——基于芬伯格"自我赋权"的思路[J]. 自然辩证法研究，2022（1）.

[212] 许映军，宋中庆. 基于WSR的D–S环境系统质量综合评价法[J]. 大连海事大学学报，2001（4）.

[213] 薛桂波. "诚实的代理人"：科学家在环境决策中的角色定位[J]. 宁夏社会科学，2013（2）.

[214] 郇雷. 新自由主义民主的实质与危害[J]. 马克思主义研究，2017（9）.

[215] 郇庆治，海明月. 马克思主义生态学视域下的生态公共产品及其价值实现[J]. 马克思主义与现实，2022（3）.

[216] 郇庆治. 环境政治视角下的生态文明体制改革[J]. 探索，2015.

[217] 郇庆治. 环境政治学研究在中国：回顾与展望[J]. 鄱阳湖学刊，2010（2）.

[218] 郇庆治. 绿色变革视角下的环境公民理论[J]. 鄱阳湖学刊，2015（2）.

[219] 郇庆治. 生态文明建设政治学：政治哲学视角[J]. 江海学刊，2022（4）.

[220] 郇庆治. 文明转型视野下的环境政治[M]. 北京：北京大学出版社，2018.

[221] 郇庆治. 作为一种转型政治的"社会主义生态文明"[J]. 马克思主义与现实，2019（2）.

[222] 闫婧. 空间的生产与国家的世界化进程——列斐伏尔国家与空间思想研究[J]. 马克思主义与现实，2020（5）.

[223] 严耕，林震，杨志华. 生态文明的理论构建与文化资源[M]. 北京：中央编译出版社，2003.

[224] 阎孟伟. "感性世界"实践论诠释的认识论意义[J]. 哲学研究，2005（4）.

[225] 颜景高. 生态文明转型视域下的生态正义探析[J]. 山东社会科学，2018（11）.

[226] 颜烨，周昀茜，陈岩. 支付宝"蚂蚁森林"对用户环保意识和行为的影响调查研究[J]. 中国林业经济，2020（5）.

[227] 杨朝霞. 中国环境立法50年：从环境法1.0到3.0的代际进化[J]. 北京理工大学学报（社会科学版），2022（3）.

[228] 杨建国. 从知识遮蔽到认知民主：环境风险治理的知识生产[J]. 科学学研究，2020（10）.

[229] 杨立华，何元增. 专家学者参与公共治理的行为模式分析：一个环境领域的多案例比较[J]. 江苏行政学院学报，2014（3）.

[230] 杨源. 把生态文明建设纳入制度文明建设的轨道[J]. 环境保护，2013（23）.

[231] 杨志军. 三观政治与合法性基础：一项关于运动式治理的四维框架解释[J]. 浙江社会科学，2016（11）.

[232] 叶海涛. 生态社会运动的政治学分析——兼论绿色政治诸原则的型塑[J]. 江苏行政学院学报，2016（5）.

[233] 叶长法. 论个识向共识飞跃[J]. 浙江学刊，1991（1）.

[234] 于立，Terry Marsden，那鲲鹏. 以新兴的乡村生态发展模式解决中国城乡协调发展，探讨可持续性的发展模式：安吉案例[J]. 城市发展研究，2011（1）.

[235] 于立. 创立一个中国式的生态发展模式：安吉研究[J]. 城市发展研究，2009（1）.

[236] 于鹏，陈语. 公共价值视域下环境邻避治理的张力场域与整合机制[J]. 改革，2019（8）.

[237] 于泽瀚. 美国环境执法和解制度探究[J]. 行政法学研究，2019（1）.

[238] 余敏江，王磊. 环境政治学：一个亟待拓展的研究领域[J]. 人文杂志，2022（1）.

[239] 俞可平. 治理与善治[M]. 北京：社会科学文献出版社，2000.

[240] 虞崇胜，张继兰. 环境理性主义抑或环境民主主义——对中国环境治理价值取向的反思[J]. 行政论坛，2014（5）.

[241] 袁方成，侯亚丽. 赋权的协商民主：绩效及其差异性——来自社区的经验分析[J]. 江汉论坛，2018（11）.

[242] 袁祖社. 对非人类中心主义"自然界内在价值"观的质疑与辨析[J]. 社会科学研究，2002（1）.

[243] 曾祥华. 行政立法原则：生态化的新内涵[J]. 中国海洋大学学报（社会科学版），2004（2）.

[244] 曾粤兴，魏思婧. 构建公众参与环境治理的"赋权-认同-合作"机制——基于计划行为理论的研究[J]. 福建论坛（人文社会科学版），2017（10）.

[245] 翟文康，徐国冲. 运动式治理缘何失败：一个多重逻辑的解释框架——以周口平坟为例[J]. 复旦公共行政评论，2018（1）.

[246] 张爱军，高勇泽. 协商民主的风险及其化解[J]. 学习与探索，2009（3）.

[247] 张彩江，孙东川. WSR方法论的一些概念和认识[J]. 系统工程，2001（6）.

[248] 张晨. 环境邻避冲突中的民众抗争与精英互动：基于地方治理结构视角的比较研究[J]. 河南社会科学，2018（1）.

[249] 张盾. 马克思与生态文明的政治哲学基础[J]. 中国社会科学，2018（12）.

[250] 张锋. 风险规制视域下生态环境损害赔偿磋商制度研究[J]. 兰州学刊，2022（7）.

[251] 张锋. 协商型环境风险规制机制的建构[J]. 上海行政学院学报，2020（6）.

[252] 张红霞，谭春波. 论全球化背景下的资本逻辑与生态危机[J]. 山东社会科学，2018（8）.

[253] 张华英，梁思明. 基于WSR系统方法论的森林系统观和林业系统观[J]. 广东林业科技，2009（3）.

[254] 张佳. 列斐伏尔空间辩证法及其现实意义[J]. 社会科学战线，2020（7）.

[255] 张剑. 西方主要发达国家生态社会主义思潮和运动概览[J]. 毛泽东邓小平理论研究，2019（3）.

[256] 张紧跟. 从行政赋权到法律赋权：参与式治理创新及其调适[J]. 四川大学学报（哲学社会科学版），2016（6）.

[257] 张婧飞. 农村邻避型环境群体性事件发生机理及防治路径研究[J]. 中国农业大学学报（社会科学版），2015（2）.

[258] 张康之. 论从经验理性出发的社会治理[J]. 中国人民大学学报，2016（1）.

[259] 张康之. 重建相似性思维：风险社会中的知识生产[J]. 探索与争鸣，2021（7）.

[260] 张丽，王振，齐顾波. 中国食品安全危机背景下的底层食物自保运动[J]. 经济社会体制比较，2017（2）.

[261] 张萌. "互联网+环保公益"助推低碳生活的创新模式研究——以支付宝蚂蚁森林为例[J]. 经济研究导刊，2021（13）.

[262] 张敏. 西方社会的一种新政治行动方式与政治领域：对生活政治的扩展性分析[J]. 国外理论动态，2020（4）.

[263] 张敏. 协商治理：一个成长中的新公共治理范式[J]. 江海学刊，2012.

[264] 张萍，晋英杰. 大众媒介对我国城乡居民环保行为的影响——基于2013年中国综合社会调查数据[J]. 中国人民大学学报，2016（4）.

[265] 张强，薛惠锋. 基于WSR方法论的环境安全分析模型[J]. 中国软科学，2010（1）.

[266] 张青波. 自我规制的规制：应对科技风险的法理与法制[J]. 华东政法大学学报，2018（1）.

[267] 张天宇. 生态社会主义与经典科学社会主义的比较研究[D]. 石家庄：河北经贸大学，2024.

[268] 张文晓，穆怀中，范洪敏. 空气污染暴露风险的社会结构地位差异分析——基于辽宁省的实证调查[J]. 环境污染与防治，2017（4）.

[269] 张曦兮，王书明. 邻避运动与环境问题的社会建构——基于D市LS小区的个案分析[J]. 兰州学刊，2014（7）.

[270] 张晏. 环境影响评价公众的界定和识别——兼评《环境影响评价公众参与办法》的相关规定[J]. 北京理工大学学报（社会科学版），2021（1）.

[271] 张晏. "公众"的界定、识别和选择——以美国环境影响评价中公众参与的经验与问题为镜鉴[J]. 华中科技大学学报（社会科学版），2020

（5）.

[272] 张郁. 公众风险感知、政府信任与环境类邻避设施冲突参与意向 [J]. 行政论坛, 2019（4）.

[273] 张云飞. "生命共同体"：社会主义生态文明的本体论奠基[J]. 马克思主义与现实, 2019（2）.

[274] 赵爱霞, 王岩. 新媒介赋权与数字协商民主实践[J]. 内蒙古社会科学, 2020（3）.

[275] 赵聚军, 王智睿. 职责同构视角下运动式环境治理常规化的形成与转型——以S市大气污染防治为案例[J]. 经济社会体制比较, 2020（1）.

[276] 赵琦, 朱常海. 社会参与及治理转型：美国环境运动的发展特点及其启示[J]. 暨南学报（哲学社会科学版）, 2020（3）.

[277] 中共国家林业局党组. 一代接着一代干 终把荒山变青山——塞罕坝林场建设的经验与启示[J]. 求是, 2017（16）.

[278] 中共中央办公厅 国务院办公厅印发《关于全面推行河长制的意见》[J]. 水资源开发与管理, 2017（1）.

[279] 中共中央办公厅 国务院办公厅印发《中央生态环境保护督察工作规定》[J]. 中华人民共和国国务院公报, 2019（18）.

[280] 中共中央办公厅法规局. 中国共产党党内法规制定条例及相关规定释义[M]. 北京：法律出版社, 2020.

[281] 中共中央关于坚持和完善中国特色社会主义制度推进国家治理体系和治理能力现代化若干重大问题的决定[N]. 人民日报, 2019-11-06

[282] 中共中央文献研究室. 十七大以来重要文献选编（上）[M]. 北京：中央文献出版社, 2009.

[283] 中共中央文献研究室. 习近平关于社会主义生态文明建设论述摘编[M]. 北京：中央文献出版社, 2017.

[284] 中国法制出版社. 中国共产党党内法规体系 中国共产党党内法规制定条例 中国共产党党内法规和规范性文件备案审查规定 中国共产党党内法规执行责任制规定：试行[M]. 北京：中国法制出版社, 2022.

[285] 中国共产党第十五次全国代表大会文件汇编[M]. 北京：人民出版社, 1997.

[286] 中国共产党十九届中央委员会第四次全体会议公报[M]. 北京：人

民出版社，2019.

[287] 中央文献研究室. 十六大以来重要文献选编（上）[M]. 北京：中央文献出版社，2005.

[288] 中央文献研究室. 十六大以来重要文献选编（中）[M]. 北京：中央文献出版社，2005.

[289] 钟贞山，詹世友. 社会生态人：人性内涵的新维度——基于马克思主义人与自然关系理论的考察[J]. 江西社会科学，2010（10）.

[290] 周丹. 社会主义市场经济条件下的资本价值[J]. 中国社会科学，2021（4）.

[291] 周锋，陈菁，陈丹，蔡勇，张力，孙伯明. 农村饮水安全水价的WSR研究框架[J]. 水利经济，2014（2）.

[292] 周光辉，张贤明. 三种权力类型及效用的理论分析[J]. 社会科学战线，1996（3）.

[293] 周琪. 人权外交中的理论问题[J]. 欧洲，1999（1）.

[294] 周晓丽. 论社会公众参与生态环境治理的问题与对策[J]. 中国行政管理，2019（12）.

[295] 朱承. 论中国式生活政治[J]. 探索与争鸣，2014（10）.

[296] 朱晶，叶青. 科学划界还是理解科学——风险社会中的科学与公众[J]. 江海学刊，2020（5）.

[297] 祝睿. 环境共治模式下生活垃圾分类治理的规范路向[J]. 中南大学学报（社会科学版），2018（4）.

[298] 邹雄. 环境侵权法疑难问题[M]. 厦门：厦门大学出版社，2010.